Python 开发
系列丛书

PYTHON TESTING
DEVELOPMENT

Python

测试开发入门与实践

附微课视频

陈晓伍◎主编

人民邮电出版社
北 京

图书在版编目（CIP）数据

Python测试开发入门与实践 / 陈晓伍主编. -- 北京：
人民邮电出版社，2022.4（2022.12重印）
（Python开发系列丛书）
ISBN 978-7-115-58648-3

Ⅰ．①P… Ⅱ．①陈… Ⅲ．①软件工具－程序设计
Ⅳ．①TP311.561

中国版本图书馆CIP数据核字(2022)第019485号

内 容 提 要

本书主要包括两部分内容，第一部分重点介绍 Python 的基础知识，让读者可以从零开始入门 Python Web 开发测试；第二部分重点介绍 Python Web 项目的开发实践，让读者可以一步一步地了解开发一个 Python Web 项目的过程。

本书是一本介绍 Python Web 测试开发的基础书，从最基础的 Python 概念、Python 语法，到最后的 Python Web 的项目实践，囊括 Python Web 测试开发所需的基础知识和实践方法，非常适合准备转型 Python Web 测试开发的人员。

同时，本书也介绍了 Python 语言的一些高级特性，如语法糖、内置表达式、魔法属性等。因此本书也是一本 Python 进阶教程，适合那些已经掌握一定的 Python 基础知识、希望提升 Python 编程能力的读者。

最后，本书一以贯之地以实践为主旨，除了介绍 Python 语法知识之外，更多地关注 Python 语言的实践。例如，第一部分会提供一些练习题，还会有专门的章节来介绍如何学习和使用 Python 的类库；而第二部分则重点介绍实践项目。所以本书也很适合那些掌握了 Python 知识却没有 Python Web 项目实践经验的读者。

◆ 主　　编　陈晓伍
　　责任编辑　孙　澍
　　责任印制　王　郁　陈　犇

◆ 人民邮电出版社出版发行　　北京市丰台区成寿寺路 11 号
　邮编　100164　　电子邮件　315@ptpress.com.cn
　网址　https://www.ptpress.com.cn
　固安县铭成印刷有限公司印刷

◆ 开本：787×1092　1/16
　印张：18.5　　　　　　　　　　　2022 年 4 月第 1 版
　字数：487 千字　　　　　　　　　2022 年 12 月河北第 2 次印刷

定价：79.80 元

读者服务热线：(010)81055256　印装质量热线：(010)81055316
反盗版热线：(010)81055315
广告经营许可证：京东市监广登字 20170147 号

前　言

随着软件开发技术的发展，近年来各行业对软件相关从业人员的要求也在逐渐提高，这一点从软件测试岗位的要求来看尤为突出。之前对功能测试人员的要求主要是用例设计、bug 分类、软件研发流程、计算机基础知识等几个方面。近年来，由于软件测试岗位的重要性慢慢地体现出来，对软件测试岗位的要求也在不断提高，要求软件测试人员除了需要掌握一些软件测试的基础技能之外，还要在提升效率、稳定质量等方面有所建树。

提升效率，一方面可以通过流程优化实现，另一方面则需要通过自动化和半自动化的测试工具来实现。稳定质量，一方面需要通过增加用例设计和测试覆盖来实现，另一方面则需要通过开发测试工具度量测试的有效性来实现。

此外，随着软件开发技术的不断发展，大数据、云计算、人工智能等技术被广泛应用，微服务、分布式等架构遍地生根。这直接提高了软件测试工作的难度，想要对这些新技术系统完成测试，首先要解决的就是可测性问题。

总之，现在的软件测试岗位对于测试人员的要求，已不再仅仅是满足功能测试，更需要在这个基础能力之上，有一层能够扩展的能力圈。这层能力圈可以让测试人员适当地提升测试效率、提高测试质量、解决可测性问题，这层能力圈就是代码研发能力及解决问题的能力。

本书以 Python 语言为基础，希望测试人员能够通过本书的学习掌握 Python 开发技能，并能够实现从功能测试人员向测试开发人员的转变。本书精心设计的实践项目可以供测试人员在解决实际问题时参考。测试人员可通过学习实践项目来了解如何在实际工作中发现待解决的问题，以及解决问题的思路和方法。

本书学习提示

本书的第一部分主要介绍学习 Python 测试开发所需要掌握的基础知识。为了能够兼顾初次学习 Python 的读者，基础开发知识的内容从 Python 的历史发展、Python 的版本选择及环境安装讲起，到 Python 的执行环境和基础语法，再到 Python 高阶特性的编程，最后回归到常用第三方库的使用与实践。

本书的第一部分知识是为第二部分具体项目的开发实践打基础，如果读者掌握了第一部分知识，在学习第二部分时将非常轻松。有 Python 基础的读者可以选择性地学习章节，建议没有相关基础的读者严格按照本书的章节顺序进行阅读。

需要提醒的是，第 5 章 Web 前端开发基础的内容，基于对整体章节和内容一致性的考虑，只包含了 Vue 框架的知识点，对于常规的 Web 开发"三剑客"（HTML、CSS、JavaScript）并没有进行相关介绍，建议没有 Web 相关基础的读者在学习该章之前，从其他渠道学习相关知识。

本书的第二部分为项目实践，介绍的 4 个实践项目都是 Web 项目，统一使用前后端分离的架构进行开发。每个实践项目都从需求分析开始，到软件设计，再到代码开发，演示了较为完整的 Web 项目的开发流程。

第二部分所选取的 Web 项目实现的都是测试工作中可能需要实现的需求，每一个项目在实际工作中都可以直接应用。因此学习这些实践项目，不仅可以学习 Web 项目的开发，还可以获得一份有用的测试服务工具代码。

学习完第二部分内容之后，读者能够了解 Web 项目的架构和设计，能够基于现有的项目进行功能的二次开发，可以把这些 Web 项目应用到实际的测试工作中。

作为一名从软件功能测试一路转型到测试开发的工程师，笔者想要对希望转型为测试开发人员的读者说的是，如果你已经有了决定，那么就从现在开始着手实践。首先，学习并掌握好测试开发的基础代码技能；其次，培养一双善于发现问题的眼睛，并尝试通过技术来解决发现的问题。当然，凡事都需要从小的问题开始实践，随着研发经验的增长和解决问题思路的逐渐成熟，慢慢地，你将能够解决更大、更复杂的问题，从而成为一名合格的测试开发人员。

作者

2021 年 9 月

目　录

第1章
Python 基础

在正式学习 Python 语法之前，本章先介绍 Python 的基础知识，以及学习 Python 之前需要做的一些准备工作。本章会从 Python 的由来开始介绍，逐渐让读者了解和认识 Python，然后介绍如何进行 Python 开发环境的安装，从而为后面更好、更快地进行 Python 的学习做准备。

1.1　Python 溯源

如今很多人谈到 Python 时，首先想到的就是人工智能、大数据。但笔者在最初接触 Python 的时候，它还不是现在的"样子"。那时候的 Python 更多的是与科学计算、胶水语言等词汇相关联。而笔者之所以喜欢上 Python，是因为它的语言哲学——Python 之禅[①]，以及一以贯之的简单、易学、高效开发的特点。本节就以追本溯源的方式来打开了解和学习 Python 的大门。

1.1.1　Python 的由来

Python 诞生于 1989 年，传言当时的"Python 之父"吉多·范·罗苏姆（Guido van Rossum）为了打发圣诞节假期的无聊时间，决心开发一个新的脚本解释程序，作为 ABC[②]语言的一种继承。在 Python 的实现中，Guido 避免了在 ABC 语言中过于开放的错误，并实现了在 ABC 语言中考虑过但未曾实现的想法，同时也结合了 UNIX Shell 和 C 语言的习惯。

最终事实证明 Guido 的设想是正确的，Python 从诞生起就开始被人们喜欢，逐渐成为最受欢迎的程序设计语言之一。并且从 2004 年起，Python 的使用率开始快速增长。同时 Python 的发行版本也在不断地迭代，Python 2 于 2000 年 10 月 16 日发布，Python 3 于 2008 年 12 月 3 日发布，而如今 Python 2 已经停止升级维护了。

从 2011 年 Python 被 TIOBE 编程语言排行榜评为 2010 年度语言，到如今 Python 成为 TIOBE 编程语言排行榜的 TOP3 常客，Python 的发展速度可能连 Guido 自己也没有想到。而究其原因，很大程度上是乘上了人工智能的"大风"，当然还有一部分原因是 Python 自身特点的加持。

1.1.2　Python 的特点

Python 相对于其他程序设计语言而言，具有简洁性、易读性、可扩展性及跨平台性等特点。首先，它的语法结构清晰规范，严格地以空格缩进作为语法结构，使得不同人写出的代码具有统

---

① Python 之禅：在 Python 解释器命令行中执行 import this 命令，即可查阅 Python 之禅的内容。
② ABC 是由 Guido 参加设计的一种教学语言。就 Guido 本人看来，ABC 这种语言非常优美和强大，是专门为非专业程序员设计的。

1

一的样式，方便代码的交接和阅读。

其次，Python 将"对于一个特定的问题只要一种最好的方法来解决"的思想作为设计哲学，也从另一方面规约了 Python 代码的整洁与统一。而这一点与 Perl 语言哲学[①]刚好相反。

再次，Python 摒弃了大多数解释性语言和 Shell 脚本中的符号化标识，使得$、@等符号没有出现在 Python 的标准语法中，所有类似的功能都使用人类易于阅读的变量来替代，从而也体现出了 Python 的优雅。

最后，Python 还丰富了内置函数。日常工作中经常使用到的操作都已经被 Python 封装成了易用的内置函数，使得 Python 成为名副其实的简单、易学的程序设计语言。

当然除了以上所述的主要特点，Python 还有很多优秀的地方，正是这些特性共同成就了 Python 如今的辉煌。当然，如果你还想进一步了解 Python 的哲学，那么最好的办法就是阅读"Python 之禅"：

优美胜于丑陋

显式胜于隐式

简单胜于复杂

复杂胜于难懂

扁平胜于嵌套

稀疏胜于紧密

可读性应当被重视

尽管实用性会打败纯粹性，特例也不能凌驾于规则之上

不要忽略任何错误，除非你确认要这么做

面对不明确的定义，拒绝猜测的诱惑

用一种方法，最好只有一种方法来做一件事

虽然一开始这种方法并不是显而易见，因为你不是"Python 之父"

做比不做好，但没有思考地做还不如不做

如果实现很难说明，那它是个坏想法

如果实现容易解释，那它有可能是个好想法

命名空间是个绝妙的想法，请多加利用

1.1.3　Python 的应用

设计 Python 的初衷是供非专业程序员使用，所以它天生就具备了简单、易学的特性。而在最开始使用 Python 最多的可能是数据科学家，他们主要用 Python 进行科学计算。主要原因是：Python 比其他编程语言更容易上手；Python 支持 C/C++扩展，并且很多优秀的开发者也开发了专门用于科学计算的扩展库；Python 有支持科学计算的特性，即整型、浮点类型没有长度限制，这也是最重要的一点。

之后，Python 被加入 Linux 发行版的标准软件中，成为系统编程语言的选择之一。很多 Linux 的系统管理工具就是用 Python 实现的，如 yum、apt-get。再后来，Python 开始涉足网络编程，因此也诞生了一大批优秀的第三方扩展库。此外，Python 还应用于图形化和游戏编程领域。

现如今，Python 更是大放异彩，在 Web 开发、Linux 运维、自动化测试、网络爬虫、数据处

---

① Perl 语言哲学：总是有多种方法来解决同一个问题。

理、人工智能等多个领域都是主流语言，Python 丰富的扩展库更是几乎覆盖了各个领域。尤其是如今的热门领域——人工智能，更是让 Python 的应用和使用率达到历史巅峰。

最后，我们从公司的角度来了解 Python 的主要应用领域，国内外大量应用 Python 的公司如下。

- ❑ Google——Linux 运维、网络爬虫、人工智能。
- ❑ Facebook——Linux 运维、网络编程。
- ❑ Instagram——Web 开发。
- ❑ Spotify——网络编程、数据分析。
- ❑ Netflix——网络编程、数据分析。
- ❑ Reddit——Web 开发。
- ❑ Dropbox——网络编程。
- ❑ 知乎——Web 开发。
- ❑ 豆瓣——Web 开发
- ❑ 果壳——Web 开发。

这些公司之所以选择 Python 作为主要编程语言，正是因为 Python 的"优雅""明确""简单"。而笔者之所以选择 Python，则是因为：

人生苦短，我用 Python！

1.1.4　Python 的版本

Python 自诞生到现在已经 30 多年了，其官方发行了两个大的版本：Python 2 和 Python 3。Python 2 已经在 2020 年停止官方的维护，本书以 Python 3 的较新版本作为示例演示。

需要注意的是，Python 3 版本并不完全兼容 Python 2 版本，所以在日常工作中接触到其他人的 Python 代码时，首先要确定使用的 Python 版本。而如果是自己的新建项目，那么推荐优先选择 Python 3 作为编程版本。

起初 Python 2 计划升级为 Python 3 主要是为了解决内置字符串的编码问题。由于解决该问题必然会导致 Python 3 不能兼容 Python 2，所以在决定升级到 Python 3 时，也就顺带把其他需要修改和优化的地方一并设计并修改了。

本书以 Python 3 为主，为了使读者能够更加清晰地学习 Python 3 的特性，关于 Python 2 和 Python 3 的区别，在这里就不展开说明了，以避免读者在学习时对不同版本的特性产生混乱的认知。

Python2 与
Python3 主要区别

除了官方发行的 Python 版本（CPython），还有很多其他的公开发行版本。具体的发行版本列表如下。

- ❑ PyPy——JIT 版本的 Python 发行版。
- ❑ Jython——运行于 JVM 之上的 Python 发行版。
- ❑ IronPython——运行于.NET 之上的 Python 发行版。
- ❑ Anaconda——专用于科学计算、数据分析、机器学习的发行版。

❑ ActivePython——专用于科学计算的 Python 发行版。

这些发行版本主要解决特定场景的需求，本书所采用的是官方发行的 CPython 版本。

1.2 Python 环境安装

千里之行，始于足下。想要学好 Python，要做的第一件事情就是把环境搭建好。本节专门介绍如何在 Windows 和 Linux 环境下搭建 Python 3 的开发环境。

1.2.1 Windows 环境安装

Windows 环境下安装 Python 的方式与安装其他应用程序一样简单，你只需到 Python 的官方网站下载对应版本的 Python 安装包，然后在本地直接双击 Python 安装包进行安装即可。具体的步骤示例如下。

步骤 1 前往 Python 官方安装包下载页面，选择指定版本的 Windows 安装包进行下载。本书使用的 Python 版本为 3.7.5，下载的安装包名称为 python-3.7.5.exe。

步骤 2 找到下载到本地的 Python 安装包，直接双击打开安装向导界面。

步骤 3 选择"Optional Features 自定义安装"选项后，勾选"pip"组件复选框并单击"Next"按钮，具体如图 1-1 所示。

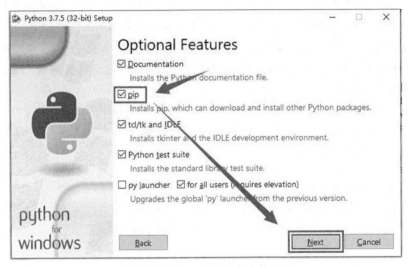

图 1-1 Windows 可选组件安装界面

步骤 4 在"Advanced Options 高级选项"界面，勾选"Add Python to environment variables"复选框；并在选择好安装路径之后，单击"Install"按钮，如图 1-2 所示。

步骤 5 在 Windows 10 系统中，如果有 UAC 用户账户权限控制认证弹出，单击"是"确认授权即可。

通过上述步骤安装完 Python 之后，为了验证 Python 环境是否安装并配置成功，我们可以启动一个命令行，并输入如下命令：

```
>> python -V
Python 3.7.5
```

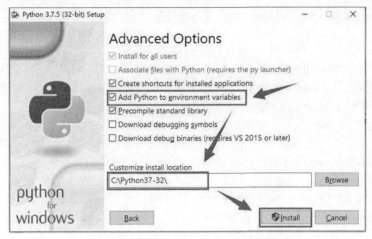

图 1-2　Windows 高级选项安装界面

如果能正确地返回 Python 的版本号信息，则表示 Python 安装成功，且环境变量也设置成功了。此外，我们还需要验证 pip[①]组件是否安装成功，验证使用的命令如下：

```
>> pip -V
pip 19.2.3 from c:\python37-32\lib\site-packages\pip (python 3.7)
```

如果同样返回了正确的版本信息，表示 pip 也安装成功，则 Python 的基础环境已经安装完成。

Windows 环境
安装 Python

1.2.2　Linux 环境安装

与 Windows 系统不同的是，Linux 系统发行时会自带 Python 程序。但是由于 Linux 系统的版本迭代没有 Python 的频繁，所以 Linux 系统默认的 Python 版本通常都不是最新的。此外，因为 Python 3 版本不兼容 Python 2 版本，为了保持原有的 Linux 系统工具能够正常工作，目前最新版本的 Linux 默认附带的依然是 Python 2 版本。

如果你刚好需要在 Linux 系统下使用 Python 3 版本进行开发或者运行程序，那么就需要单独安装一套 Python 3 版本，并且还不能覆盖或替换系统自带的 Python 2 版本，否则 Linux 系统的部分工具可能就不能正常工作了，如 yum、apt-get 命令等。

接下来，我们就来介绍如何在 Linux 系统下单独安装一套 Python 3 的环境。具体步骤如下。

步骤 1　前往 Python 官方安装包下载页面，选择指定版本的 Linux 安装包进行下载。本书中选择的是 3.7.5 版本的 taz 安装包。下载命令如下：

```
>> wget https://www.python.org/ftp/python/3.7.5/Python-3.7.5.tgz
```

步骤 2　解压下载到本地的安装包，并将其移动到指定的安装路径。命令如下：

```
tar -zxvf Python-3.7.5.tgz
mv Python-3.7.5 /usr/local/python3
```

步骤 3　编译并安装 Python 3 源码。命令如下：

```
cd /usr/local/python3
./configure --prefix=/usr/local/python3
make
make install
```

[①] pip（package installer for Python）：Python 包管理和安装工具。

步骤 4 建立 Python 3 的软链接，并配置环境变量。命令如下：

```
ln -s /usr/local/python3/bin/python3 /usr/bin/python3
echo 'export PATH=$PATH:/usr/local/python3/bin' >> ~/.bash_profile
source ~/.bash_profile
```

执行上述步骤之后，Linux 系统下 Python 3 的安装操作已经完成。同样，我们还需要进行最后的安装验证，确保 Python 3 环境能够正常使用。Python 3 的验证命令为：

```
>> python3 -V
Python 3.7.5
```

与 Python 3 对应的 pip 组件验证命令如下：

```
>> pip3 -V
pip 19.2.3 from /usr/local/python3/lib/python3.7/site-packages/pip (python 3.7)
```

如果两个验证命令都能正常返回正确的版本信息，则表示 Linux 系统下的 Python 3 环境安装成功了。

1.2.3 多版本环境安装

经过上一小节的步骤，虽然已经可以正常地使用 Python 3 了，但由于 Linux 系统下存在 Python 多版本共存的问题，为了更好地解决多版本的管理和安装问题，本小节将介绍一种可以管理和安装 Python 多版本的工具——pyenv。

pyenv 不仅支持 Python 2 和 Python 3 版本的共存，还支持 Python 2.6、Python 2.7、Python 3.5、Python 3.7 的共存，甚至还支持 CPython 与 PyPy、Jython、IronPython、Anaconda、ActivePython 等发行版的共存。

安装 pyenv 的操作甚至比安装 Python 本身更容易，你只需要几个命令就可以完成安装。下面是安装 pyenv 的完整 Shell 命令：

```
git clone https://github.com/pyenv/pyenv.git ~/.pyenv
echo 'export PYENV_ROOT="$HOME/.pyenv"' >> ~/.bash_profile
echo 'export PATH="$PYENV_ROOT/bin:$PATH"' >> ~/.bash_profile
echo -e 'if command -v pyenv 1>/dev/null 2>&1; then\n  eval "$(pyenv init -)"\nfi' >>
~/.bash_profile
source ~/.bash_profile
```

执行完上述命令之后，直接在命令行执行如下命令：

```
>> pyenv -v
pyenv 1.2.13-17-g38de38e
```

如果能正常返回 pyenv 的版本信息，则表示安装成功。那么接下来就可以通过 pyenv 来安装和管理 Python 的多版本了。通过 pyenv -h 命令可以查看 pyenv 的使用帮助信息，这里我们只对常用的几个命令进行介绍。

1. 安装命令 install

pyenv 的安装命令，除了可以安装各版本的 Python，还可以查看支持安装的 Python 版本列表，只需在 install 命令之后添加 -l/--list 参数即可。该命令的使用方式如下：

```
>> pyenv install -l
Available versions:
  2.1.3
  2.2.3
  …
  3.7.3
  3.7.4
```

```
3.7.5
...
```

找到你想要安装的 Python 版本之后，还是通过 install 命令来进行安装，只需把列表中指定的版本号添加到 install 命令之后即可。具体方式如下：

```
>> pyenv install 3.7.5
Downloading Python-3.7.5.tar.xz...
-> https://www.python.org/ftp/python/3.7.5/Python-3.7.5.tar.xz
```

通常在 Linux 系统中，如果安装 Python 所需的依赖库都存在，一般都可以安装成功。而如果在安装过程中出现失败的情况，那么很可能就是缺少依赖库的原因。在 CentOS 中可以通过如下命令来安装所需的依赖库：

```
>> yum install gcc zlib-devel bzip2 bzip2-devel readline-devel
sqlite sqlite-devel openssl-devel tk-devel libffi-devel
```

在完成依赖库的安装之后，还需要再次执行 pyenv install 3.7.5 命令来重新进行安装。如果你使用的是其他版本的 Linux 系统或者出现别的错误，那么也可以访问相关帮助页面来查找原因和解决方案。具体地址为：https://github.com/pyenv/pyenv/wiki。

2. 版本查看命令

当你安装完成一个版本之后，就可以通过版本查看命令来查看它。pyenv 提供了两个版本查看命令：一个是 version，另一个是 versions。

- ❑ version 命令用来查看当前上下文环境中 Python 的版本。
- ❑ versions 命令用来查看全部已安装的 Python 版本。

在 Python 3.7.5 安装成功且未进行版本设置的前提下，version 和 versions 命令的使用效果如下：

```
>> pyenv version
system (set by /root/.pyenv/version)
>> pyenv versions
* system (set by /root/.pyenv/version)
  3.7.5
```

其中，system 版本代表的是 Linux 系统默认的 Python 版本。从 version 命令的返回信息可以知道，当前命令执行的 Python 上下文环境是系统默认的版本；从 versions 命令的返回信息可以知道，当前 pyenv 中已经管理了两个 Python 版本，一个是系统默认的版本，另一个是后续安装的 Python 3.7.5 版本。另外，在 versions 命令返回的信息中，头部标*的版本也正是 version 命令所返回的版本。

3. 版本设置命令

通过 version 相关命令，我们知道 pyenv 默认使用系统自带的 Python 版本作为上下文环境。如果我们希望使用其他 Python 版本作为程序运行的上下文环境，则需要通过版本设置命令来切换 Python 的上下文环境版本。pyenv 提供了 3 种版本设置的命令，分别适用于不同的上下文环境范围。这 3 个版本设置命令分别如下。

- ❑ local——设置当前目录及子目录的 Python 环境版本。
- ❑ global——设置系统全局的 Python 环境版本，不包括已设置 local 的目录和子目录。
- ❑ shell——设置当前 Shell 执行环境中的 Python 版本，一旦退出当前 Shell 则失效。

下面就用一组命令的使用示例来总结 pyenv 版本设置的效果，默认的前提条件是已经通过 pyenv 安装好了 Python 3.7.5 版本。具体的示例脚本如下：

```
>> cd ~
>> python -V
Python 2.7.5
```

```
>> pyenv local 3.7.5
>> python -V
Python 3.7.5

>> cd /home
>> python -V
Python 2.7.5

>> pyenv global 3.7.5
>> python -V
Python 3.7.5
>> cd /dev
>> python -V
Python 3.7.5
```

如果读者对 pyenv 的版本切换还有些模糊,建议直接把本小节的 Shell 命令全部编写一遍来加深理解。

由于 pyenv global 命令会影响全局的 Python 环境版本,所以在不太了解可能会造成的影响之前,不要轻易使用该命令,以免其他程序的 Python 依赖版本和库被误换,导致无法正常工作。

4. 卸载命令 uninstall

有安装命令自然就有卸载的命令,pyenv 卸载使用的是 uninstall 命令。与安装 Python 版本的方式基本一致,直接加上版本号即可。示例脚本如下:

```
>> pyenv uninstall 3.7.5
```

当然你可能还会有另一种需求,就是卸载 pyenv 本身。具体的做法非常简单,就是按照安装步骤进行反向操作即可,具体的步骤如下。

- ❑ 删除~/. bash_profile 中安装时追加的 3 行 Shell 代码。
- ❑ 删除~/.pyenv 目录。

1.2.4　Python 第三方库安装

Linux 环境多版本
Python 环境安装

Python 的基础环境安装完成之后,我们就可以开始进行 Python 的开发工作了。在日常的开发过程中,免不了会用到很多的 Python 第三方库,此时就需要提前安装好第三方库,才能完成后续的正常开发和调试。

Python 中安装第三方库的方式有多种,具体如下。

- ❑ 本地源码安装。
- ❑ 通过 easy_install 包管理工具安装。
- ❑ 通过 pip 包管理工具安装。

1. 本地源码安装

如果选择本地源码安装的方式,则需要提前把第三方库的安装包下载到本地,然后解压到指定目录,再从命令行进入该目录,并执行如下命令进行安装:

```
>> python setup.py install
```

通过该命令安装完成之后,对应的第三方库将会被安装到 Python 程序主目录下的 Lib\site-packages 目录中。例如,Python 程序被安装在 C:\Python 目录下,则第三方库将会被安装在 C:\Python\Lib\site-packages 目录下。

　　默认情况下，Lib\site-packages 这个目录会被作为 Python 解释器查找第三方库的路径之一，所以通过源码方式安装的第三方库，在 Python 重启之后就可以直接引入并使用。

2. easy_install 安装

　　当然，本地源码安装方式并不是最好的选择，通常我们都会使用 Python 的包管理工具来安装第三方库。在早期的 Python 版本中，通常都会自带一个 easy_install 工具，通过该工具就可以很方便地安装公开发布的第三方库。easy_install 安装第三方库的命令如下：

```
>> easy_install install requests
```

　　执行该命令后，easy_install 会从 Python 的第三方库发行站点——PyPI 下载第三方库的安装包，并在本地自动进行解压和安装，其安装效果和本地源码安装方式一样。

3. pip 安装

　　在较新版本的 Python 中，easy_install 已经被 pip 所替换。关于 pip 的安装和测试在前面的小节中已经有过介绍，这里我们重点介绍如何通过 pip 进行 Python 的第三方库管理。pip 的常用命令如下：

- ❑ install
- ❑ list
- ❑ search
- ❑ freeze
- ❑ uninstall

　　我们先来看下安装命令，同 easy_install 一样，pip 安装第三方库也非常地简单，具体命令如下：

```
>> pip install requests
```

　　如果你想要安装指定版本的第三方库，只要在安装库名称后面加上版本号即可，比如：

```
>> pip install requests == 2.20.0
```

　　或者你只是想升级当前版本的第三方库，则需要在使用 install 命令时，添加上升级选项，比如：

```
>> pip install -U requests
```

　　当你安装完第三方库之后，可能希望查看第三方库是否被成功地安装，或者你只是想了解下当前的 Python 环境中安装了哪些第三方库，那么就可以通过 list 命令来查看：

```
>> pip list
Flask                    1.0.2
requests                 2.20.0
…
```

　　上述命令返回的结果表示，当前的 Python 环境中已经安装了 Flask、requests 等第三方库。

　　当你想要安装一个特定功能的库，但又不知道具体的名称时，则可以通过 search 命令来查询。具体演示效果如下：

```
>> pip search json
…
json-serializer (1.0.1)        - The library for serialize/deserialize into format JSON.
json-protobuf (1.0.0)          - Json protocol buffer code generator
…
```

　　上述命令中我们通过 search 来查询关于 JSON 的第三方库，其中就包括了 json-serializer、

json-protobuf 这两个处理 JSON 的第三方库，并且在其后还有一段关于第三方库的功能描述。如果返回的结果中有你需要的第三方库，那么就可以通过 install 命令来进行安装。

在另外的一些场景下，你可能还希望把本地 Python 的安装包信息导出，然后在另外一个 Python 环境中安装这些第三方库，来确保程序能正常地迁移到另外的 Python 环境中。此时就可以使用 freeze 命令来完成，具体操作命令如下：

```
>> pip freeze > requirements.txt
```

执行该命令会在当前目录下生成一个 requirements.txt 文件，然后根据具体的需求，把 requirements.txt 文件复制到需要安装本地第三方库的 Python 机器上，并执行如下命令进行第三方库的全量安装：

```
>> pip install -r requirements.txt
```

现在新的 Python 环境中已经包含本地 Python 环境中的全部第三方库，所以你就可以把本地正常运行的 Python 程序直接迁移到新的 Python 环境中了。

正常情况下，我们一般只进行第三方库的安装，但有时也避免不了安装了错误的、不兼容的或者遗留的第三方库。此时则可以使用 uninstall 命令来删除指定的第三方库，具体命令如下：

```
>> pip uninstall requests
```

pip 和 easy_install 在使用方式和效果上都非常相似，之所以使用 pip 替换 easy_install 作为默认的 Python 包管理工具，是因为 pip 是 easy_install 的改进版。

1.2.5 Python 虚拟环境安装

pyenv 可以说是很好地帮助我们解决了 Linux 环境下的多版本问题，但它也有不足之处，例如，不能支持 Windows 平台、不能很好地解决依赖库迁移的问题。而 Python 提供的虚拟环境工具就可以很好地解决这两个问题。

这里的虚拟环境特指 Python 的第三方库环境，通常一个版本的 Python 只会在同一个目录下管理所有的第三方库。这种情况下，一旦有多个项目的依赖版本不一致，就会导致两个项目不能共存。

虚拟环境工具可以基于特定版本的 Python，隔离出多个不同的第三方库环境。不同项目可以根据自己的需求来指定特定的虚拟环境，从而避免依赖库冲突的问题。Python 下虚拟环境的工具有很多，如 Python 2 下的 virtualenv、Python 3 下的 venv。本小节介绍的则是更加易用的 pipenv。

pipenv 的宗旨是提供简单、方便、易用的 Python 库管理功能。它可以为你的项目自动地创建和管理一个虚拟环境，同时还提供了项目依赖库迁移的功能。下面我们就来学习如何安装和使用 pipenv 工具。

1. 安装

pipenv 是作为 Python 的一个第三方库来发布的，所以和安装其他第三方库一样，只需要在命令行执行以下命令即可：

```
>> pip install pipenv
```

安装成功后，可以通过 -version 参数来查看具体的版本信息，具体命令如下：

```
>> pipenv -version
pipenv, version 2018.11.26
```

如果能正确返回版本信息，则表示 pipenv 库安装成功。

2. 使用虚拟环境

通过 pipenv 创建虚拟环境的方式非常简单，首先从命令行进入具体的项目路径，如 D:\projects\test，然后执行如下的命令即可：

```
>> cd D:\projects\test
>> pipenv install
```

上述命令会为当前目录创建一个虚拟环境，如果当前目录下有 requirements.txt 文件，则会自动安装该文件中的全部依赖库。当然，你也可以指定一个需要安装的库名来进行安装。例如，安装 requests 库的命令如下：

```
>> pipenv install requests
>> pipenv install requests==2.20.0        # 指定版本号
```

同样，还可以显式地指定一个 requirements.txt 文件来进行安装：

```
>> pipenv install -r /path/to/requirements.txt
```

对于需要通过源码 setup.py 来安装的依赖库，则可以通过如下命令安装：

```
>> pipenv install -e .
```

如果需要激活此虚拟环境，则需要执行如下命令：

```
>> pipenv shell
Loading .env environment variables...
Launching subshell in virtual environment. Type 'exit' or 'Ctrl+D' to return.
>> python /path/to/script.py
```

执行上述命令后，当前命令行将进入 Python 的虚拟环境，在该虚拟环境中，之前安装的 Python 库将会直接生效，并且与外部环境的库环境是相隔离的。

此外，还有一种方式可以让虚拟环境生效，并且在该虚拟环境中执行一次 Python 命令。其使用方式如下：

```
pipenv run python /path/to/script.py
```

最后，如果需要删除虚拟环境中已安装的库，可以通过 uninstall 命令来实现。具体如下：

```
>> pipenv uninstall requests            # 仅删除 requests 库
>> pipenv uninstall -all                # 删除全部库
```

3. 依赖库信息提取

pipenv 还提供了一个依赖库迁移的功能，即可以把当前虚拟环境中已安装的依赖库信息导出到 requirements.txt 文件，这样在新的环境中就可以通过该 requirements.txt 文件安装全部的依赖库，从而达到依赖库准确迁移的目的。提取依赖库的命令如下：

```
>> pipenv lock -r
```

1.2.6　PyCharm 开发环境安装

Python 虚拟
环境安装

Python 的基础环境搭建完成之后，在准备继续学习和开发 Python 之前，还需要做的准备工作就是选择并安装一套好用的开发工具。所谓"工欲善其事，必先利其器"，这里要介绍的 Python 开发工具是业内最常用的集成设备电路（Integrated Device Electronics，IDE）——PyCharm。

PyCharm 之所以流行，是因为它对 Python 的各项支持都做得比较好。除了语法高亮、关键字提示、自动补全等基础功能之外，还支持实时调试、虚拟环境、远程调试等高级功能。

1. 安装

PyCharm 有商业版和免费版，个人学习时只需要下载免费版即可。其安装包可以直接从官网下载，根据自己的需要下载对应平台的免费版本。例如，Windows 系统的用户先选择 Windows 平台，然后单击免费版本的"DOWNLOAD"按钮即可下载，如图 1-3 所示。

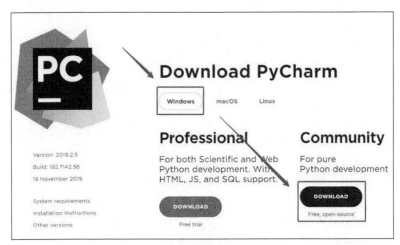

图 1-3　PyCharm 下载界面

 由于 PyCharm 是由 Java 开发的，因此在正式安装 PyCharm 之前，需要确保操作系统中已经安装了 JRE 或者 JDK 环境，具体的 Java 版本需要依据 PyCharm 的版本而定。

安装包下载到本地之后，直接双击安装包就可以打开安装向导界面，通常没有特殊要求的话直接单击"下一步"完成安装即可。安装完成后双击桌面上的 PyCharm 图标，可打开 PyCharm 初始界面，其效果如图 1-4 所示。

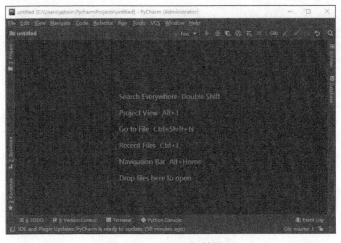

图 1-4　PyCharm 初始界面

2．创建项目

在新建 Python 文件之前，需要创建一个 Python 项目。具体操作如下。

（1）单击菜单中的"File"菜单项。

（2）单击下拉菜单中的"New Project…"子项。

（3）在打开的"New Project"界面左侧选择"Pure Python"项。

（4）在右侧区域"Location"标签后选择项目的存放路径及名称，如图 1-5 所示。

（5）单击"Create"按钮完成项目的创建。

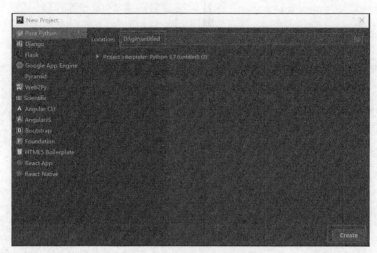

图 1-5　PyCharm 创建项目

项目创建完成后，就可以在项目中新建 Python 文件了，具体步骤如下。

（1）在左侧项目浏览器中右击项目名称。

（2）选择"New"子项。

（3）在弹出的子菜单中单击"Python File"子项，如图 1-6 所示。

（4）在弹出的"New Python File"对话框中输入文件名，如 demo。

（5）单击"OK"按钮完成 Python 文件创建。

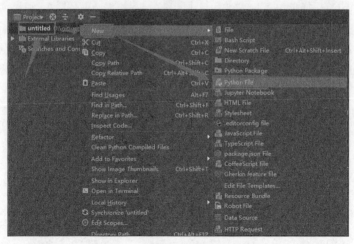

图 1-6　PyCharm 新建 Python 文件

3. 配置 Python 解释器

为了能够正常执行 Python 程序，还需要对 PyCharm 进行一些基本的设置。首先需要进行 Python 解释器的配置，具体步骤如下。

（1）单击菜单栏的"File"菜单项。

（2）单击下拉菜单中的"Settings"子项。

（3）在打开的"Settings"界面左侧展开"Project：…"项。

（4）选择其下的"Project Interpreter"子项。

（5）在右侧区域"Project Interpreter"标签后选择对应的 Python 解释器，如图 1-7 所示。

（6）单击"OK"按钮保存并退出"Settings"界面。

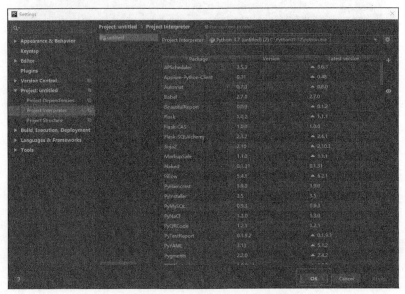

图 1-7　PyCharm 配置 Python 解释器

4．运行第一个程序

前述步骤都配置完毕，接下来就可以在 PyCharm 中运行 Python 程序了。首先在新建的 Python 文件（demo.py）中输入如下 Python 代码：

```
print("Hello Python")
```

然后在文件的空白区域右击，在弹出的菜单中选择"Run demo"子项。在配置正确的情况下，会正常运行该 Python 文件，并在底部的 Console 区域展示运行结果，其效果如图 1-8 所示。

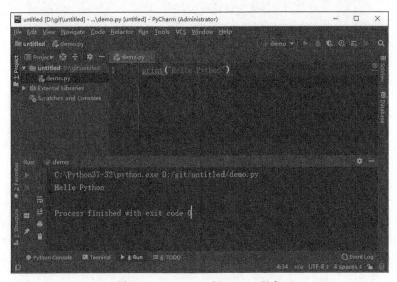

图 1-8　PyCharm 运行 Python 程序

5. 启动调试模式

在日常的开发工作中，经常会遇到一些疑难问题，人工检查代码很难发现其具体的问题所在。此时排查问题较好的手段就是进行 Debug 调试，PyCharm 为 Python 提供了易用的调试功能，简单几步就能轻松使用界面化 Debug 模式，告别程序数据库文件（Program Database File，PDB）命令行 Debug 模式。

为了演示 Debug 模式的操作，需要在 Python 文件中输入一段样例代码，具体如下：

```
n = 10
count = 0
for i in range(1, n+1):
    count += i
    print(count)
```

这是一段求和的代码片段，会根据给定的 n 来进行数值的累计求和。如果想要对这段代码进行 Debug 调试，只需在 PyCharm 编辑器中的对应代码左侧行号后面单击即可添加 Debug 断点标记，如图 1-9 所示。

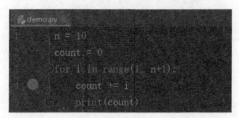

图 1-9　PyCharm 中设置 Debug 断点

图 1-9 中在第 4 行代码设置了 Debug 的断点标记，再次单击圆点处则会取消 Debug 断点。此时右击编辑器的空白处，在弹出的菜单中选择 "Debug demo" 子项来启动 Debug 模式，成功进入 Debug 模式后的效果如图 1-10 所示。

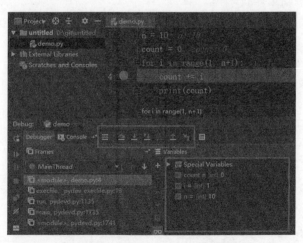

图 1-10　PyCharm 中 Debug 模式效果

在具体的调试过程中主要关注两个区域，一个是 Console 右侧标红框的 Debug 操作面板区；另一个是 Console 右下方框中的变量显示区。在 Debug 操作面板区通过单击对应 Debug 按钮来进行 Debug 操作。具体的 Debug 按钮执行效果的说明如下。

❑ 　（Show Execution Point）——定位到当前执行的断点位置。

- ❑ 　（Step Over）——单步执行，当该行有函数调用时不进入函数内部。
- ❑ 　（Step Into）——单步执行，当该行有函数调用时进入函数内部。
- ❑ 　（Step Into My Code）——单步执行，当该行有用户自定义函数时进入函数内部。
- ❑ 　（Step Out）——单步执行，执行完当前函数剩余部分并退出到函数调用处。
- ❑ 　（Run To Cursor）——直接执行到下一个断点代码处。

除了执行 Debug 操作外，还需要配合查看变量区中的变量内容，通过实时查看变量内容的变化来判断程序是否按照期望的逻辑在运行。变量区的变量分为基本类型和复杂类型两种，对于基本类型的变量，可以直接看到变量值且不可展开；复杂类型的变量则可以展开，以查看具体内容，具体效果如图 1-11 所示。

图 1-11　PyCharm 的 Debug 变量区

6. 常用快捷操作

PyCharm 作为一款受欢迎的 IDE 工具，除了基本功能之外，简单高效的快捷键支持也是标配。由于 PyCharm 支持的快捷键较多，这里只介绍日常工作中最常用的一些快捷键，更多的 PyCharm 快捷键的使用，还请查阅官方文档。

- ❑ Ctrl + C——复制选择的文本。
- ❑ Ctrl + V——粘贴已复制的文本。
- ❑ Ctrl + X——剪切选择的文本。
- ❑ Ctrl + Z——撤销上一步的文本操作。
- ❑ Ctrl + Shift + Z——恢复撤销的文本操作。
- ❑ Ctrl + A——文本全选。
- ❑ Ctrl + F——文本查找。
- ❑ Ctrl + R——文本替换。
- ❑ Ctrl + G——跳转到第 n 行。
- ❑ Shift + F10——正常执行。
- ❑ Shift + F9——调试执行。
- ❑ F7——Step Over（Debug 模式下）。
- ❑ F8——Step Into（Debug 模式下）。
- ❑ F9——连续执行直到断点处（Debug 模式下）。
- ❑ 双击 Shift——打开全局搜索框。
- ❑ Ctrl +鼠标左键——定位到函数定义处。
- ❑ Ctrl + /——行注释/取消行注释。
- ❑ Tab——代码缩进。
- ❑ Shift + Tab——代码反缩进。

Pycharm 安装
与使用

第 2 章
Python 语法

在学习完第 1 章的内容之后，本章将要正式开始 Python 语法的学习。具体会从执行第一行 Python 代码开始，到介绍完基础的 Python 语法结束。本章最后还精心准备了若干练习题用于帮助读者巩固学习效果。

2.1 初识 Python

通过第 1 章的学习，读者已经对 Python 的概念和环境部署有了基本的了解。本章正式开始 Python 语法的学习，包括 Python 的执行方式、基础语法等相关知识。由于是学习基础知识，为了加深刚接触 Python 的读者对语法的记忆，本章最后特意精选了一些语法练习题，希望初次学习 Python 的读者能够认真独立地完成。

2.1.1 Python 执行环境

计算机语言主要分为两大类型：编译型语言和解释型语言。两者的不同之处在于，编译型语言需要提前把源代码编译成目标机器可以执行的二进制形式；而解释型语言则不需要提前编译源代码，而是在运行时实时地执行源代码。

Python 属于解释型语言，所以它的语句也是在运行时被一条一条地执行。而与普通的解释型语言（VB Script、Shell 等）不同的是，Python 具有跨平台的能力，因此它比普通的解释型语言多了一层虚拟环境。所有的 Python 语句最终都会在这个虚拟环境中被执行，而这个执行 Python 的环境，即 Python 虚拟机。

Python 虚拟机是一个只能执行 Python 字节码的虚拟环境，源代码想要被 Python 虚拟机执行，需要先通过 Python 编译器进行编译，编译之后才能被正常地执行。Python 执行环境的示意如图 2-1 所示。

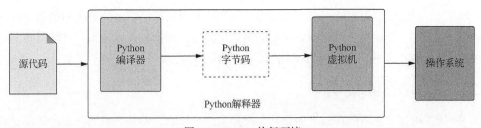

图 2-1　Python 执行环境

通过上图我们知道，Python 的完整执行环境叫 Python 解释器，也就是 Python 安装目录下的 python.exe 二进制文件。它包括 Python 编译器和 Python 虚拟机。Python 解释器在运行时会先读取源代码，通过 Python 编译器把源代码编译为 Python 字节码，然后 Python 虚拟机会执行 Python 字节码，最终操作系统会接收到 Python 虚拟机的相应指令，在硬件上执行相应的操作。

2.1.2　Python 执行方式

现在我们已经知道 Python 是解释型语言，在执行代码时是一边解释一边执行。其本质类似于执行批量指令集，而这些指令既可以批量一起顺序执行，也可以一条一条单独执行。所以 Python 有两种执行方式：批量运行和交互式运行。

批量运行方式即启动 Python 解释器时，传递一个 Python 源码文件作为参数。其形式如下所示：

```
python xxx.py
```

这种方式执行时会把 xxx.py 文件中的代码按照顺序执行，整个文件代码被执行完之后 Python 解释器也会自己结束进程。

另外一种运行方式是交互式，采用这种方式时，用户会进入一个交互式的命令行界面，用户输入一行代码，Python 解释器就执行一行代码，并且实时地返回执行结果。进入交互式命令行界面的方式很简单，直接在命令行输入 Python 命令，或者在 Windows 平台下直接启动 Python 自带的 IDLE 交互式终端。其运行效果如下：

```
> python
Python 3.7.5 (v3.7.5:260ec2c36a, Oct 20 2018, 14:05:16) [MSC v.1915 32 bit (Intel)]
on win32
Type "help", "copyright", "credits" or "license" for more information.
>>>
```

在进入 Python 交互式命令行界面之后，就可以直接输入并执行 Python 命令了，具体的命令和使用方式在后面的章节会逐一介绍。当然如果你已经迫不及待了，也可以尝试执行下面的命令：

```
print('Hello Python!')
```

Python 的这两种执行方式都必须在命令行环境执行，如 Windows 下的 cmd、Linux 下的 Shell 终端及 Mac OS 下的 Shell 终端。如果你直接双击 Python 的二进制文件，那么将不会看到任何效果。

2.2　基础语法

人类语言之所以能够用来进行交流，是因为人类能够识别特定语言的语法和语句。Python 虽然作为计算机语言，但却有着与人类语言相同的语言特性，即拥有可以被人类和计算机同时识别的语法和语句。本节将主要介绍 Python 语言的基本语法和特点。

2.2.1　语法格式说明

每一种计算机语言在功能和语义的设计上都是大同小异的，但是它们的语法形式却是各式各样的。这就好比中文、英文、日文都能描述出相同的事物和对象，却使用了不同的文字符号来表示。Python 作为一门简单、易学的计算机语言，它的语法格式又是怎样的呢？让我们一起来开始学习吧！

1. 语句块

Python 的语法格式有一个鲜明的特点，就是它的语句块是以缩进来表示的，而其他语言通常需要使用符号来表示，使用最多的就是成对的花括号了。Python 的这种语法形式使得 Python 既独树一帜，又让代码格式更加规范。下面是一小段语句块的示例：

```
for i in [1, 2, 3]:
    print(i)
```

这是一段循环输出内容"1,2,3"的队列代码，for 循环内的 print 语句属于语句块，所以需要进行缩进，表示它是 for 循环的内部对象。通常 Python 中可以使用 2 个或 4 个空格来进行缩进，本书则推荐统一使用 4 个空格来进行缩进。

 Python 虽然支持 2 个、4 个或多个空格来进行缩进，但是在同一个文件中不能同时使用混合个数空格的缩进方式，否则执行时将会提示 IndentationError（缩进错误）。

Python 中支持语句块的语句有很多，如 if-else、for、while、def、class、with、try-except、finally 等语句，在后面的语法学习中我们将会具体介绍它们的语法和使用方式。

2. 语句行

Python 中每一条独立的语句都是语句行，通常情况下一个语句行对应一个文本行，但也可以有不同的形式，例如一个语句行对应多个文本行，多个语句行对应一个文本行。下面列举了几个不同形式的语句行样例：

```
# 一个语句行对应一个文本行
print('Hello Python!')
# 多个语句行对应一个文本行
print('Hello Python!');print('Hello Python!')
# 一个语句行对应多个文本行
print(
    'Hello Python!' + \
    'Hello World!'
)
```

通过上述代码可以知道，一个文本行内想要包含多个语句行，只要在语句行之间添加一个英文的分号即可；而一个语句行想要跨多个文本行时，则需要在文本行尾部添加续行符"\"。

3. 保留字

计算机语言都会有一套自己的语法，而保留字则好比语法中的单词，所有有效的代码都是由这些保留字直接或间接组成的。这些保留字在 Python 解释器中被提前设定为具有特定意义，语法中一旦出现相关保留字，Python 解释器就会按照设定的规则来解释和执行相关语句。Python 3 的全部保留字如表 2-1 所示。

表 2-1　　　　　　　　　　　　　　　　Python 3 的保留字

if	else	for	while
elif	in	not	is
and	or	with	try
except	finally	raise	yield

续表

return	def	pass	break
continue	lambda	global	nonlocal
from	import	as	class
del	assert	True	False
None			

这些保留字在后面的章节中也将会被全部介绍和使用到，这里大家只需先简单理解一下相关概念即可。

4. 标识符

保留字是 Python 预留给 Python 解释器自己用的特定关键字，而除了这些保留字之外，Python 还允许编程人员自己定义一些代表特定对象的关键字，即标识符。标识符可以用来标识 Python 中的一切对象。

由于标识符是由编程人员来定义的，为了保证标识符本身的合法性和安全性，Python 中对标识符的定义做了如下的约定。

- ❑ 首字符必须是字母或下划线_。
- ❑ 除首字符外的部分由字母、数字和下划线组成。
- ❑ 标识符对英文大小写敏感。
- ❑ 标识符不能与保留字相同。

在 Python 3 中标识符除了可以包含英文字母、数字和下划线，还可以包含中文字符，所以在特定的场景你也可以尝试使用中文标识符，比如，后面将会介绍的中文测试用例名称。

5. 注释

注释本身是一种解释特定对象的文字。在编程语言中注释主要用来解释对应代码的逻辑或功能。Python 中同样提供了注释功能。通过注释符在代码中记录的注释内容，Python 解释器在执行代码时会忽略。

Python 中标准的注释符为#，以#开头的内容都被认为是注释内容，在执行过程中会被解释器忽略。下面是 Python 注释的 3 种形式：

```
# 单行注释

# 多行注释
# 多行注释

print('Hello Python!')    # 行尾注释
```

除此之外，注释行还可以使用字符串来达到相同的效果，具体示例如下：

```
'单行注释'

'''
多行注释
多行注释
'''
```

```
print('Hello Python! '); '行尾注释'
```

虽然在 Python 中可以使用字符串来替代注释符，但是基于语法规范性的考虑，优先使用注释符来注释。

6. 编码

编码是计算机处理信息的一种方式。编码本质上是把信息从一种形式或格式转换为另一种形式的过程，在这个过程中会用预先规定的方法将文字、数字或其他对象编成数码。编码的目的是让信息能更加方便地传输和存储。

有编码自然就会有与之对应的解码，解码是编码的逆过程，它可以把信息从编码后的形式还原成原来的形式。而问题则在于计算机的世界里不止一种编码和解码的方式，如果你使用了某一种编码，那么你就需要使用与之匹配的解码才能正常工作。常用的编码方式有 ASCII、UTF-8、GBK 等。

Python 同样支持计算机中的各种编码形式，所以在使用时就需要对编码的一致性有一定的了解，避免在运行过程中出现编码错误。Python 中的编码环境可以简单地分为以下三大部分。

❑　源码文件的编码。
❑　解释器环境的编码。
❑　外部数据源的编码。

这三大编码环境中的编码格式如果出现不一致的情况，且没有进行相应的转码处理，那么在执行代码的过程中就会出现编码错误。

Python 3 中默认情况下源码文件是 UTF-8 编码，解释器环境则是 Unicode 编码，外部环境的编码则是根据具体数据源而定。所以为了让源码文件能够正常地被解释器读取，默认情况下需要把源码文件保存为 UTF-8 格式。代码清单 2-1 和代码清单 2-2 所示的编码声明是等效的。

代码清单 2-1　默认编码声明

```
print('你好，中国! ')
```

代码清单 2-2　UTF-8 编码声明

```
# -*- coding: utf-8 -*-
print('你好，中国! ')
```

上述两个代码清单只有在被保存为 UTF-8 格式的文件时，才能被 Python 解释器正常地执行。而如果你的源码文件使用了 GBK 进行编码，那么就需要相应地修改源码文件中的编码声明，修改成如下形式即可：

```
# -*- coding: gbk -*-
print('你好，中国! ')
```

总而言之，就是要保证源码文件的实际编码格式与其声明的编码格式保持一致，否则就会出现编码异常问题。具体做法就是修改编码声明或者修改文件编码格式。

源码文件默认为 UTF-8 编码，而 Python 解释器默认为 Unicode 编码。它们之所以能够正常兼容，是因为 Python 解释器在读取源码文件时，会根据源码文件的编码声明来对源码文件进行解码，解码成功之后的编码格式就是 Unicode。

2.2.2 基本数据类型

按照一般性的定义来说，程序=数据结构+算法。这里的数据结构主要指的就是各种类型的数据对象。Python 3 中包含了大量的数据类型，但基本的数据类型主要分为以下 6 个：

- ❑ 数字（Number）
- ❑ 字符串（String）
- ❑ 列表（List）
- ❑ 元组（Tuple）
- ❑ 字典（Dictionary）
- ❑ 集合（Set）

这 6 个数据类型也是 Python 内置的数据类型，即不需要导入库就可以直接使用。其中数字、字符串、元组为不可变数据类型，而列表、字典和集合则是可变的数据类型。接下来将分别介绍每种数据类型的特点和作用。

1. 数字

数字类型主要用于支持数学计算，包括整型（int）、浮点型（float）、布尔值（boolean）、复数（complex）。与其他语言及 Python 2 不同的是，Python 3 中的 int 同时代表普通整型和长整型，float 同时代表单精度和双精度浮点型。下面列举了几种数字类型的具体示例：

```
# 整型 int 示例
-20000, -1, 0, 1, 100, 10000, 1000000000
# 八进制整型示例
-076, 012, 0225
# 十六进制整型示例
-0x123, 0x220
# 浮点型 float 示例
-3.33333, 0.0, 10.0, 3.1415926, 99999,99999
# 浮点型科学记数法示例
-33.3e10, 5.20E-10
# 布尔值 boolean 示例
True, False
# 复数 complex 示例
-3.14j, 45.j, 33.3e10j
```

Python 中的 int 和 float 两种类型没有长度限制，其最大可支持的长度取决于运行的内存情况，且 Python 中计算小数时不会有位数丢失。这也是很多科学家选择 Python 作为编程语言的一大原因。

2. 字符串

字符串指的是一串连续的字符符号，通常用来记录、显示或比较字符内容。Python 中字符串是由单引号、双引号、三引号引起来表示的。如果字符串的内容中包含了特殊字符，如单引号，那么就需要使用转义符号\来进行转义，以保证字符串的内容被正常识别。字符串的具体示例如下：

```
'我是单引号字符串'
"我是双引号字符串"
'''
```

```
我是三引号字符串
'''
"""
我还是三引号字符串
"""

# 不同内容的字符串
'12345'
'3.14'
'abcdefg'
'True'
'3.14j'

# 空字符串
''

# 需要转义特殊符号的字符串
'I\'m a student!'
# 不需要转义，因为字符串中单引号与双引号不冲突
"I'm a student too!"
```

3. 列表

列表是一种数据序列。列表中可以包含各种数据类型，这些数据类型作为列表的成员而存在。列表本身不限制具体的数据类型，Python 支持的数据类型都可以作为列表的成员。

Python 中列表是最常用，也是非常重要的数据结构。列表的定义是用一对方括号括起来，成员之间用英文的逗号分隔，其具体定义示例如下：

```
[123, 'abc', True, False, 3.14, 3.14j, "Python"]
```

这是一个非常普通的列表，它包含了 7 个成员且拥有 5 种不同的数据类型。比较有趣的是，列表不仅能包含其他数据类型，还能包含列表数据类型，例如下面的示例：

```
[1, 2, [3, 4], 5, 6, [7, [8, 9]]]
```

这里可以看到列表是支持嵌套的，且具体的嵌套层数并没有严格的限制。关于列表的更多操作将在后面的章节中进行介绍。

4. 元组

元组也是一种数据序列。与列表不同的是，元组在被定义之后，其成员是不可以改变的，包括数量和成员本身，而列表则没有这方面的限制。元组的定义是用一对圆括号括起来，成员之间用英文逗号分隔，示例如下：

```
(123, 'Python', True, False, [3.14, 3.14j, "Python"])
(1, 2, [3, 4], 5, 6, (7, (8, 9)))
(1,)
```

可以看到，元组也可以包含各种数据类型，同样也支持元组的嵌套定义；尤其需要注意在定义只有一个成员的元组时，其成员后必须要跟一个逗号，否则它只表示成员本身。

5. 字典

字典也叫键值表，是一组映射关系的数据序列，其成员都以键值对的形式存在。字典与列表相比有如下几个不同之处。

❑　列表是有序集合，字典为无序集合。

❑ 列表通过偏移量存取成员，字典通过键来存取成员。

❑ 列表的偏移量是顺序的，字典的键是唯一的。

字典的定义则是用一对花括号括起来，成员之间以英文逗号分隔，同时成员内部的键值之间使用英文的冒号分隔。示例如下：

```
{'name': '小明', 'sex': '男', 'age': 24}
```

这是一个拥有 3 个成员的字典，包含 name、sex、age 这 3 个键，它们分别对应的值为小明、男、24。所以当我们获取'小明'时就需要通过'name'，而获取'男'时则需要通过'sex'。

当然，字典也是支持嵌套的，这里也给出一个具体的嵌套示例：

```
{
    'student': {
            'name': '小明',
            'sex': '男'
    }
    'class': {
            'name': 302
    }
}
```

另外，由于字典的键是唯一的，所以在定义时需要确保键不重复，否则会出现覆盖数据的情况。例如下面的示例中，最终只会保留'name'为'小花'的值，而'小明'的值将会被覆盖：

```
{
    'name': '小明',
    'name': '小花'
}
```

在定义字典时需要注意的是，成员的值可以为任意数据类型，而成员的键则只能是不可变类型。

6. 集合

集合是一种成员不可重复的数据序列。与列表一样，它可以包含任意的数据类型；与列表不同的是，集合中的成员不能重复，如果重复则只保留一个成员。集合的这种特性通常会用于成员去重。

集合的定义也是用一对花括号括起来，成员之间使用英文的逗号分隔。与字典的定义不同的是，集合的定义中没有冒号。具体的定义示例如下：

```
{
    1, 'Python', False, 3.14, 3.14j,
    (1,2), ['a', 'b'],
    {
            'name': '小明'
    },
    {1, 2, 4, 5, 7}
}
```

7. 数据类型转换

通过前面内容的学习，我们了解了 Python 中的几种基本数据类型，不同的数据类型有不同的特点，可实现不同的编程需求。另外，它们也是有相通之处的，如部分数据类型之间是可以相互转换的，具体可以分为四大类。

- ❑　同一主类型的数据类型之间的转换。
- ❑　数据结构相似或等效的数据类型之间的转换。
- ❑　其他数据类型与字符串之间的转换。
- ❑　同一数据类型的形式转换。

第一类可以进行转换的数据类型主要指 Number 子数据类型，例如，float、boolean 可以转换为 int，而 int 也可以转换为 float。下面来看一组几种 Number 数据类型之间的转换效果：

```
int(1.1)          # float => int
int(True)         # boolean => int
int(False)

float(1)          # int => float
float(True)       # boolean => float
float(False)
```

上述代码使用了 int 和 float 函数，这两个函数的作用就是把传递给它们的合法参数转换为 int 或者 float 类型。在 Python 交互式解释器环境执行上面的命令，将会得到如下的结果：

```
1
1
0

1.0
1.0
0.0
```

从上面演示的结果可以看到，float 转换为 int 时会丢失小数点后面的部分。上面代码能正常地工作是因为传递了可转换的数据类型，如果传递的是不可转换的数据类型，那么就会报错。例如，传递一个字符串类型给这两个函数，就会得到 ValueError 的异常提示。

第二类可以转换的数据类型，主要指具有相似数据结构的数据类型，如 list（列表）、tuple（元组）、dict（字典）和 set（集合）类型。这些数据类型都是序列对象，可以包含其他数据类型作为成员，且在成员组织的结构上具有相似性或可转换性。同样也来看一组列类型之间转换的示例：

```
tuple([1, 2, 3, 2])           # list => tuple
tuple({1, 2, 3, 4, 2})        # set => tuple
tuple({1:11, 2:22, 3:33})     # dict => tuple

list((1, 2, 3, 2))            # tuple => list
list({1, 2, 3, 4, 2})         # set => list
list({1:11, 2:22, 3:33})      # dict => list

set((1, 2, 3, 2))             # tuple => set
set([1, 2, 3, 4, 2])          # list => set
set({1:11, 2:22, 3:33})       # dict => set

dict(((1, 11), (3, 33)))      # tuple => dict
dict([[2, 22], [4, 44]])      # list => dict
dict([{5, 55}, {6, 66}])      # set => dict
```

通过上述代码可以看到，list、tuple、set、dict 之间是可以互相转换的。只是其他数据类型转换为 dict 类型时，需要把成员组成键值对序列的形式；而 dict 转换为其他数据类型时，只会取键值对的键内容；另外，list、tuple 转换为 set 类型时，如果有重复成员，则只会保留一个。运行上述代码之后的结果如下：

```
(1, 2, 3, 2)
(1, 2, 3, 4)
(1, 2, 3)

[1, 2, 3, 2]
[1, 2, 3, 4]
[1, 2, 3]

{1, 2, 3}
{1, 2, 3, 4}
{1, 2, 3}

{1: 11, 3: 33}
{2: 22, 4: 44}
{5: 55, 66: 6}
```

从执行结果中可以看到，最后一行输出内容并没有像我们预期的一样输出为{5: 55, 6:66}，而是输出为{5: 55, 66: 6}。这是因为 set 本身是无序的，所以 set 的成员在内存中的顺序不一定会与我们书写代码时的顺序保持一致。

第三类数据类型转换，主要是其他类型与字符串之间的转换。在 Python 中一切皆是对象，数据类型也不例外，而 Python 中所有对象都可以转换成字符串的形式。下面列出了其他数据类型转换成字符串的示例：

```
>>> str(1)           # int => str
'1'
>>> str(1.1)         # float => str
'1.1'
>>> str(True)        # boolean => str
'True'
>>> str(3.14j)       # complex => str
'3.14j'
>>> str((1, 2, 3))   # tuple => str
'(1, 2, 3)'
>>> str([1, 2, 3])   # list => str
'[1, 2, 3]'
>>> str({1, 2, 3})   # set => str
'{1, 2, 3}'
>>> str({1: 11, 2: 22})  # dict => str
'{1: 11, 2: 22}'
```

为了方便对比数据类型转换为字符串的结果，这里把执行代码和结果放在一起。从结果可以看出，转换为字符串之后的内容与原数据类型基本一致，只是多了两个表示字符串的单引号而已。

此外，字符串也是可以转换为其他数据类型的，只是使用的并不是前面用到的数据类型函数，而是 eval 函数。eval 函数用来执行字符串表达式，并返回表达式结果，其效果就相当于动态地执行一个字符串值所代表的表达式。由于 eval 函数可以执行任意的 Python 表达式，所以也支持数据类型的表达式。这里举一个 dict 表达式的例子来进行说明：

```
>>> eval('{1: 11, 2: 22}')
{1: 11, 2: 22}
>>> {1: 11, 2: 22}
```

```
{1: 11, 2: 22}
>>> eval(str({1: 11, 2: 22}))
{1: 11, 2: 22}
```

从执行结果可以看出，eval 执行一个表达式字符串与直接执行该表达式的效果是一致的。如果把表达式用$express 表示，那么 eval('$express')等价于$express。另外，在某些场景下 eval 和 str 可以被视为彼此的逆操作，即 eval(str($express))等效于$express。

第四类数据类型转换，特指同一数据类型的形式转换。例如，int 数据类型可以有十进制、二进制、八进制、十六进制等多种形式的存在。Python 中对于这些数据形式之间的转换也提供了相应的函数，具体看下面的使用示例：

```
>>> hex(10)        # 十进制转十六进制
'0xa'
>>> oct(10)        # 十进制转八进制
'0o12'
>>> bin(10)        # 十进制转二进制
'0b1010'
>>> int(0x10)      # 十六进制转十进制
16
>>> int(0o10)      # 八进制转十进制
8
>>> int(0b10)      # 二进制转十进制
2
```

虽然 Python 中基本的数据类型之间支持转换，但并非全部数据类型都支持相互转换，既有单向转换，也有双向转换。另外，部分数据类型在转换时可能会丢失部分数据，使用时需要留意。

2.2.3 变量与常量

前面章节中我们演示的代码都是普通的字面值，也就是数值本身。但实际编程中还需要对编程的中间结果进行保存和操作，此时就需要定义一个特定的标识符来代表中间结果，以便于在后续执行中继续使用。

Python 中可以保存中间结果的标识符叫变量。定义一个变量非常简单，只要用一个=来关联变量要代表的对象即可，而这个过程就叫作赋值。变量赋值的格式为：

变量名=变量对象

其中，变量名是由编程人员自定义的，其命名规则需要符合 Python 标识符的要求，变量名后是=，其后跟的是要赋给变量的具体对象本身。下面是一组把基本数据类型的值赋给变量的示例：

```
age = 18
stature = 1.75
name = 'Python'
is_male = True

l = [1, 2, 3, 4]
t = (5, 6, 7, 8)
d = {1: 11, 2: 22}
```

```
s = {1, 3, 5, 7}
```

有了变量之后，变量与它所代表的对象是等效的，操作变量就是操作对应的对象。例如，对变量进行数据类型转换，与对数据本身进行类型转换是同等效果。示例如下：

```
>>> str(100)
'100'
>>> num = 100
>>> str(num)
'100'
```

Python 中一切皆是对象，且一切对象都可以赋给变量；换句话说，在 Python 中变量可以代表一切，包括代表已有的变量。具体看下面的示例：

```
a = 1
b = a        # 等价于 b = 1
c = b        # 等价于 c = 1
```

这段代码虽然定义了 3 个变量，但是 3 个变量代表的都是同一个对象，即数值 1。因为变量本身并没有值，它只是代表了赋值它的对象（值），所以当把一个变量赋给另一个变量时，本质上就是把这个变量代表的对象赋给另一个变量。

当然，变量还有一个非常重要的特性，即它的值是可以变的。也就是说我们可以在定义一个变量之后，再次给它赋一个不同的值，让它代表一个新的对象。例如下面的示例：

```
a = 123
a = 'Python'
a = None
```

这里我们对变量 a 进行了 3 次不同内容的赋值，那么变量 a 的内容就是最后一次变量赋值的内容，即最后 a 的值为 None。None 是一种特定的数据类型，用于表示没有意义的空值。

Python 中如何间接定义常量

与变量相对应的则是常量，即一旦赋值成功之后其值是不可变的，换句话说，常量是只能赋值一次的变量。与其他语言不同的是，在 Python 中不支持自定义常量，但是 Python 中却有一些内置的常量，如 True、False、None 等。

2.2.4　运算符与表达式

运算符特指可以进行对象运算的特殊符号，例如我们最熟悉的+、−、*、/就属于算术运算符的类型。Python 中支持的运算符类型比较丰富，除了最常见的算术运算符，还有很多其他类型的运算符。具体的运算符类型如下：

❑　算术运算符
❑　赋值运算符
❑　比较运算符
❑　逻辑运算符
❑　位运算符
❑　成员运算符
❑　身份运算符

1．算术运算符

算术运算符，即用来进行算术运算的特殊标识符。算术运算符的对象通常都是数字类型的，其使用方法与数学运算符基本一致。Python 中支持的算术运算符如表 2-2 所示。

表 2-2 Python 算术运算符

运算符	说明	运算符	说明
+	加法运算符	%	取模运算符
−	减法运算符	**	幂运算符
*	乘法运算符	//	整除运算符
/	除法运算符		

算术运算符的具体使用，请看下面的示例代码：

```
>>> 2 + 3
5
>>> 2 - 3
-1
>>> 2 * 3
6
>>> 2 * -3
-6
>>> 2 / 3          # 小数除法
0.6666666666666666
>>> 3 / 2
1.5
>>> 3 // 2         # 整除
1
>>> 10 % 3         # 取模有余数
1
>>> 9 % 3          # 取模无余数
0
>>> 2 ** 3         # 幂，即 2 的 3 次方
8
>>> 3 ** 2         # 幂，即 3 的 2 次方
9
```

Python 的算术运算符中，唯一需要注意的是除法有两种形式：一种是浮点除法，另一种是整除法。其中浮点除法对于不能整除的会继续进行小数除，而整除法则只除到整数位。

Python 有运算符重载的机制，即同一个运算符在操作不同的运算对象时，其运算功能是不同的。例如，算术运算符中的+、−、*都是重载过的运算符，它们在操作数字的时候表示进行数学运算，在操作其他对象时则表现出另外的功能。

运算符重载实例说明

2. 赋值运算符

在前面小节介绍变量定义时，已经提到过可以使用=给变量赋值，而这个=就是赋值运算符的一种。并且在此赋值运算符的基础上还衍生了一系列的复合赋值运算符，具体说明如表 2-3 所示。

表 2-3 Python 赋值运算符

运算符	说明	运算符	说明
=	赋值运算符	%=	取模赋值运算符
+=	加法赋值运算符	**=	幂赋值运算符
−=	减法赋值运算符	//=	整除赋值运算符
*=	乘法赋值运算符	/=	除法赋值运算符

可以看出，除了普通的赋值运算符之外，其他的赋值运算符均为普通赋值运算符与算术运算符的结合。而实际上它们所发挥的作用也是一致的，下面通过一个具体例子来说明一下其效果：

```
a = 10
b = 3

a += b        # 等效于 a = a + b
print(a)      # 13
```

示例中只演示了加法赋值运算符的使用，其他赋值运算符的使用方法和效果都是类似的，这里就不一一列举了，读者可以自己尝试练习。

3. 比较运算符

比较运算符是用来比较操作数大小及是否相等的。比较运算符最常用的操作数也是数字类型，也可以用于其他对象类型的比较，如字符串。Python 支持的比较运算符如表 2-4 所示。

表 2-4   Python 比较运算符

运算符	说明	运算符	说明
==	比较两个对象的值是否相等	!=	比较两个对象的值是否不相等
>	左边是否大于右边对象	<	左边是否小于右边对象
>=	左边是否大于或等于右边对象	<=	左边是否小于或等于右边对象

下面来看一组具体示例：

```
>>> 1 == 1
True
>>> 1 == 2
False
>>> 1 != 2
True
>>> 1 < 2
True
>>> 1 > 2
False
>>> 2 >= 1
True
>>> 2 >= 2
True
>>> 1 <= 2
True
>>> 1 <= 1
True
>>> 'a' > 'b'
False
>>> 'a' < 'b'
True
>>> 'a' == 'a'
True
>>> 'a' != 'b'
True
>>> 'abcd' >= 'abc'
True
```

从运行结果可以看出，比较运算符的结果都是布尔值，即要么返回 True，要么返回 False，没有其他状态。

4. 逻辑运算符

逻辑运算符主要用来进行逻辑运算，这里的逻辑包括逻辑真和逻辑假，即逻辑运算主要为布尔值运算。当然在实际编程时，逻辑运算符也是可以运算其他的对象类型的，只不过它会把其他数据类型转换为等价的布尔值，之后再按照逻辑运算规则进行运算。常见的其他数据类型转换为布尔值的对应关系如表 2-5 所示。

表 2-5　　　　　　　　　　　　Python 逻辑关系对应表

逻辑值	对应类型
True	非 0 数字、非空字符串、非空序列
False	0、0.0、0j、""、[]、()、{}、set()、None

Python 逻辑运算符的说明如表 2-6 所示。

表 2-6　　　　　　　　　　　　　Python 逻辑运算符

运算符	说明
and	与逻辑运算，操作数全为 True 时，结果为 True
or	或逻辑运算，操作数全为 False 时，结果为 False
not	非逻辑运算，操作数为 True 时结果为 False，操作数为 False 时结果为 True

使用示例如下：

```
>>> True and True
True
>>> True and False
False
>>> False and True
False
>>> False and False
False
>>> True or True
True
>>> True or False
True
>>> False or True
True
>>> False or False
False
>>> not True
False
>>> not False
True
```

5. 位运算符

位运算符主要用来进行二进制位的运算，它的操作数必须是整型的。位运算符支持任意进制的整型，在进行位运算之前会把所有的操作数都转换成二进制形式，之后再进行二进制位的运算。位运算符的具体说明如表 2-7 所示。

表 2-7   Python 位运算符

运算符	说明
&	按位与运算符，相应二进制位与运算
|	按位或运算符，相应二进制位或运算
~	按位取反运算符，相应二进制位非运算
^	按位异或运算符，相应二进制位异或运算；异或即不同时为真
<<	按位左移运算符，操作数全部二进制位向左移动指定位数
>>	按位右移运算符，操作数全部二进制位向右移动指定位数

所谓位运算，就是针对相应的二进制位进行相应的操作和运算，得出的结果也对应到相应的二进制位上；如果是两个操作数且其二进制的位数不相同，则对位数少的二进制数进行高位数补零操作。图 2-2 所示为以按位与运算为例的二进制位操作示意图。

$$
\begin{array}{c|c|c|c|c}
 & 1 & 0 & 1 & 0 \\
\& & 0 & 0 & 1 & 1 \\
\hline
 & 0 & 0 & 1 & 0
\end{array}
$$

图 2-2   二进制位操作

上图中第一个操作数为二进制的 1010（十进制的 10），第二个操作数为二进制的 11（十进制的 3）。由于操作数 11 的位数不够，所以在高位补零得到操作数 0011，然后依次对相应位进行与运算，得出相应位的运算结果为 0010。再来看一些具体示例：

```
>>> x = 0b1010        # 十进制 10
>>> y = 0b0101        # 十进制 5
>>> x & y
0                     # 0b0000
>>> x | y
15                    # 0b1111
>>> ~x                # 等价于-x-1
-11                   # -0b1011
>>> x ^ y
15                    # 0b1111
>>> x << 2
40                    # 0b101000
>>> x >> 2
2                     # 0b0010
```

从示例中可以看出，按位取反操作的结果并没有完全符合前面的说明。这是因为按位取反的位数范围与数值的最大位数相同。例如，Python 十进制的 10 在 32 位的操作系统中占 14 位，其对应二进制 1010 的完整数值为 00 0000 0000 1010，取反后的结果为 11 1111 1111 0101，即十进制的-11。

11 1111 1111 0101 是二进制的负数表示，首先最高位为 1 则表示该数值为负数，而具体的负数值则需要通过补码运算来得到；补码运算操作=源码取反+1，即对 11 1111 1111 0101 取反得到 00 0000 0000 1010，再加 1 得到 00 0000 0000 1011，即负数值为 11；所以最终结果为-11。

6.　成员运算符

成员运算符用来判定一个对象是否为某一序列中的成员，这里的对象可以是 Python 中的任意对象，而序列通常是指 list、tuple、dict、set 等数据类型。成员运算符的说明如表 2-8 所示。

表 2-8　　　　　　　　　　　　　　　　Python 成员运算符

运算符	说明
in	判定对象是否在序列中，存在则结果为 True，否则为 False
not in	判定对象是否不在序列中，不存在则结果为 True，否则为 False

下面来看具体的示例：

```
>>> s = [1, True, 'str', (2, 3)]
>>> 1 in s
True
>>> 2 in s
False
>>> 2 not in s
True
>>> 'str' in s
True
>>> (2, 3) in s
True
```

通过示例可以看出，除了可以判定 int、str 类型之外，还可以判定 tuple 这样的数据类型。上面是以 list 为例进行的演示，tuple、set 与 list 的使用方式和效果一致，而 dict 类型的成员判定则有一些区别。具体看下面的示例代码：

```
>>> d = {1: 11, 2: 22, 'true': True}
>>> 1 in d
True
>>> 11 in d
False
>>> 2 in d
True
```

可以看到 dict 类型的成员判定时，实际上是判定对象是否为 keys 集合中的成员，而不会判定对象是否为 values 集合的成员。上述示例中 keys 集合成员有 1、2、'true'，而 values 集合的成员有 11、22、True。

7.　身份运算符

身份运算符用来判定两个对象是否为同一身份，即是否为同一个对象。Python 中判定两个对象是否相同有两种方式：一种是判定对象的值是否相等，另一种是判定两个对象的内存地址是否相等。对象值的比较使用前面介绍过的比较运算符==来实现，而对象地址的比较则通过身份运算符来实现。身份运算符的具体说明如表 2-9 所示。

表 2-9　　　　　　　　　　　　　　　　Python 身份运算符

运算符	说明
is	判定两个对象是否身份一致，是则结果为 True，否则为 False
is not	判定两个对象是否身份不一致，不一致则结果为 True，否则为 False

同样先来看一组具体的示例：

```
>>> a = 1
>>> b = 1
>>> c = 2
>>> a is b
True
>>> a is c
False
>>> a is not c
True
```

通过这组示例可以发现，身份运算符与前面介绍的比较运算符相比表面上并没有区别。而实际上这两个运算符有着本质的区别，为了能更好地体现出它们的区别，下面来看一段二者的使用效果对比示例：

```
a = 1
b = 1
print('a的值: ', a, 'a的id: ', id(a))
print('b的值: ', b, 'b的id: ', id(b))
print('a == b: ', a == b)
print('a is b: ', a is b)

c = 'Hello Python'
d = 'Hello Python'
print('c的值: ', c, 'c的id: ', id(c))
print('d的值: ', d, 'd的id: ', id(d))
print('c == d: ', c == d)
print('c is d: ', c is d)
```

这段代码使用了内置函数 id 来查看对象的内存地址标识，其执行结果如下所示：

```
a的值: 1; a的id: 257280128
b的值: 1; b的id: 257280128
a == b: True
a is b: True
c的值: Hello Python; c的id: 53051864
d的值: Hello Python; d的id: 53051744
c == d: True
c is d: False
```

通过对比结果可以看出，比较运算符只关注对象值是否相等，只要值相等结果就为 True；而身份运算符只关注内存地址，只要内存地址不一致结果就为 False。

上述比较运算符的对比代码只能在原生 Python 的交互式解释器中执行，如果以批量执行脚本的方式执行，其结果将不一致。具体原因是 Python 解释器在不同的场景下执行代码的优化策略不同。

8. 运算符优先级

前面介绍的都是运算符的单独使用场景，而实际编程时往往都会将不同的运算符混合在一起使用，那么此时运算符之间到底先执行谁，就需要有一个固定的执行顺序，即优先级。具体的优先级顺序从高到低如表 2-10 所示。

表 2-10 Python 运算符优先级

运算符	说明
**	幂运算符
~、+、-	一元运算符；按位取反、正号、负号
*、/、%、//	算术运算符乘除、取模
+、-	算术运算符加、减
<<、>>	按位左移、右移
&	按位与
^	按位异或
|	按位或
>=、>、<、<=、==、!=、is、is not、in、not in	比较运算符、身份运算符、成员运算符
not	逻辑非
and	逻辑与
or	逻辑或
=、+=、-=、*=、/=、%=、//=、**=	赋值运算符

默认情况下 Python 会严格按照表 2-10 所列出的顺序来进行具体的运算，但是实际情况是有时候需要先执行低优先级的运算符，此时就需要使用优先级提升符号来实现，即使用一对圆括号把需要提升的对象括起来。下面来看一组具体的示例：

```
>>> 10 + 2 * 4 ** 2 / 3 - 10
10.666666666666664
>>> (10 + 2) * 4 ** 2 / 3 - 10
54.0
>>> ((10 + 2) * 4) ** 2 / (3 - 10)
-329.14285714285717
```

通过上述示例代码运行的结果可以知道，使用相同的运算符操作内容时，可以通过改变优先级顺序来得到不同的运算结果。

9. 表达式

在介绍完运算符之后，再来看下 Python 的表达式，在 Python 中表达式是指由运算符和操作数组成的合法序列。这里的序列通常对应的是单条 Python 语句，即一个表达式只能包含一条 Python 语句。Python 中表达式是最常见的一种代码形式，它通常会与逻辑控制语句配合实现具体功能，下面列出一些常见的表达式形式：

```
a = 1                     # 字面值赋值表达式
b = a                     # 标识符赋值表达式
c = a + b                 # 二元赋值表达式
d = a and None or c       # 连续二元赋值表达式
e = 1; f = d or c; g = True   # 3 条表达式
a if a > b else b         # 三元表达式
```

2.3　逻辑控制语句

逻辑控制语句特指可以在程序中控制语句执行的语句，Python 中逻辑控制语句主要分为两大类：判断语句和循环语句。判断语句又称分支语句，主要用来对程序进行分支判断及执行；而循环语句主要用来对程序指定语句进行循环判断和重复执行。

Python 中判断语句只有 if-else 一种，没有其他语言中的 switch 多分支语句，因此对于分支特别多的程序逻辑，也只能使用 if-else 来实现。Python 中循环语句只有两种：for 和 while，同样也没有其他语言中的 do-while 语句，但是 Python 中的循环语句支持 else 语法，这是其他语言所不支持的特性。

2.3.1　if-else 语句

首先要介绍的是分支判断语句，它主要用来满足程序中针对不同条件执行不同代码的场景。分支判断语句的语法格式如下：

```
if 表达式 1:
    语句块 1
elif 表达式 2:
    语句块 2
...
elif 表达式 m:
    语句块 m
else:
    语句块 n
```

通过其语法结构可以知道，每个分支都有一个表达式判断语句，如果表达式成立，则执行对应的语句块；如果表达式不成立，则顺序向下匹配其他表达式判断语句；一旦有分支表达式成立，则不会再去匹配剩下的分支语句；如果所有的分支表达式都不成立，则会执行 else 分支下的语句块。下面通过一个简单的实际场景来举例说明：

```
grade = 59

if grade == 100:
    print('满分')
elif grade >= 85:
    print('优秀')
elif grade >= 75:
    print('良好')
elif grade >= 60:
    print('及格')
else:
    print('不及格')              # 该语句实际被执行
```

这是一个根据不同分数来输出相应评价的分支场景，程序执行开始后会先匹配第一个分支表达式，表达式判断结果不成立，继而匹配第二个分支表达式，依次匹配完所有判断表达式都不成立，所以最后执行 else 分支的语句块内容。

上述的示例是比较完整的多分支示例，实际上分支判断语句还支持单分支和二分支的语句形式。具体示例代码如下：

```
grade = 59
# 单分支
if grade == 100:
    print('满分')
# 二分支
if grade >= 60:
    print('及格')
else:
    print('不及格')
    # 二分支
if grade == 100:
    print('满分')
elif grade >= 60:
    print('及格')
```

 分支判断表达式的结果应该为布尔值，如果给定的表达式的结果不是一个布尔值，那么会按照表 2-5 所示的对应关系进行布尔值转换。

2.3.2　for 语句

for 语句主要用来进行序列遍历。它会从序列的第一个元素开始，直到循环遍历到最后一个元素为止，期间的每一次遍历都会返回相应的当前元素。for 语句的语法格式如下所示：

```
for item in collection:
    item 操作语句块
else:
    跳出循环语句块
```

Python 的 for 循环只接收可遍历的序列，在 Python 中这类对象称作可迭代对象；对于其他的遍历需求，可以通过特定的方法先转换成可迭代对象，再通过 for 循环来遍历。另外，Python 中 for 语句的 else 是可选分支，它的具体使用场景在后面会单独介绍。下面来看一组常规使用示例：

```
for i in ('str', True, 1, None, 3.14, 0j):
    print(i)

for i in [1, 2, 3, 4, 5]:
    print(i)

for i in range(10):
    print(i)
```

上述代码中前两个 for 循环会依次输出序列对象中的元素内容，第三个 for 循环使用的内置函数 range 可以根据给定的数值生成一个对应的数值序列，所以输出的内容是 0～9 的 10 个数字的内容。

2.3.3　while 语句

while 循环语句属于条件判断循环语句，只有当条件判断表达式成立时才会进行循环，一旦条件表达式不成立就会退出循环。while 循环语句的语法格式如下所示：

```
while 表达式:
    循环语句块
else:
    跳出循环语句块
```

while 循环语句可以接收任意合法的表达式，并对表达式的结果进行判定，结果为 True 则执行循环语句块，否则退出循环。表达式结果不是布尔值时，会自动转换为对应的等效布尔值，else语句是可选分支。下面是具体的示例代码：

```
n = 0
while n < 10:
    print(n)
    n += 1
```

这段代码同样输出了 0～9 的 10 个数字，只不过实现方式与 for 不太一样。从这一点可以看出，for、while 循环在某些场景下是可以相互替换的。

当然 while 循环还有一个天生支持的特性，即死循环或无限循环。即当 while 的判定表达式永远成立时，程序就会一直循环执行 while 的循环语句块内容。死循环通常会在一些特定场景被使用到，例如，后台服务进程就需要程序一直保持运行的状态。

 除非明确知道如何使用死循环来完成任务，否则一定要在 while 循环语句块中包含一条可以使循环表达式不成立的操作。

2.3.4　continue 语句

前面的小节介绍了 for、while 循环语句，大多数的情况下每次循环都会做无差别的处理，但在某些情况下可能希望跳过当次循环，直接执行下一次循环，此时就需要使用 continue 语句来实现退出当次循环的功能。例如，在循环一个数字序列时，只希望输出偶数数值。具体代码示例如下：

```
for i in [1, 2, 3, 4, 5, 6]:
    if i % 2 != 0:      # 奇数
        continue        # 跳出当次循环
    print(i)
```

这段代码执行后输出的数值为 2、4、6。因为当数值为 1、3、5 时 if 判定条件成立，执行 continue语句直接跳出当次循环，所以 print 语句就没有被执行。同样，while 语句也支持 continue 语句，相同效果的 while 语句示例如下：

```
n = 0
while n < 10:
    n += 1
    if i % 2 != 0:
            continue
    print(n)
```

2.3.5　break 语句

continue 语句可以用来跳出当次循环，与 continue 语句有类似功能的 break 语句则直接退出当前循环，并继续执行当前循环之后的代码。例如，在一个排好序的分数序列中，只输出前 3 名的成绩。具体的代码如下：

```
n = 0
grade = [100, 98, 96, 90, 80]
for i in grade:
    n += 1
    if n > 3:        # 已经输出了 3 次
        break        # 退出当前循环
    print(i)
```

同样的功能也可以通过 while 循环来实现，具体的代码如下：

```
n = 0
grade = [100, 98, 96, 90, 80]
while grade:
    if n >= 3:
        break
    print(grade[n])
    n += 1
```

break 语句除了退出当前循环，还可以与循环的 else 分支进行配合，完成一些高效的场景操作。演示 else 分支生效与否的示例代码如下：

```
print('循环 1: ')
for i in [1, 2, 3]:
    print(i)
else:
    print(4)
print('循环 2: ')
for i in [1, 2, 3]:
    print(i)
    break
else:
    print(4)
```

首先直接查看两个循环运行后的结果，输出如下：

```
循环 1:
1
2
3
4
循环 2:
1
```

从结果直接可以看出，循环 1 执行了 else 分支，循环 2 并没有执行 else 分支。因此可以得出的结论是：else 分支只有满足条件后才会被执行，具体表现为遍历正常结束后才会执行，中途通过 break 语句中断的则分支不会执行。

2.3.6 pass 语句

pass 语句在 Python 中代表空行，可以直接理解为空行占位符。Python 的语句块是通过缩进的方式来表示的，如果没有空行占位符，空的语句块就会产生歧义。例如下面的语句格式，在没有空行占位符的情况下，Python 解释器无法判定语法是否正确：

```
if True:
    print(True)
```

```
else:

print(None)
```

代码中 else 分支的语句块为空，如果没有空行占位符，那么这个代码可能有两种情况：一是 else 分支为空语句块，二是忘记写语句块了。为了消除这种歧义，Python 中规定通过 pass 来显式地代表一个语法上的空行。上述代码加上 pass 语句之后的效果如下：

```
if True:
    print(True)
else:
    pass
print(None)
```

这样改进之后，Python 就可以明确地理解 else 分支语句块只有一个空行，如果缺少 pass 语句，那肯定就是忘记写语句块内容了，直接报语法异常。

2.4　数据结构介绍

Python 中的数据结构指的是可以存放数据对象的存储结构，前面介绍过的 list、tuple、dict、set 是 Python 中最常见的数据结构形式。由于这些数据结构在编程中会经常使用到，因此本节专门对这些数据结构的操作方法进行详细的介绍。

2.4.1　列表

关于列表的基本概念在前面的章节已经介绍过了，这里会重点介绍列表的具体使用。具体会从增、删、改、查这几个方面来介绍。

1．创建列表

Python 中创建一个列表的方式有两种：一种是通过列表符号来创建，另一种是通过 list 内置函数来创建。这两种方式创建列表的具体示例如下：

```
# 创建空列表
l1 = list()
l2 = []
# 创建非空列表
l3 = list((1, 2, 3, 4))
l4 = [1, 2, 3, 4]
```

上述两种方式创建的效果是相同的。这里需要注意的是，使用 list 函数创建非空列表时，其参数必须是一个序列对象，示例中传递的就是一个 tuple 对象。

2．检索列表

在创建完列表之后，如果想要获取某个列表的元素，那么可以通过索引下标来访问，其语法形式如下：

```
列表对象[下标]
```

例如，第一个元素的索引下标为 0，第二个元素的索引下标为 1，第 n 个元素的索引下标则为 n-1。下面来看一组示例：

```
l = [1, 2, 3, 4]
print('原列表 l => ', l)
```

```
print('l[0] => ', l[0])              # 获取第一个元素，值为 1
print('l[1] => ', l[1])              # 获取第二个元素，值为 2
print('l[3] => ', l[3])              # 获取第四个元素，值为 4
print('l[-1] => ', l[-1])            # 获取最后一个元素，值为 4
print('l[4] => ', l[4])              # 报溢出异常
```

从上述示例可以知道，列表取元素时需要在列表对象后使用方括号把索引下标给括起来，并且索引下标是有合法区间的，超出列表元素的合法长度就会抛出异常；除了使用正数的下标外，在 Python 中还可以使用负数的下标。例如-1 代表最后一个元素，-2 代表倒数第二个元素，依此类推。这段代码的运行结果如下：

```
原列表 l => [1, 2, 3, 4]
l[0] => 1
l[1] => 2
l[3] => 4
l[-1] => 4
Traceback (most recent call last):
  File "C:/Users/admin/PycharmProjects/untitled/foo.py", line 7, in <module>
    print('l[4] => ', l[4])          # 报溢出异常
IndexError: list index out of range
```

使用索引下标访问列表的元素是最基本的方式，Python 中还提供了功能更加强大的元素访问方式，即切片。相比于通过索引只能取出一个元素，切片则可以一次取出 0～n 个元素，因为切片可以使用两个下标来表示获取元素的范围，其语法格式为：

列表对象[低位下标:高位下标:步长]

通过这种形式取出的列表元素，其内容为原列表的一个子集，具体会取出下标>=低位下标，且下标<高位下标区间的元素。如果低位下标不写则默认为 0，如果高位下标不写则默认为-1，如果步长不写则默认为 1。具体示例如下：

```
l = [1, 2, 3, 4]
print('原列表 l => ', l)
print('l[1:1] => ', l[1:1])          # 下标相同，表示取空列表
print('l[0:1] => ', l[0:1])          # 取出下标>=0，且下标<1 的元素
print('l[1:3] => ', l[1:3])          # 取出下标>=1，且下标<3 的元素
print('l[1:] => ', l[1:])            # 取出下标>=1 的元素
print('l[:3] => ', l[:3])            # 取出下标<3 的元素
print('l[:] => ', l[:])              # 取出全部元素，效果等同于复制
print('l[-2:-1] => ', l[-2:-1])      # 取出下标>=-2,且下标<-1 的元素
```

这段示例代码的执行结果如下：

```
原列表 l => [1, 2, 3, 4]
l[1:1] => []
l[0:1] => [1]
l[1:3] => [2, 3]
l[1:] => [2, 3, 4]
l[:3] => [1, 2, 3]
l[:] => [1, 2, 3, 4]
l[-2:-1] => [3]
```

默认情况下切片会把范围内的元素全部取出来，即默认取元素的步长为 1，而如果希望改变

这个默认步长，则可以通过第三个切片参数来设置。例如，给定一个 1～10 的数字序列，希望只取出奇数下标的元素，则可以通过如下方式来实现：

```
l = [1, 2, 3, 4, 5, 6, 7, 8, 9, 10]
print(l[::2])   # 取出[1, 3, 5, 7, 9]
```

这段代码可以分为两步来理解，首先[:]取出全部候选元素，其对应的下标区间为[0, 9]，其次通过步长为 2 来计算具体的取值下标。其索引下标值依次为：

```
0               # 对应值为 1
0 + 2           # 对应值为 3
2 + 2           # 对应值为 5
4 + 2           # 对应值为 7
6 + 2           # 对应值为 9
```

当然，还可以有其他的各种不同的组合使用方式。具体示例如下：

```
print(l[1:9:3]) # 取出[2, 5, 8]
print(l[-4:-2:4]) # 取出[7]
```

3. 更新列表

列表的更新包括元素数量和元素值的更新。你可以删除一个原有的元素，也可以增加一个新的元素，同样还可以修改一个原有元素的内容。具体示例如下：

```
l = [1, 2, 3]
print('原列表内容 => ', l)
l.remove(2)           # 删除内容为 2 的元素
print('删除值为 2 的元素 => ', l)
l.append(4)           # 在列表尾部追加一个元素
print('追加一个值为 4 的元素 => ', l)
l[1] = True           # 修改下标为 1 的元素值为 True
print('修改下标为 1 的元素值为 True => ', l)
t = l.pop(1)          # 删除下标为 1 的元素，同时把该对象赋值给变量 t
print('弹出下标为 1 的元素 => ', l)
print('弹出的元素值为 => ', t)
l.insert(0, -8)       # 在下标为 0 的元素前插入一个元素
print('在下标为 0 的元素前插入值为-8 的元素 => ', l)
l.extend((6, 7, 8))   # 在列表尾部扩展一个序列中的元素
print('扩展一个值为(6,7,8)的序列 => ', l)
l[1:4] = [2]          # 对切片内容进行重新赋值
print('对切片区间[1：4)赋值为 2 => ', l)
l.clear()             # 清空列表内容
print('清空列表 => ', l)
```

这段代码演示了列表的各种元素更新方法，其运行的结果如下：

```
原列表内容 => [1, 2, 3]
删除值为 2 的元素 => [1, 3]
追加一个值为 4 的元素 => [1, 3, 4]
修改下标为 1 的元素值为 True => [1, True, 4]
弹出下标为 1 的元素 => [1, 4]
```

弹出的元素值为 => True

在下标为 0 的元素前插入值为-8 的元素 => [-8, 1, 4]

扩展一个值为(6,7,8)的序列 => [-8, 1, 4, 6, 7, 8]

对切片区间[1: 4)赋值为 2 => [-8, 2, 7, 8]

清空列表 => []

4. 删除列表

列表的元素可以通过列表提供的方法来删除，而列表本身则需要通过 del 语句来进行删除。del 可以删除任意的 Python 对象，所以它也可以用来删除列表中的元素。具体示例如下：

```python
l = [1, 2, 3]
print('原列表内容 => ', l)
del l[1]                          # 删除下标为 1 的元素
print('删除操作后列表内容 => ', l)    # 输出[1, 3]
del l
print(l)                          # 报 not defined 异常，因为 l 已经被回收
```

5. 列表方法

除了最常用到的增、删、改、查相关操作，列表对象还提供了若干其他方法，方便在编程过程中使用。想要查看某个对象具有哪些方法，可以通过 dir 内置函数来实现。下面是列表对象的查看效果：

```python
>>> dir([])
['__add__', '__class__', '__contains__', '__delattr__', '__delitem__', '__dir__',
'__doc__', '__eq__', '__format__', '__ge__', '__getattribute__', '__getitem__', '__gt__',
'__hash__', '__iadd__', '__imul__', '__init__', '__init_subclass__', '__iter__', '__le__',
'__len__', '__lt__', '__mul__', '__ne__', '__new__', '__reduce__', '__reduce_ex__',
'__repr__', '__reversed__', '__rmul__', '__setattr__', '__setitem__', '__sizeof__',
'__str__', '__subclasshook__', 'append', 'clear', 'copy', 'count', 'extend', 'index',
'insert', 'pop', 'remove', 'reverse', 'sort']
```

dir 返回的内容是一个列表，里面包含的都是对象的成员和方法名。其中以双下划线开头和结尾的都是魔法属性或方法，它们具有特殊的用途，在后面会有专门的章节来介绍该特性。这里只要关注那些正常的对象属性和方法就可以了，过滤之后得到的列表方法如下：

```python
['append', 'clear', 'copy', 'count', 'extend', 'index', 'insert', 'pop', 'remove',
'reverse', 'sort']
```

其中，关于 append、clear、extend、insert、pop、remove 方法的使用在前面已经演示过了，这里来演示剩余的几个方法的使用，具体示例如下：

```python
l = [1, 2, 3, 2, 4, 2, 1]
print('原列表内容 => ', l)
t = l.copy()     # 等价于 t = [:]
print('copy 列表内容 => ', t)
print('统计值为 2 的元素个数 => ', l.count(2))
print('查找值为 2 的最小下标 => ', l.index(2))
l.reverse()
print('反转列表 => ', l)
l.sort()
print('对列表排序 => ', l)
```

这段代码的执行结果如下：

```python
原列表内容 => [1, 2, 3, 2, 4, 2, 1]
```

```
copy 列表内容 => [1, 2, 3, 2, 4, 2, 1]
统计值为 2 的元素个数 => 3
查找值为 2 的最小下标 => 1
反转列表 => [1, 2, 4, 2, 3, 2, 1]
对列表排序 => [1, 1, 2, 2, 2, 3, 4]
```

列表对象操作演示

2.4.2 元组

前面已经讲过元组与列表的特性非常相似，但是元组是不可变对象，所以相比于列表，元组会缺少修改元素的方法，这里就从元组的增、删、查几个方面来介绍。

1. 创建元组

同列表一样，元组也可以通过符号形式和函数形式创建，具体看下面的示例：

```
# 创建空元组
t1 = tuple()
# 创建非空元组
t2 = tuple([1, 2, 3, 4])
t3 = (1, 2, 3, 4)
```

可以看出，创建空元组只能通过函数的形式，因为空的圆括号代表的是一种优先级运算符，不能代表空元组；另外，函数形式定义的非空元组也只接收一个序列作为参数，这里是一个列表对象。

2. 检索元组

元组的检索操作与列表的操作基本一致，具体示例如下：

```
t = (1, 2, 3, 4, 5, 6, 7)
print('元组 t => ', t)
print('t[-1] => ', t[-1])          # 获取最后一个元素
print('t[1:3] => ', t[1:3])        # 获取一个切片区域
print('t[::2] => ', t[::2])        # 获取带步长的区域
```

这段代码执行的结果如下：

```
元组 t =>  (1, 2, 3, 4, 5, 6, 7)
t[-1] =>  7
t[1:3] =>  (2, 3)
t[::2] =>  (1, 3, 5, 7)
```

3. 删除元组

由于元组是不可变对象，所以 del 语句只能删除元组本身，无法删除元组的元素。删除元组的示例如下：

```
t = (1, 2, 3)
del t
```

4. 元组方法

元组支持哪些方法也可以通过 dir 函数来查看，执行效果如下：

```
>>> dir((1,2))
['__add__', '__class__', '__contains__', '__delattr__', '__dir__', '__doc__',
'__eq__', '__format__', '__ge__', '__getattribute__', '__getitem__', '__getnewargs__',
'__gt__', '__hash__', '__init__', '__init_subclass__', '__iter__', '__le__', '__len__',
'__lt__', '__mul__', '__ne__', '__new__', '__reduce__', '__reduce_ex__', '__repr__',
'__rmul__', '__setattr__', '__sizeof__', '__str__', '__subclasshook__', 'count', 'index']
```

可以发现元组比列表支持的方法少很多，因为元组的不可变特性，所以少了更新元素相关的

方法，只保留了 count、index 两个统计的方法。具体示例如下：

```
t = (1, 2, 3, 3, 3, 2, 1)
print('元组 t => ', t)
print('t.index(3) => ', t.index(3))    # 输出值为 3 的最小元素下标，结果为 2
print('t.count(2) => ', t.count(2))    # 输出值为 2 的元素数量，结果为 2
```

2.4.3　字典

字典在 Python 中也是经常使用到的数据结构，与列表、元组不同的是，字典的元素是键值对的形式，且字典的键必须是唯一的。列表与元组都是通过索引下标来获取元素值，而字典则是通过键来获取元素值。

1. 创建字典

字典有几种创建方式，具体示例如下：

```
# 创建空字典
d1 = {}
d2 = dict()
# 创建非空字典
d3 = {'k1': 11, 2: 22, True: 33, None: 44, 3.14: 55}
d4 = dict([('k1', 11), (2, 22), (True, 33)])
d5 = dict(k1=44, k2=55, k3=66)
```

通过示例代码可以看出，创建非空字典至少有 3 种方式，其中前两种创建方式只要求键的类型是不可变对象，而最后一种创建方式是以变量名作为键的方式，所以要求键必须为一个合法的标识符。

2. 检索字典

字典检索元素值的形式与列表类似，都是在对象后面跟方括号，只是方括号中的内容要换成键，具体示例如下：

```
d = {'k1': 11, 2: 22, True: 33, None: 44, 3.14: 55}
print('字典内容 => ', d)
print('键为 k1 的值 => ', d['k1'])
print('键为 2 的值 => ', d[2])
print('键为 None 的值 => ', d[None])
print('键为 3.14 的值 => ', d.get(3.14))
print('键为 k2 的值 => ', d.get('k2'))
print('键为 k2 的默认值 => ', d.get('k2', 100))
```

示例中演示了两种字典取值的方式，一种是类似列表的键索引形式，另一种则是通过字典的 get 方法取值。两种形式的区别在于前者只能取字典里存在的键；而后者可以取字典里不存在的键，默认返回 None 值，并且可以提前设置一个默认值。这段代码的运行结果如下：

```
字典内容: {'k1': 11, 2: 22, True: 33, None: 44, 3.14: 55}
键为 k1 的值 => 11
键为 2 的值 => 22
键为 None 的值 => 44
键为 3.14 的值 => 55
键为 k2 的值 => None
```

键为 k2 的默认值 => 100

3. 更新字典

字典的更新与列表类似，即可以增删元素，也可以修改元素。示例如下：

```
d = {'k1': 11, 2: 22, True: 33, None: 44, 3.14: 55}
print('字典内容 =>', d)
d['k1'] = 111
print('修改 k1 的值为 => ', d['k1'])
d['k2'] = 222
print('新增 k2 的值为 => ', d['k2'])
d.update({'k1': 1111, 'k3': 33})
print('更新集合后的字典 => ', d)
t1 = d.pop(2)
print('弹出键为 2 的元素后的字典 => ', d)
t2 = d.popitem()
print('弹出一个键值对后的字典 => ', d)
print('弹出的键值对 => ', t2)
d.clear()
print('清空字典内容 => ', d)
```

可以看出字典不仅可以修改单个元素，还可以通过 update 方法来合并两个字典；不仅能弹出指定元素的值，还可以弹出一个键值对。示例运行的结果如下：

```
字典内容 => {'k1': 11, 2: 22, True: 33, None: 44, 3.14: 55}
修改 k1 的值为 => 111
新增 k2 的值为 => 222
更新集合后的字典 => {'k1': 1111, 2: 22, True: 33, None: 44, 3.14: 55, 'k2': 222, 'k3': 33}
弹出键为 2 的元素后的字典 => {'k1': 1111, True: 33, None: 44, 3.14: 55, 'k2': 222, 'k3': 33}
弹出一个键值对后的字典 => {'k1': 1111, True: 33, None: 44, 3.14: 55, 'k2': 222}
弹出的键值对 => ('k3', 33)
清空字典内容 => {}
```

4. 删除字典

可以通过 del 语句来删除字典对象或者字典的元素，使用方式和列表类似。具体看如下示例：

```
d = {'k1': 11, 2: 22, True: 33, None: 44, 3.14: 55}
print('字典内容 => ', d)
del d['k1']
print('删除 k1 之后 => ', d)
del d
```

需要注意的是，删除时也要确保对应的键存在，否则会报 KeyError 异常；另外，字典被删除后，引用它的变量也会被收回，所以也不能直接使用。

5. 字典方法

除了前面介绍的操作方法，字典还有 copy、keys、values、items、setdefault 等常用的方法。它们的具体使用示例如下：

```
d = {'k1': 11, 2: 22, True: 33, None: 44, 3.14: 55}
print('原字典内容 => ', d)
```

```
d2 = d.copy()                              # 复制一个字典
print('复制字典内容 => ', d2)
print('字典的 keys => ', d.keys())         # 获取字典的全部键内容
print('字典的 values => ', d.values())      # 获取字典的全部值内容
print('字典的 items => ', d.items())        # 获取字典的全部键值对内容
```

这段代码的运行效果如下：

```
原字典内容 => {'k1': 11, 2: 22, True: 33, None: 44, 3.14: 55}
复制字典内容 => {'k1': 11, 2: 22, True: 33, None: 44, 3.14: 55}
字典的 keys => dict_keys(['k1', 2, True, None, 3.14])
字典的 values => dict_values([11, 22, 33, 44, 55])
字典的 items => dict_items([('k1', 11), (2, 22), (True, 33), (None, 44), (3.14, 55)])
```

> 这里的 copy 方法是一种浅复制，即它只会复制对象的一级成员，而如果对象存在二级成员，那么二级成员将会以引用的方式存在。如果希望对字典对象进行深复制，可以使用 copy.deepcopy 方法。

最后单独介绍 setdefault 方法，是因为它的使用形式比较特殊，为了方便说明，这里与 get 方法进行对比，演示示例如下：

```
d = {}
print("d.get('k1', 1) => ", d.get('k1', 1))
print("d.get 执行后的字典 => ", d)
print("d.setdefault('k1', 1) => ", d.setdefault('k1', 1))
print("d.setdefault 执行后的字典 => ", d)
```

这段代码的执行结果如下：

```
d.get('k1', 1) => 1
d.get 执行后的字典 =>  {}
d.setdefault('k1', 1) => 1
d.setdefault 执行后的字典 => {'k1': 1}
```

从结果可以看到，setdefault 和 get 方法在获取元素时，返回的内容是相同的。区别在于 get 方法执行时不会修改字典内容，所以 get 方法执行之后字典仍为空；而 setdefault 方法则会在键不存在时，直接给字典添加一个对应的键并赋默认值。setdefault 方法实现的功能等效于如下代码：

```
d = {}
if 'k1' not in d:
    d['k1'] = 1
d.get('k1')
```

字典对象操作演示

2.4.4　字符串

字符串既是字面值，也是数据结构，更准确地说，它应该叫字符数组或字符元组。字符串与元组的特性相似，本身是不可变对象，但是可以通过索引下标或者切片的方式来检索元素；与元组不同的是，字符串的成员必须是合法的字符。

1.　创建字符串

在基础语法章节已经介绍过普通字符串的定义，这里介绍额外的字符串定义方式。示例如下：

```
# 普通字符串定义
```

```
s1 = '123'
s2 = "abc"
s3 = """123
'abc'
"ABC"
"""
s4 = '''123
"abc"
'ABC'
'''
# 反转义字符串
s5 = r'c:\program files\python.exe'
s6 = R'c:\program files\python.exe'
# 二进制字符串
s7 = b'hello python'
```

除了使用普通的单引号、双引号、三引号定义字符串之外，还可以在字符串前面添加一个字母前缀来表示特殊的含义。例如，r 代表 raw，即原义字符串，或反转义字符串；b 代表 bin，即二进制字符串。

反转义字符串中\没有转义功能，仅仅代表\字符本身，并且其他任意字符在反转义字符串中只代表它原本的含义。二进制字符串是已经编码过的字符串，一般使用前可能需要进行解码。

2. 检索字符串

字符串检索操作与列表类似，可以通过索引下标和切片来实现。示例如下：

```
s = '123abc!@# Hello Python'
print(f'字符串 s => {s}')
print(f's[1] => {s[1]}')
print(f's[6:] => {s[6:]}')
print(f's[6:-1] => {s[6:-1]}')
print(f's[:-3] => {s[:-3]}')
```

这段代码执行的结果如下：

```
字符串 s => 123abc!@# Hello Python
s[1] => 2
s[6:] => !@# Hello Python
s[6:-1] => !@# Hello Pytho
s[:-3] => 123abc!@# Hello Pyt
```

3. 删除字符串

删除字符串与删除其他对象一样，直接使用 del 语句即可。示例如下：

```
s = 'Hello Python!'
del s
```

4. 转义字符串

所谓的转义字符串是指包含了转义字符的字符串。需要进行转义的字符都有特殊意义，如回车、换行、Tab 等。Python 中常见的转义字符如表 2-11 所示。

表 2-11   Python 转义字符

字符	说明	字符	说明
\r	代表回车，即 return	\\	即转义后的 \

续表

字符	说明	字符	说明
\n	代表换行，即 new line	\'	即转义后的单引号
\t	代表制表符，即 Tab	\"	即转义后的双引号
\v	代表纵向制表符，即 vertical tab	\000	空
\f	代表换页	\oxx	八进制符号表示法，xx 为具体数值
\a	代表响铃	\xyy	十六进制符号表示法，yy 为具体数值
\b	代表退格，即 BackSpace	\x	即 x 字符本身，x 其他需要转义的字符
\e	代表转义		

转义字符通常会用在特殊的场景中，例如，需要强制换行时，可以在字符串中显式添加\r\n；字符串中包含引号时，为了不与外层的定义引号冲突，可以用反斜杠（\）进行转义。具体可以通过下面的示例来体会转义字符的作用：

```
print('强制换行\r\n我是新行')
print('tab字段1\ttab字段2')
print('单引号字符串包含\'单引号')
print("双引号字符串包含\"双引号")
print("转义反斜杠本身\\，取消第二个反斜杠的转义功能")
print('字符串包括空格\000空格后内容')
print('八进制换行表示法\012我是新行')
print('十六进制回车表示法\x0a我是新行')
print('其他字符转义\\为字符本身')
```

这段代码的执行效果如下：

```
强制换行
我是新行
tab字段1 tab字段2
单引号字符串包含'单引号
双引号字符串包含"双引号
转义反斜杠本身\，取消第二个反斜杠的转义功能
字符串包括空格 空格后内容
八进制换行表示法
我是新行
十六进制回车表示法
我是新行
其他字符转义\为字符本身
```

总体而言，转义字符是通过反斜杠\来对字符进行转义。其作用分为两类：一类是把普通字符转换成具有特殊意义的字符，如\r\n；另一类是把本身具有特殊意义的字符转换成普通字符，如\\、\"。

注意　如果使用了 r 前缀的字符串定义方式，那么该字符串内的所有\都将不具有转义功能，因为 r 前缀字符串本身就具有反转义的功能，所以 r 字符串的内容都是普通字符。

5. 字符串运算

字符串的操作在任何编程场景中都会被普遍运用，常规的操作包括字符串查找、拼接、截断和格式化。下面来看具体的示例：

```python
s = "Hello Python"
print("s内容 => ", s)
s2 = "Python"
print("s2内容 => ", s2)
print("字符串查找: s2 in s => ", (s2 in s))
s3 = "world"
print("s3内容 => ", s3)
print("字符串查找: s3 not in s => ", (s3 not in s))
print("字符串拼接: s2 + s3 => ", s2 + s3)
print("字符串截断: s[:5] => ", s[:5])
print("重复字符串: s * 3 => ", s * 3)
```

示例运行的结果如下：

```
s内容 => Hello Python
s2内容 => Python
字符串查找: s2 in s => True
s3内容 => world
字符串查找: s3 not in s => True
字符串拼接: s2 + s3 => Pythonworld
字符串截断: s[:5] => Hello
重复字符串: s * 3 => Hello PythonHello PythonHello Python
```

6. 字符串格式化

Python 中字符串的格式化有很多种方式，包括最基础的%-formatting 格式化、str.format 方法格式化，以及 Python 3.6 版本之后支持的 f-strings 格式化。前两种方式还可分为位置参数和关键字参数的格式化形式。

首先，%-formatting 形式的格式化通过%格式符来连接字符串和格式化参数。其形式如下：

```
'字符串内容%{格式化占位符}' % 格式化参数
```

其中，%{格式化占位符}用于占位，最后会被格式化参数中对应的内容所替换，而替换的规则分为按参数位置替换和按关键字替换。两种替换方式的示例如下：

```python
# 按参数位置替换
print('你好 %s' % 'Python')
print('我的名字叫%s，今年%s岁，上%s年级' % ('小明', 6, '一'))
# 按关键字替换
print('你好 %(name)s' % {'name': 'Python'})
d = {'name': '小明', 'age': 6, 'grade': '一'}
print('我的名字叫%(name)s，今年%(age)s岁，上%(grade)s年级' % d)
```

通过代码可以看到，两种方式的占位符形式有所区别，位置形式的占位符以%s 来表示，并且严格按照位置一一对应；关键字形式的占位符会多出一个 key，用于对应后面的字典 key。两种方式的执行效果是一样的，具体结果如下：

```
你好 Python
```

我的名字叫小明，今年 6 岁，上一年级

你好 Python

我的名字叫小明，今年 6 岁，上一年级

格式化占位符除了%s 之外，还有多种类型符号和格式，用于代表不同类型数据的占位和特定的格式化需求。完整的格式化占位的语法如下：

```
%[(name)][flags][width][.precision]typecode
```

其中，开头的%和结尾的 typecode 是必需的部分，(name)用于关键字参数化，flags 用于指定对齐方式，width 用于指定占用宽度，.precision 用于指定小数点的保留位数。typecode 支持的类型码如表 2-12 所示。

表 2-12　　　　　　　　　　　　　　　　Python 占位符类型码

类型码	说明
s	显示格式化对象的 str 内容，等效于 str(obj)的返回值
r	显示格式化对象的原生内容，等效于 repr(obj)的返回值
c	把格式化对象转换成字符内容，等效于 chr(obj)的返回值，格式化对象必须为整数
o	把格式化对象转换成八进制形式，等效于 oct(obj)，格式化对象必须为整数
x	把格式化对象转换成十六进制形式，等效于 hex(obj)，格式化对象必须为整数
d	把格式化对象转换成十进制形式，等效于 int(obj)
e	把格式化对象转换成科学记数形式，科学记数标识为 e
E	同上，科学记数标识为 E
f	把格式化对象转换成浮点数形式，等效于 float(obj)
F	同上
g	自动类型调整，根据数值大小将整型、浮点转换成正常形式或科学记数法形式
G	同上
%	用于转义字符串中正常的%，即%%表示一个普通的%

下面是一组字符串格式化类型码的使用示例：

```
print('%%s 格式化"Python" => %s' % "Python")
print('%%s 格式化 10 => %s' % 10)
print('%%s 格式化 3.14 => %s' % 3.14)
print(r'%%r 格式化"\r\n" => %r' % "\r\n")
print('%%c 格式化 65 => %c' % 65)
print('%%o 格式化 10 => %o' % 10)
print('%%x 格式化 10 => %x' % 10)
print('%%d 格式化 0o10 => %d' % 0o10)
print('%%d 格式化 0x10 => %d' % 0x10)
print('%%f 格式化 10 => %f' % 10)
```

对应输入内容如下：

```
%s 格式化"Python" => Python
%s 格式化 10 => 10
%s 格式化 3.14 => 3.14
%r 格式化"\r\n" => '\r\n'
```

```
%c 格式化 65 => A
%o 格式化 10 => 12
%x 格式化 10 => a
%d 格式化 0o10 => 8
%d 格式化 0x10 => 16
%f 格式化 10 => 10.000000
```

第二种字符串格式化方式是 str.format 方法，它是%-formatting 的改进版本。str.format 同样也支持位置和关键字两种形式的格式化，并且它们都是以 format 参数的形式进行传递的。下面来看一组具体的示例：

```python
# 按参数位置替换
print('你好 {}'.format('Python'))    # 不加索引，按默认位置对应
print('我的名字叫{1}，今年{0}岁，上{2}年级，会{0}种语言'.format(6, '小明', '一'))
# 按关键字替换
print('你好 {name}'.format(name='Python'))
d = {'name': '小明', 'cnt': 6, 'grade': '一'}
print('我的名字叫{name}，今年{cnt}岁，上{grade}年级，会{cnt}种语言'.format(**d))
```

执行效果如下：

```
你好 Python
我的名字叫小明，今年 6 岁，上一年级，会 6 种语言
你好 Python
我的名字叫小明，今年 6 岁，上一年级，会 6 种语言
```

最后一种字符串格式化是 f-strings 形式，它是在 Python 3.6 版本才引进的一种新形式。这种形式可以直接引用当前上下文环境中的所有对象，形式变得更加简洁。而你需要做的就是在定义字符串时添加一个 f 前缀。具体的示例如下：

```python
name = '小明'
age = 6
grade = '一'
print(f'我的名字叫{name}，今年{age}岁，上{grade}年级')
```

不难看出，其实 f-strings 形式是 str.format 形式的改进版，它直接把格式化参数的指定字典替换为全局变量字典。其效果等价于如下形式的 str.format 用法：

```python
str.format(**globals())
```

7. 字符串方法

首先通过 dir 函数来查看字符串支持的方法，具体内容如下：

```
>> dir('')
['__add__', '__class__', '__contains__', '__delattr__', '__dir__', '__doc__',
'__eq__', '__format__', '__ge__', '__getattribute__', '__getitem__', '__getnewargs__',
'__gt__', '__hash__', '__init__', '__init_subclass__', '__iter__', '__le__', '__len__',
'__lt__', '__mod__', '__mul__', '__ne__', '__new__', '__reduce__', '__reduce_ex__',
'__repr__', '__rmod__', '__rmul__', '__setattr__', '__sizeof__', '__str__',
'__subclasshook__', 'capitalize', 'casefold', 'center', 'count', 'encode', 'endswith',
'expandtabs', 'find', 'format', 'format_map', 'index', 'isalnum', 'isalpha', 'isascii',
'isdecimal', 'isdigit', 'isidentifier', 'islower', 'isnumeric', 'isprintable', 'isspace',
'istitle', 'isupper', 'join', 'ljust', 'lower', 'lstrip', 'maketrans', 'partition',
'replace', 'rfind', 'rindex', 'rjust', 'rpartition', 'rsplit', 'rstrip', 'split',
'splitlines', 'startswith', 'strip', 'swapcase', 'title', 'translate', 'upper', 'zfill']
```

可以看到，即使排除了双下划线的特殊方法，字符串支持的方法还是非常多的。这里重点介绍一些经常用到的方法。

❑ count——统计字符串中指定子字符串出现的次数。

❑ encode——对字符串进行指定编码，如 UTF-8、GBK 等；如果是二进制字符串，则该方法替换为 decode 方法。

❑ startswith——检查字符串是否以指定子字符串开头。

❑ endswith——检查字符串是否以指定子字符串结尾。

❑ find——在字符串中查找指定子字符串，并返回子字符串第一次出现的位置，不存在则返回−1。

❑ index——同 find 方法，子字符串不存在时抛出 ValueError 异常。

❑ replace——在字符串中查找指定子字符串，并替换为另一个字符串。

❑ split——对字符串按照指定的分隔符进行分割，返回分割后的字符串数组。

❑ strip——对字符串首尾出现的指定字符进行删除，默认为删除首尾的空格。

❑ lower——把字符串内容全部转换为小写形式。

❑ upper——把字符串内容全部转换为大写形式。

❑ join——使用该字符串来连接一个字符串序列，如元组、列表。

❑ format——对字符串进行格式化。

❑ zfill——对字符串左边进行补零格式化。

接下来对这些字符串方法逐一进行代码的演示，示例代码如下：

```python
s = '1234,5678,910,aBcD,'
print(f'原字符串 => {s}')
print(f'count 方法：（统计字符串中 123 出现的次数）')
print(f's.count("123") => {s.count("123")}')
print(f's.count(",") => {s.count(",")}')

print(f'encode|decode 方法：（对字符串进行 utf-8 编码）')
print(f's.encode("utf-8") => {s.encode("utf-8")}')
print(f'b"123".decode("utf-8") => {b"123".decode("utf-8")}')

print(f'startswith 方法：（检查字符串是否以 123|234 开头）')
print(f's.startswith("123") => {s.startswith("123")}')
print(f's.startswith("234") => {s.startswith("234")}')

print(f'endswith 方法：（检查字符串是否以 910|123 结尾）')
print(f's.endswith("910") => {s.endswith("910")}')
print(f's.endswith("123") => {s.endswith("123")}')

print(f'find|index 方法：（自左向右查找 123|000 在字符串中首次出现的位置）')
print(f's.find("123") => {s.find("123")}')
print(f's.index("123") => {s.index("123")}')
print(f's.find("000") => {s.find("000")}')
# print(f's.index("000") => {s.index("000")}') # 抛出异常

print(f'replace 方法：（把字符串中的,替换为_）')
print(f's.replace(", ", "_") => {s.replace(",", "_")}')
```

```
print(f'split 方法：(以,为分隔符对字符串进行分割)')
print(f's.split(",") => {s.split(",")}')

print(f'strip 方法：(移除字符串首尾位置的,)')
print(f's.strip(",") => {s.strip(",")}')

print(f'lower 方法：(把字符串中的字母都转换为小写形式)')
print(f's.lower() => {s.lower()}')

print(f'upper 方法：(把字符串中的字母都转换为大写形式)')
print(f's.upper() => {s.upper()}')

print(f'join 方法：(以,为连接符连接字符串列表)')
print(f'",".join(["1", "2", "3"]) => {",".join(["1", "2", "3"])}')

print(f'zfill 方法：(字符串左边补零直到满足指定长度：20)')
print(f's.zfill(20) => {s.zfill(20)}')
```

上述代码执行后的效果如下所示：

```
原字符串 => 1234,5678,910,aBcD,
count 方法：(统计字符串中 123 出现的次数)
s.count("123") => 1
s.count(",") => 4
encode|decode 方法：(对字符串进行 utf-8 编码)
s.encode("utf-8") => b'1234,5678,910,aBcD,'
b"123".decode("utf-8") => 123
startswith 方法：(检查字符串是否以 123|234 开头)
s.startswith("123") => True
s.startswith("234") => False
endswith 方法：(检查字符串是否以 910|123 结尾)
s.endswith("910") => False
s.endswith("123") => False
find|index 方法：(自左向右查找 123|000 在字符串中首次出现的位置)
s.find("123") => 0
s.index("123") => 0
s.find("000") => -1
replace 方法：(把字符串中的,替换为_)
s.replace(",", "_") => 1234_5678_910_aBcD_
split 方法：(以,为分隔符对字符串进行分割)
s.split(",") => ['1234', '5678', '910', 'aBcD', '']
strip 方法：(移除字符串首尾位置的,)
s.strip(",") => 1234,5678,910,aBcD
lower 方法：(把字符串中的字母都转换为小写形式)
s.lower() => 1234,5678,910,abcd,
upper 方法：(把字符串中的字母都转换为大写形式)
s.upper() => 1234,5678,910,ABCD,
join 方法：(以,为连接符连接字符串列表)
",".join(["1", "2", "3"]) => 1,2,3
```

```
zfill 方法: (字符串左边补零直到满足指定长度: 20)
s.zfill(20) => 01234,5678,910,aBcD,
```

　　在 Python 中字符串有两种类型: 一种是 unicode 字符串, 也是默认的字符串类型; 另一种是二进制字符串, 是 unicode 进行编码之后的字符串。上述示例中只有 b"123" 是二进制字符串, 其他都是 unicode 字符串。二进制字符串和 unicode 字符串所支持的方法基本一致, decode 和 encode 方法除外; 另外, 二进制字符串和 unicode 字符串也不能混合进行操作。

字符串对象操作演示

2.5　函数介绍

　　在 Python 中函数属于语句块的一种, 它可以包含一条或多条语句, 相当于把相关联的一组语句块打包在一起, 并且可以提供给其他语句反复调用, 起到对代码进行拆分、解耦和复用的作用。Python 函数有两种形式, 一种是需要预先定义的常规函数, 另一种则是可以直接使用的匿名函数。关于函数的具体定义与使用详见下文。

2.5.1　函数定义

　　Python 中常规函数的定义使用 def 保留字, 并支持输入参数和结果返回, 其语法格式如下所示:

```
def 函数名 ([参数列表]):
    函数体
    [return 返回值]
```

其中, 只有参数列表和返回值是可选的, 所以即使希望定义一个空函数, 函数体也至少得有一条语句, 如下所示:

```
def foo():
    pass
```

当然更多时候, 我们定义函数还是希望能在函数体中做点什么, 如输出一条语句, 如下所示:

```
def foo():
    print('Hello Python')
foo()          # 调用函数
```

又或者根据给定的循环次数参数来循环输出某条语句, 如下所示:

```
def foo(n):
    for i in range(n):
            print('Hello Python')
foo(5)          # 调用函数
```

上述示例中使用到了函数的传入参数, 并在函数体中使用了该参数变量。此外, 还可以同时定义多个参数, 如下所示:

```
def foo(n, m):
    for i in range(n):
            for j in range(m):
                    print('Hello Python')
foo(4, 5)      # 调用函数
```

理论上来讲，Python 不会特意限制函数参数的个数，但实际上也没有必要设置非常多的传入参数。具体一个函数需要定义多少个参数，要根据具体的需求来定，一般建议不超过 6 个；需要传入的值实在太多的话，建议先存在列表、元组中，然后把列表或元组作为一个函数参数。

上述介绍的函数参数属于位置参数，Python 还支持关键字参数，其示例形式如下所示：

```
def foo(n=3, m=1):
print(n * m)
foo()                # 调用函数不带参数
foo(2)               # 调用函数带 1 个位置参数
foo(2, 3)            # 调用函数带 2 个位置参数
foo(n=4)             # 调用函数带关键字 n 参数
foo(m=2)             # 调用函数带关键字 m 参数
foo(n=2, m=3)        # 调用函数带 2 个关键字参数
```

从函数的定义形式来看，关键字参数比位置参数多加了一个参数默认值，这也是关键字参数与位置参数的主要区别之一。即位置参数在函数调用时，是必须要传入的；而关键字参数则不是必须要传入的，如果用户没有传入则会使用函数定义时的默认值。

另外，从函数的调用形式来看，关键字参数同样兼容位置参数形式的调用，还可以不受位置参数形式的约束，给任意一个或多个关键字参数传值。在函数调用时若该关键字参数有值传入，则使用调用时传入的值，否则使用默认值。

上述代码执行的结果如下所示：

```
3    # 3 * 1 = 3
2    # 2 * 1 = 2
6    # 2 * 3 = 6
4    # 4 * 1 = 4
6    # 3 * 2 = 6
6    # 2 * 3 = 6
```

在 Python 中位置参数和关键字参数可以同时使用，但是在定义和调用时需要保证严格的参数顺序，即所有的位置参数必须在关键字参数的左侧。

除了位置参数、关键字参数之外，Python 还支持一种高级的参数特性，即动态参数。该特性在某些场景非常有用，例如，在函数定义时你可能无法确定将来具体要传入的参数个数，此时就可以使用动态参数。

动态参数在位置参数和关键字参数的基础之上，支持接收任意数量的位置参数和关键字参数的函数调用。其具体使用示例如下：

```
def foo(*args, **kwargs):
    print(f'args => {args}, {type(args)}')
    print(f'kwargs => {kwargs}, {type(kwargs)}')
```

可以看到动态参数有两类：一类用于接收全部的位置参数，其参数名前用一个*来标识，即*args；另一类用于接收全部的关键字参数，其参数名前用两个**来标识，即**kwargs。其中 args、kwargs 可以认为是普通函数参数，其名称可以自定义。

上述动态参数示例函数的调用效果如下所示：

```
# foo()调用结果
args => (), <class 'tuple'>
```

```
kwargs => {}, <class 'dict'>
# foo(1, 2, 3)调用结果
args => (1, 2, 3), <class 'tuple'>
kwargs => {}, <class 'dict'>
# foo(k1=1, k2=2)调用结果
args => (), <class 'tuple'>
kwargs => {'k1': 1, 'k2': 2}, <class 'dict'>
# foo(1, 2, k1=1, k2=2)调用结果
args => (1, 2), <class 'tuple'>
kwargs => {'k1': 1, 'k2': 2}, <class 'dict'>
```

可以看到，同一个 foo 函数支持传入不同数量的位置参数和关键字参数，且所有的位置参数都被按照顺序存放在动态位置参数的元组中，而所有的关键字参数则被存放在动态关键字参数的字典中。

与普通的位置参数和关键字参数一样，动态位置参数也必须在动态关键字参数的左边，且一个函数只能有一个动态位置参数和一个动态关键字参数。

最后，函数在被调用之后还可以返回特定的执行结果。函数返回结果需要显式地使用 return 保留字，如果没有显式地使用 return 返回结果，则默认返回 None 值。具体函数返回结果的示例如下：

```
def sum(n, m):
    return n + m

k = sum(2, 3)
print(k)     # 5
```

return 的另外一个作用是退出函数，即一个函数中如果使用了多条 return 语句，任意一条 return 语句被执行之后，都会退出该函数。

2.5.2　匿名函数

前面介绍的是常规的函数定义，而在另外一些场合下，可能只需要一个临时的函数，此时就需要用到 Python 的匿名函数特性。

Python 中匿名函数是通过 lambda 保留字来定义的，与普通函数相比，匿名函数有如下几个特点。

❑　不需要指定函数名。
❑　定义只有一条语句。
❑　函数体必须是一个表达式。
❑　不能显式地使用 return。

除了这些特性之外，匿名函数在使用上跟普通函数基本一致，例如，支持各种形式的参数、支持结果返回等。下面是匿名函数的定义形式：

```
lambda [arg1 [,arg2,...,argn]]:expression
```

其中，lambda 用于声明定义，冒号前是参数列表，冒号后是函数体表达式。同普通函数定义一样，参数是可选的；与普通函数不同的是，函数体只能是一条表达式。具体的示例效果如下：

```
lambda n, m: n + m
```

这里定义了带两个位置参数的匿名函数，其函数体为表达式 n+m，并且该匿名函数的返回值就是函数体表达式的结果值。

匿名函数的调用与普通函数不同的地方在于，匿名函数没有函数名，所以无法直接调用，一般都是把匿名函数作为另一个函数的参数来使用。示例函数如下：

```
def foo(func, n, m):
    return func(n, m)
```

该普通函数接收 3 个参数，第一个参数为一个函数对象，另外两个参数为调用该函数对象所需的参数，而函数体则是调用第一个参数的函数对象。该普通函数就可以使用匿名函数来调用，具体示例如下：

```
foo(lambda n, m: n + m, 2, 3)   # 计算两个数相加

foo(lambda n, m: n - m, 2, 3)   # 计算两个数相减

foo(lambda n, m: n * m, 2, 3)   # 计算两个数相乘

foo(lambda n, m: n / m, 2, 3)   # 计算两个数相除
```

当然，该 foo 函数也可以接收普通函数作为第一个参数。而另一种调用匿名函数的方式是，在定义匿名函数时将其赋给一个变量，其形式如下：

```
add = lambda n, m: n + m
add(2, 3)        # 调用匿名函数
```

可以看到，这种形式定义的匿名函数在形式和使用上与普通函数基本没有区别，只是定义的方式不同而已。此时该匿名函数的定义与如下普通函数的定义等效：

```
def add(n, m):
    return n + m
```

在 Python 中匿名函数的使用并不是必需的，通常只会把仅使用一次的函数定义为匿名函数，除非你明确知道自己为什么要使用匿名函数，否则还是建议使用普通函数来代替。

2.5.3　内置函数介绍

前面已经介绍了 Python 中函数的定义与使用，而实际上 Python 也同样内置了很多常用的函数，这些函数在 Python 解释器启动之初就会被加载进内存，因此也叫内置函数（built-in function）。

对于 Python 的内置函数，无须定义就可以直接使用。例如，sum 就是 Python 的一个内置函数，它接收一个序列对象，然后对该序列对象进行求和并返回结果。其直接使用方式如下：

```
n = sum([1, 2, 3, 4])
print(n)        # 10
```

当然 Python 还提供了很多其他的内置函数，可以通过 dir 函数来查看，具体方式如下所示：

```
>>> dir(__builtins__)
[… 'ZeroDivisionError', '__build_class__', '__debug__', '__doc__', '__import__',
'__loader__', '__name__', '__package__', '__spec__', 'abs', 'all', 'any', 'ascii', 'bin',
'bool', 'breakpoint', 'bytearray', 'bytes', 'callable', 'chr', 'classmethod', 'compile',
'complex', 'copyright', 'credits', 'delattr', 'dict', 'dir', 'divmod', 'enumerate', 'eval',
'exec', 'exit', 'filter', 'float', 'format', 'frozenset', 'getattr', 'globals', 'hasattr',
'hash', 'help', 'hex', 'id', 'input', 'int', 'isinstance', 'issubclass', 'iter', 'len',
'license', 'list', 'locals', 'map', 'max', 'memoryview', 'min', 'next', 'object', 'oct',
'open', 'ord', 'pow', 'print', 'property', 'quit', 'range', 'repr', 'reversed', 'round',
'set', 'setattr', 'slice', 'sorted', 'staticmethod', 'str', 'sum', 'super', 'tuple', 'type',
```

```
'vars', 'zip']
```

由于返回结果中 Error 对象太多，所以这里在列表的头部进行了省略。列表尾部非双下划线开头的就是 Python 的内置函数对象，如 abs、all、repr、zip 等。因为 Python 内置函数非常多，且在前面的章节中也介绍过部分内置函数，所以这里将会介绍一些前面未使用过但又比较常用的内置函数，具体如表 2-13 所示。

表 2-13　　　　　　　　　　　　　　Python 常用内置函数

函数分类	说明
序列逻辑判断	all：对序列的全部成员进行逻辑与判断 any：对序列的全部成员进行逻辑或判断
源码执行	eval：动态执行 Python 源码表达式，并返回结果值 exec：动态执行 Python 源码表达式，不返回结果值
对象查看	dir：查看对象的所有属性、方法名 help：查看对象的帮助文档 type：查看对象的类型 isinstance：判断对象是否为某个类的实例 id：查看对象的内存地址
命名空间变量	locals：查看当前命名空间的局部变量 globals：查看当前命名空间的全局变量
序列操作	min：查找序列中最小值的成员 max：查找序列中最大值的成员 sum：对序列成员进行求和计算 slice：对序列成员进行切片操作 reversed：对序列成员进行反转操作 sorted：对序列成员进行排序操作 map：使用指定的函数对序列进行指定操作 filter：使用具有指定规则的函数对序列成员进行过滤 zip：对指定的一个或多个序列进行合并
其他功能	len：查看序列对象的长度 enumerate：序列枚举生成 input：从命令行获取用户输入 open：对文件进行读写操作 exit：退出程序 quit：退出程序

1. 序列逻辑判断函数

首先来看一下用于序列成员逻辑判断的 all 和 any 函数，它们的作用是对给定的序列成员进行逻辑判断，并最终返回所有成员逻辑判断的结果。不同的是 all 对所有成员进行逻辑与操作，而 any 则对所有成员进行逻辑或操作。具体示例如下：

```
lst = [True, False, True, False]
print(all(lst))     # False
print(any(lst))     # True
lst = [True, True, True, True]
```

```
print(all(lst))          # True
lst = [False, False, False, False]
print(any(lst))          # False
```

从执行的结果可以知道，all 需要全部成员都为真结果才为真，而 any 则只要有一个成员为真结果就为真。

2. 源码执行函数

接下来要介绍的是源码执行函数，包括 eval 和 exec。这两个函数在很多其他动态语言中也会有，并且功能也相似。其中 eval 接收一个源码表达式字符串，并在当前 Python 上下文执行后返回表达式的值；exec 也有相同的功能，但是 exec 可以执行更为复杂的源码内容，且结果值永远为 None。具体使用示例如下：

```
n = 2
m = 3
print(eval("n+m"))

x = 5
code = """
y = 6
z = x + y
"""
exec(code)
print(z)
```

这段代码执行后的结果如下：

```
5
11
```

 通常 eval 用来执行单条的简单字符串表达式，而 exec 用来执行更为复杂的源码串。exec 还支持源码串和 Python 上下文环境变量互相调用。

3. 对象查看函数

在前面的章节中，或多或少使用过一些查看对象的函数，这里再集中介绍一下。dir 查看对象拥有的成员，help 查看对象的帮助文档，type 查看对象的类型，isinstance 判断对象的实例类型，id 查看对象的内存地址。

通过这一组内置函数，可以很快地了解到 Python 对象的特性和功能，尤其是在进行代码调试的时候非常有用。具体使用示例如下：

```
l = [1, 2, 3]
print(dir(l))
print(type(l))
print(isinstance(l, list))
print(id(l))
help(l)
```

4. 命名空间变量函数

命名空间（Namespace）是从名称到对象的映射，它提供了在程序中避免名字冲突的一种方法。每一个命名空间都可以有自己的一组变量，即使与其他命名空间的变量重名也没有关系，因为 Python 在查看变量时会从当前的局部命名空间开始，按照层级关系逐级向上查找。

locals、globals 等函数则用来获取各命名空间中的变量字典。Python 命名空间示意图如图 2-3 所示。

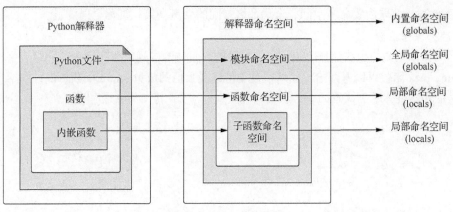

图 2-3　Python 命名空间

locals 函数获取当前所在位置的局部命名空间变量字典；globals 函数获取当前所在位置的全局命名空间变量字典。下面的示例代码演示了 locals、globals 在不同命名空间下的使用效果：

```python
n = 2

def foo():
    m = 3
    print('局部命名空间: ')
    print(f'locals() => {locals().keys()}')
    print(f'globals() => {globals().keys()}')

    def inner():
            h = 2
            print('内嵌局部命名空间: ')
            print(f'locals() => {locals().keys()}')
            print(f'globals() => {globals().keys()}')
    inner()

print('全局命名空间: ')
print(f'locals() => {locals().keys()}')
print(f'globals() => {globals().keys()}')
foo()
```

这段代码执行的结果如下：

```
全局命名空间:
 locals() => dict_keys(['__name__', '__doc__', '__package__', '__loader__', '__spec__',
'__annotations__', '__builtins__', '__file__', '__cached__', 'n', 'foo'])
 globals() => dict_keys(['__name__', '__doc__', '__package__', '__loader__',
'__spec__', '__annotations__', '__builtins__', '__file__', '__cached__', 'n'])
局部命名空间:
 locals() => dict_keys(['m'])
 globals() => dict_keys(['__name__', '__doc__', '__package__', '__loader__',
'__spec__', '__annotations__', '__builtins__', '__file__', '__cached__', 'n', 'foo'])
内嵌局部命名空间:
 locals() => dict_keys(['k'])
 globals() => dict_keys(['__name__', '__doc__', '__package__', '__loader__',
'__spec__', '__annotations__', '__builtins__', '__file__', '__cached__', 'n', 'foo'])
```

通过结果也可以验证，locals 函数永远只获取当前所在命名空间的变量字典，即局部变量；

而 globals 永远只获取内置命名空间、全局命名空间的变量字典，统称全局变量。

5. 序列操作函数

与序列操作相关的函数都是应用于序列对象的，具体的序列对象有列表、元组、字符串等。例如，min、max 函数可以返回给定序列中最小值或最大值的成员；sum 函数可以计算给定序列中全部成员的和。具体示例代码如下：

```
l = [1, 2, 3]
print(f'l => {l}')
print(f'min(l) => {min(l)}')   # 1
print(f'max(l) => {max(l)}')   # 3
print(f'sum(l) => {sum(l)}')   # 6
s = 'abcd'
print(f's => {repr(s)}')
print(f'min(s) => {min(s)}')   # a
print(f'max(s) => {max(s)}')   # d
```

还有一类函数主要对序列本身进行操作，例如，slice 用于对序列进行切片，reversed 用于序列的反转，sorted 用于对序列进行排序。示例代码如下：

```
l = [1, 2, 4, 8, 7, 3, 5, 6]
print(f'l => {l}')
print(f'l[slice(2, 4)] => {l[slice(2, 4)]}')
print(f'l[2:4] => {l[2:4]}')
print(f'reversed(l) => {list(reversed(l))}')
print(f'sorted(l) => {sorted(l)}')
```

上述代码执行的结果如下：

```
l => [1, 2, 4, 8, 7, 3, 5, 6]
l[slice(2, 4)] => [4, 8]
l[2:4] => [4, 8]
reversed(l) => [6, 5, 3, 7, 8, 4, 2, 1]
sorted(l) => [1, 2, 3, 4, 5, 6, 7, 8]
```

最后介绍的一类序列操作函数则是应用于序列中的每一个成员。例如，map 会对序列中的每一个成员进行相同的处理，并返回相应结果组成的列表；filter 与 map 的操作类似，但只返回处理结果为 True 的序列成员组成的列表；zip 则用于合并多个序列为一个序列。具体的代码示例如下：

```
l = [1, 2, 3, 4, 5]
print(f'l => {l}')
print('map 对序列成员进行乘 2 处理：')
print(f'map(lambda x: x * 2, l) => {list(map(lambda x: x * 2, l))}')
print('filter 过滤出序列中的奇数：')
print(f'filter(lambda x: x % 2, l) => {list(filter(lambda x: x % 2, l))}')
print('zip 合并多个序列：')
l2 = [11, 22, 33, 44]
l3 = ['a', 'b', 'c']
print(f'l2 => {l2}')
print(f'l3 => {l3}')
print(f'zip(l, l2, l3) => {list(zip(l, l2, l3))}')
```

上述代码执行的结果如下：

```
l => [1, 2, 3, 4, 5]
map 对序列成员进行乘 2 处理：
map(lambda x: x * 2, l) => [2, 4, 6, 8, 10]
```

filter 过滤出序列中的奇数：

```
filter(lambda x: x % 2, l) => [1, 3, 5]
```

zip 合并多个序列：

```
l2 => [11, 22, 33, 44]
l3 => ['a', 'b', 'c']
zip(l, l2, l3) => [(1, 11, 'a'), (2, 22, 'b'), (3, 33, 'c')]
```

从结果中可以看到，zip 合并多个序列的时候，会将其中最短的序列长度作为合并后的序列长度。

说明　在 Python 3 版本中，map、filter、zip 等函数返回的结果是一个生成器对象，所以在输出时需要转换成列表形式以便于输出。在日常的业务操作中，可以直接使用 for 循环来遍历。

6. 其他内置函数

除了上述的几类函数外，还有一些比较常用但不好分类的内置函数。例如，经常用到的 len 可以查询序列对象的长度；enumerate 可以给序列添加相应的额外的索引下标；input 用来接收用户在命令行的输入；open 则用来进行文件的读写操作；exit、quit 则可以主动退出 Python 程序。len、enumerate 的示例代码如下：

```
l = ['a', 'b', 'c']
d = {'k1': 1, 'k2': 2}
print(f'l => {l}')
print(f'd => {d}')
print(f'len(l) => {len(l)}')
print(f'len(d) => {len(d)}')

print(f'enumerate(l) => {list(enumerate(l))}')
print(f'enumerate(l, 2) => {list(enumerate(l, 2))}')
print(f'enumerate(d) => {list(enumerate(d))}')
```

这段代码执行的结果如下：

```
l => ['a', 'b', 'c']
d => {'k1': 1, 'k2': 2}
len(l) => 3
len(d) => 2
enumerate(l) => [(0, 'a'), (1, 'b'), (2, 'c')]
enumerate(l, 2) => [(2, 'a'), (3, 'b'), (4, 'c')]
enumerate(d) => [(0, 'k1'), (1, 'k2')]
```

从结果中可以看到，通常可遍历的对象都可以使用 len 查询长度，也可以通过 enumerate 来生成索引；另外，enumerate 的索引开始下标可以通过第二个参数来指定，默认的下标是从 0 开始。

接下来要介绍的则是 input 函数，如果需要从命令行获取用户输入信息，那么必定会使用到该函数。其示例代码如下：

```
s = input("请输入姓名：")
print(f"您好：{s}")
s = input("请输入一个数学表达式：")
print(f"您输入的结果为：{eval(s)}")
```

上述代码的执行结果如下：

```
请输入姓名：Python
```

```
您好：Python
请输入一个数学表达式：2 + 3
您输入的结果为：5
```

结果中加粗斜体字为用户在命令行手动输入的信息，其他则为程序输出的信息。除了从命令行获取外部输入，Python 中还可以通过读取本地文件的方式获取外部输入，而这就需要用到 open 函数。具体示例代码如下：

```python
f = open('foo.txt', 'w', encoding='utf-8')
f.write('Hello, Python! \n')
f.close()

f = open('foo.txt', 'a', encoding='utf-8')
f.write('This is append info.\n')
f.close()

f = open('foo.txt', 'r', encoding='utf-8')
print(f.read())
f.close()
```

open 函数有两个必传的位置参数：第一个为读写的文件名；第二个为读写的模式，例如，r 为读模式，w 为写模式，a 为追加模式。此外，open 函数还可以接收 encoding 参数来指定读写文件使用的编码。

上面的示例同时演示了读、写、追加 3 种文件操作模式，其中读模式专门用来读取文件内容，如果指定文件名不存在，则会抛出 FileNotFoundError 异常。

写、追加模式都可以用来写入文件，区别在于写模式会直接覆盖原有文件的内容，而追加模式只会在原来内容的基础上追加新的内容。这两种模式下如果文件名不存在，则会自动新建一个同名的空文件。上述示例代码的运行结果如下：

```
Hello, Python!
This is append info.
```

在基础的读、写、追加模式之上，open 函数还支持以二进制的形式来读写文件，你要做的就是在读写模式中加入 b 符号，例如，rb 为二进制读，wb 为二进制写，ab 为二进制追加。二进制读写的示例代码如下：

```python
f = open('foo.txt', 'wb')
f.write(b'Hello Python!')
f.close()

f = open('foo.txt', 'rb')
print(f.read())
f.close()
```

最后要介绍的是可以主动退出 Python 程序的函数，即 exit 和 quit。从本质上来看，它们并没有什么区别，选择其中任意一个都可以。当然如果你愿意的话，也可以在退出时指定错误码。具体示例如下：

```python
exit()
exit(1)
quit()
quit(2)
```

函数对象的操作

2.6　类与对象

Python 是面向对象的编程语言，可以通过 class 来定义类，再通过类来实例化对象。具体而言，类是与函数类似的语句块，但是类可以拥有自己的成员，如属性和方法。与函数不同的是，类在使用之前需要进行实例化，实例化之后就可以得到这个类的实例对象，最后需要通过实例对象来执行类的方法和获取属性。

2.6.1　类的定义

类主要用于表达某个物体、某些事物的一个抽象化的结果，例如，男人和女人可以直接抽象化为人类，人类与老虎可以直接抽象化为哺乳动物。而类的实例化则是一个从抽象到具象的过程，例如，给人类添加一个性别的属性并赋值为男，就得到一个具体的男人实例对象。类的定义语法格式如下：

```
class 类名:
    语句
    属性
    方法
```

接下来是具体的类定义的示例代码：

```
class Person:
    """这是一个人类"""        # 普通语句
    sex = '男'               # 类的属性

    def walk(self):          # 类的实例方法
        print("我在走路")
```

这里定义了一个人类，这个类包含了一条普通语句、一个类属性、一个类方法。可以看到，属性就是前面介绍过的变量，而方法就是前面介绍的函数。在这里你只需要把它理解为在类中的另一种叫法。类在使用时通常需要先进行实例化，例如上面的 Person 类，实例化的示例如下：

```
p = Person()             # 类的实例化，p 就是 Person 的实例对象
print(p.sex)             # 获取类的属性
p.walk()                 # 调用类的实例方法
```

可以看到类的实例化与函数的调用很相似，区别在于类的实例化得到的是一个中间产物——实例对象，而函数则是直接被执行。另外，类中定义的属性和方法，都可以通过这个实例对象来进行获取和调用。

类的这种设计使得它成为比函数更大的载体，类不仅可以包含行为（方法），同时还可以保存中间结果（属性），并且这些行为和中间结果可以是多样化的、同时存在的。所以类可以用来表达一些更为丰富的事物，而函数则不行。

上面仅仅是类的基本使用样例，类作为一个可以承载"万物"的载体，它所拥有的特性要远远多于函数，接下来就来看看类的其他使用形式与特性。

1. 初始化方法

同函数的调用类似，类在实例化时也可以附带参数，而前提则是需要在类中定义接收参数的初始化方法，并且在类实例化时传递的参数需要符合初始化方法的参数定义，具体规则同函数接收参数相同。下面的示例定义了一个带有初始化方法的类并进行实例化：

```python
class Person:
    def __init__(self, sex):        # 初始化方法
        self.sex = sex              # 实例属性定义

    def say(self):
        print(self.sex)            # 实例属性获取

p = Person('男')                    # 实例化带参数
p.say()
```

上述代码中__init__方法就是类的初始化方法，该方法的名称固定为__init__，但其可接收的参数是可以自定义的，具体的规则同函数的参数定义相同。在类具体实例化时传递的参数会对应地传递给__init__方法，所以类实例化时传递的参数规则需要符合__init__方法的参数定义。

在类的实例化传参或者类的实例方法调用时，需要忽略初始化方法和实例方法的第一个参数，即在传参时不用把 self 参数考虑在内，因为该参数会由 Python 自动传递过去，且 self 代表的就是当前实例对象本身。

---

2. 类方法

除了初始化方法之外，类还支持一些特殊的方法，如类方法、静态方法。其中类方法是相对于实例方法而言的，那么什么是实例方法呢？实例方法指的是在类中定义的普通方法，例如上个示例中的 say、__init__方法，实例方法的第一个参数通常为 self。

类方法则是在类中定义方法时添加了@classmethod 装饰器的方法，并且其第一个参数通常为 cls。与实例方法不同的是，类方法可以直接通过类名进行调用，而不需要提前进行实例化。具体的使用示例代码如下：

```python
class Person:
    @classmethod
    def say(cls):                   # 类方法定义
        print(type(cls), cls.__name__)

    @classmethod
    def action(cls, name):          # 带参数的类方法
        print(name)

Person.say()
Person.action('跑')

p = Person()                        # 实例化
p.say()
p.action('走')
```

该示例中定义了两个类方法，一个带参数，另一个不带参数。可以看到类方法既可以通过类名来直接调用，也可以通过实例对象来进行调用，而实例方法则只能通过实例对象来调用。上述

代码的执行结果如下：

```
Person <class 'type'>          # 类对象属性
跑
Person <class 'type'>          # 类对象属性
走
```

通过执行结果可以知道，对类方法而言，即使是通过实例对象进行调用的，传递给类方法的第一个参数依然是类对象，而非实例对象。

3. 静态方法

静态方法与类方法的相同之处在于，既可以通过类名来调用，也可以通过实例来调用；同样，静态方法的定义也需要加上@staticmethod 装饰器。静态方法与类方法、实例方法不同的是，它在定义时不需要额外增加一个 cls 或 self 参数，而是与普通函数的定义一致。静态方法的示例代码如下：

```python
class Person:
    @staticmethod
    def say():              # 静态方法定义
        print('Person')

    @staticmethod
    def action(name):       # 带参数的静态方法
        print(name)

Person.say()
Person.action('跑')

p = Person()                # 实例化
p.say()
p.action('走')
```

从示例中可以看到，静态方法的定义与使用与普通函数一致，这里可以把静态方法简单地理解为类中的函数。上述示例代码的执行结果如下：

```
Person
跑
Person
走
```

由于类的定义中涉及的方法表现形式比较多，为了更好地理解它们之间的特点和区别，这里总结了一个类的方法的说明表，具体如表 2-14 所示。

表 2-14　　　　　　　　　　　Python 类的方法说明

方法形式	类名调用	实例调用	表现形式
实例方法	不支持	支持	实例方法效果
初始化方法	不支持	支持	实例方法效果
类方法	支持	支持	类方法效果
静态方法	支持	支持	普通函数效果

4. 类成员与实例成员

前面提到了类方法和实例方法，除此之外还有类属性和实例属性，具体的关系表现为：类方法、类属性的主体都是类，统称类成员；实例方法、实例属性的主体都是实例，统称实例成员。

类方法在之前已经介绍过了，即添加了@classmethod 装饰器的方法就是类方法；类属性是在类的顶级语句块中定义的变量。具体示例代码如下：

```python
class Person:
    sex = '男'              # 类属性

    @classmethod           # 类方法
    def say(cls):
        age = 10           # 局部变量
        print(Person.sex)

print(Person.sex)
Person.say()
```

示例中的 sex 变量直接定义在 Person 类的顶层语句块中，所以是类属性；而 age 变量定义在类方法中，所以只是类方法的局部变量。这与前面介绍过的命名空间是相同的，即变量直接定义在类的命名空间，才是类的属性。

与类属性相对应的实例属性也是同样的道理，即需要把变量定义到实例对象上面；具体而言，就是直接给实例对象赋属性。示例代码如下：

```python
class Person:
    def __init__(self, sex):
        self.sex = sex          # 设置实例属性

    def say(self):
        print(self.sex)         # 获取实例属性

p = Person('男')
p.say()
```

从示例中可以看到，实例属性直接设置在实例对象上，即实例属性只能在实例方法中进行设置和获取。在类方法或者静态方法中，是无法访问实例属性和实例方法的，而实例方法中却可以访问类属性和类方法。类与实例成员的访问关系如表 2-15 所示。

表 2-15   Python 类、实例成员访问

对象	类方法	类属性	实例方法	实例属性
类	可以访问	可以访问	不可访问	不可访问
实例	可以访问	可以访问	可以访问	可以访问

　　虽然在上面的介绍和代码示例中，默认使用 cls 表示类对象，使用 self 表示实例对象，但实际上这两个变量仅仅是类方法或实例方法定义的一个普通参数变量名，即它是可以被自定义命名的。但为了提升代码的规范性，通常只使用上述的变量名来表示。

5. 类的继承

类除了使用前面的直接定义方式来定义，还可以基于一个已有的类来定义，这样新定义的类就可以直接拥有父类的全部属性和方法，而这种特性就是类的继承。其语法格式如下所示：

```python
class 子类名(父类):
```

語句

属性

方法

定义继承类时需要在类名后用圆括号把父类的名称括起来，表示新定义的类继承自该父类，其他方面与普通类定义一致。下面是一个类继承的示例代码：

```
class Animal:
    def __init__(self, name, age):
        self.name = name
        self.age = age

    def do_action(self, action_name):
        print(f'{self.name}会{action_name}!')

    def say(self):
        print(f'我有{self.age}岁了! ')

class AnotherAnimal(Animal):
    pass

animal = AnotherAnimal('动物', 5)
animal.do_action("跑")
# 输出 => 动物会跑!
animal.say()
# 输出 => 我有 5 岁了!
```

这段示例代码中先定义了一个 Animal 类，然后定义了一个继承自 Animal 的新类 AnotherAnimal，新类中没有定义任何内容，但是实例化之后却可以使用 Animal 类的全部属性和方法。可以看出，继承的一个重要功能就是复用已有代码。

在实际的编程中，一般新类继承后都会添加一些自己的内容，有时是补充新的属性和方法，有时则是覆盖原有的属性和方法。这里继续以上面的父类为例，实现的具体代码如下：

```
class Fish(Animal):
    def __init__(self, age):
        super().__init__('鱼', age)

    def swimming(self):
        self.do_action('游泳')

    def say(self):
        print('我是一条可爱的鱼! ')

fish = Fish(1)
fish.swimming()
# 输出 => 鱼会游泳!
fish.say()
# 输出 => 我是一条可爱的鱼!
```

示例中定义了一个继承自 Animal 的新类 Fish，并且新增了一个 swimming 方法，重写了父类的 say 方法。新增的 swimming 方法可以直接调用父类的 do_action 方法，重写的 say 方法将会直接替代父类的 say 方法。

与其他语言相比，Python 在继承方面还多了一个特性，即多重继承。这意味着在 Python 中可以同时继承多个父类，并且同时拥有所有父类的特性。具体示例如下：

```python
class Bird:
    def __init__(self):
        self.name = '鸟'

    def flying(self):
        print(f'我可以飞翔!')

    def say(self):
        print(f'我是鸟! ')

class Person:
    def __init__(self):
        self.name = '人'

    def running(self):
        print('我可以奔跑! ')

    def say(self):
        print(f'我是人! ')

class SuperMan(Person, Bird):
    def __init__(self):
        super().__init__()
        self.name = '超人'

    def say(self):
        print(f'我是超人! ')

sm = SuperMan()
sm.say()
# 输出 => 我是超人
sm.flying()
# 输出 => 我可以飞翔!
sm.running()
# 输出 => 我可以奔跑!
```

这里定义了一个名为 SuperMan 的新类，它继承自 Person 和 Bird 类，所以同时拥有飞翔和奔跑的能力。当然，如果你愿意的话还可以多继承几个拥有不同能力的类。

单从代码复用的角度来看，多重继承能最大化地重用代码，但是多重继承也有自己的缺点，最典型的就是菱形问题①。另外还要注意父类遍历顺序的问题，而这将会对编程人员有更高的要求。在还没有完全理解多重继承运行机制时，建议慎用多重继承。

---

① 菱形问题：当一个子类 A 同时继承自类 B、类 C，而类 B 和类 C 又同时继承自类 D 时，它们的继承关系为菱形关系。当继承关系为菱形关系时，在父类方法查找为深度遍历优先的情况下，子类 A 有可能跳过父类 B 或者父类 C，直接查找到祖父类 D 的方法，而这种情况与类的继承基本原则相违背。

6．私有成员

私有成员指的是这个成员只能在对象内部被调用，在当前对象的外面调用就会抛出异常。这里的当前对象可以是类实例，也可以是模块对象。

Python 定义私有成员的方式很简单，只需在定义变量、方法时在名称前加上单下划线或者双下划线即可。具体可分为以下几种情况。

❑ _name——对象和子类可以访问，但不可以导入。

❑ __name——双下划线开头的为私有成员，对象和子类也不能访问。

❑ __name__——前后双下划线，一般为系统预定义的私有成员。

由于私有成员通常会在类中使用，所以把本部分内容放在类的介绍下面。下面就通过具体的示例来看看它们在使用上的区别：

```
class Person:
    def __init__(self):
        self.__name = '人'
        self._age = 8

    def __say(self):
        print('我是人类')

    def _say(self):
        self.__say()

p = Person()
print(p.__name)        # 抛出异常
p.__say()              # 抛出异常
print(p._age)
# 输出 => 8
p._say()
# 输出 => 我是人类
```

从示例的调用结果可以看出，单下划线开头的保护成员与普通成员的使用方式没有区别，因为单下划线开头的保护成员主要限制 import 语句的导入；而双下划线开头的私有成员则不能直接访问，只能通过内部方法间接访问。

Python 中的双下划线成员之所以不能被直接访问，是因为 Python 解释器会自动修改双下划线开头的成员名称，修改后的名称格式为：_[类名][原私有成员名称]。例如上面的 __name 属性，实际上会被修改为_Person__name。具体可以通过 dir(p)来查看对象具有的成员。正因为如此，如果非要直接访问该私有成员，可以直接访问修改后的成员名称，例如，p._Person__name。

　　　　虽然 Python 中的私有成员是伪私有成员，但是在日常编程中还是按照规范来使用，尽量避免通过各种不规范的方式来使用私有成员。另外，对于前后双下划线的成员要慎重定义，因为它们通常都代表了特定的意义，具体意义将会在后面的章节进行介绍。

7．property 属性

从前面的内容已经知道，在类或者对象中可以直接定义属性，还可以通过类或者对象来访问属性。这里介绍的 property 属性在使用上与之前介绍的相似，但是在实现和作用上却是不同的。

首先来看一下 property 属性的定义方式，具体示例代码如下：

```
class Person:
    def __init__(self):
        self.__age = 8

    @property
    def age(self):
        return self.__age

p = Person()
print(p.age)
# => 输出 8
```

可以看到，想要定义 property 属性，需要使用@property 装饰器来装饰一个指定的方法，并且该方法需要返回一个值。经过装饰后的方法就可以像普通属性一样进行访问。但是这个属性只能用来访问，如果直接给它赋值就会抛出 AttributeError 异常，而这也是 property 属性与普通属性不同的地方。

利用 property 属性的这种特质，可以有效防止从类或者对象的外部修改内部属性。当然，想要设置 property 属性也是有办法的，具体做法就是实现一个同名的 age 方法，并用@age. setter 装饰器来装饰。具体示例代码如下：

```
class Person:
    def __init__(self):
        self.__age = 8

    @property
    def age(self):
        return self.__age

    @age.setter
    def age(self, val):
        self.__age = val

p = Person()
p.age = 9
print(p.age)
# => 输出 9
```

示例中@age. setter 装饰器的 age 就是属性名，针对不同的属性需要动态地保持一致，而 setter 则是固定的关键字。从最终使用方式和效果来看，property 属性和普通属性用法是一致的，那么为什么要使用 property 呢？

其实这是从安全性方面考虑的，property 属性可以实现只读的功能，此外在设置 property 属性时，还可以对具体的内容进行过滤和判断，有效防止设置无效数值。例如上面示例代码中就可以对 age 属性的设置进行一个判断和限定，具体示例如下：

```
@age.setter
def age(self, val):
    if not isinstance(val, int):
        raise ValueError("必须设置为数字")

    if 0 <= val <= 100:
```

```
            self.__age = val
        else:
            raise ValueError("年龄必须为0~100")
```

这样可以有效保证输入数据的安全性。同样，也可以在属性返回之前对内容进行加工或者处理。

最后再来看一下 property 属性的另一种实现方式，即通过 property 内置函数来实现 property 属性。具体示例代码如下：

```
class Person:
    def __init__(self):
        self.__age = 8

    def getter(self):
        return self.__age

    def setter(self, val):
        self.__age = val

    age = property(getter, setter)

p = Person()
p.age = 9
print(p.age)
# => 输出 9
```

通过这种形式设置的 property 属性和通过@property 装饰器设置的效果是一样的，具体使用哪种形式就看个人喜好了。如果非要推荐一种的话，@property 装饰器形式可能会更加直观，不容易被错用或者误用。

类对象的操作

2.6.2　模块与包

通过前面的章节我们了解到，函数是由语句块构成的，类是由属性和方法构成的；而模块则是由语句、函数、类等构成的。通俗点讲，模块就是一个 Python 文件。

模块存在的意义跟函数类似，它主要用于解耦、复用代码，同时还增加了代码的可维护性。通常会把具有相关性的一类代码统一放在一个模块中。例如，与登录相关的代码可以放在名为 login.py 的模块中。

模块与其他普通文本文件一样，被存放在文件系统的目录中，如果想要调用模块中的具体代码，则需要对模块进行导入；默认情况下只有跟模块在同一目录下才能进行导入操作。下面会新建两个 Python 文件，名称分别为 foo.py、bar.py，它们都存在于同一个目录下，其中 foo.py 的代码内容如下：

```
def say():
    print('Hello Python')
```

如果希望在 bar.py 中调用 foo.py 中的代码，就需要先导入 foo.py 模块，才能进行相关调用操作，具体示例如下：

```
import foo        # 模块导入
foo.say()         # 通过模块调用函数
```

此外，Python 还提供了另一种模块导入方式，即 from…import 形式。这两种方式的执行效果是一样的，具体可以根据实际的场景需求来选择使用哪种形式。该形式的具体示例如下：

```
from foo import say      # 导入模块中的函数
say()                    # 直接调用函数
```

已经知道同一个目录下的模块如何导入了，那么不同目录下的模块该如何导入呢？这里会涉及 Python 的另一个概念——包。包在 Python 中是一个用来组织模块的对象，可以把相关的多个模块存在一个包下面，这样会更加便于模块的归档。

包在实现上其实就是一个包括了__init__.py 文件的普通目录，这是因为 Python 解释器会把包含__init__.py 文件的目录当作特殊目录，在这些目录下的 Python 模块与当前目录下的 Python 模块，都被认为是可以进行导入的模块。这里假设有如下的目录结构：

```
|--demo
    |-- bar.py
    |-- foo.py
    |-- package
            |-- __init__.py
            |-- pkg.py
    |-- dir
            |-- dir.py
```

可以看到这里共有 3 个目录，其中只有 package 是 Python 的包，其他两个则不是。即在 package 下的模块可以被本目录以外的模块导入，而 demo、dir 目录则只能被当前目录中的模块导入。在这种目录结构下，如果想在 bar.py 中调用 pkg.py 的内容，其模块的导入方式如下：

```
import package.pkg
from package.pkg import …
```

此外，Python 的包还可以嵌套，且嵌套必须是不间断的。例如下面的两种包嵌套方式，一种是正确的，另一种则是错误的：

```
|--demo
    |-- __init__.py
    |-- package
            |-- __init__.py
            |-- package2
                    |-- __init__.py
    |-- dir
            |-- dir2
                    |-- __init__.py
```

这里嵌套的包为 demo.package.package2；而 dir2 虽然也是 Python 的包，但是由于 dir 不是 Python 的包，所以嵌套被中断。

2.6.3　标准库介绍

与内置函数一样，Python 为了节约开发者的时间，也提供了很多常用的类作为 Python 发行版的一部分，即 Python 标准库。这些库在 Python 安装时也会被同时安装，所以当需要使用这些库时只要直接导入即可。

常用的 Python 标准库有 time、datetime、re、random、os、sys、threading、multiprocessing、queue、email、json、xml、urllib、http、unittest、bdb 等，除此之外 Python 还提供了大量的其他各类模块。对于这些 Python 标准库，想要导入它们就跟导入同目录下的模块一样简单。具体使用示例如下：

```
import time                     # 导入时间模块
```

```
print(time.time())              # 获取当前时间戳
```

能实现这样的效果，是由 Python 的模块导入机制所决定的。Python 在查找模块时并不是无序的，Python 会事先维护一个查找模块的目录列表，当有模块导入请求时，Python 会按照这个列表的顺序去对应的目录下查找是否有相应的模块；如果有则导入成功，如果没有则会提示导入异常。

在 Python 查找模块的目录列表里，默认已经把 Python 执行脚本的当前目录添加进去了，同时 Python 也会把包含标准库的目录添加到这个列表中，所以导入当前目录模块和导入标准库的形式是一样的。

查看 Python 查找模块目录列表的方式如下所示：

```
>>> import sys
>>> sys.path
['', 'C:\\Python37-32\\python37.zip', 'C:\\Python37-32\\DLLs', 'C:\\Python37-
32\\lib', 'C:\\Python37-32', 'C:\\Python37-32\\lib\\site-packages', 'C:\\Python37-
32\\lib\\site-packages\\atu-0.1._buildno_-py3.7.egg', 'C:\\Python37-32\\lib\\site-
packages\\geventhttpclient_wheels-1.3.1.dev1-py3.7-win32.egg', 'C:\\Python37-32\\lib\\
site-packages\\msgpack_python-0.5.6-py3.7-win32.egg','C:\\Python37-32\\lib\\site-packages\\
locustio-0.8.1-py3.7.egg']
```

其中，列表的第一个目录就是当前目录，其他目录都是 Python 标准库所在的目录。从这里还可以知道的一点是，如果当前目录中的模块和标准库的名称相同，那么会优先导入当前目录的模块。

2.7　异常处理

在日常的程序运行过程中，或多或少会有不同类型的异常发生。为了避免程序发生异常时出现中断、退出等行为，造成服务不稳定的情况，通常都会对可能发生异常的代码进行异常捕获，并记录相关日志。

最常见的异常包括读文件时路径不正确、解析内容时格式不正确、用户输入内容不合法等。这些异常通常都是不受程序控制的外部因素造成的，无法通过完善程序的方式完全地规避，只能对可能发生异常的代码片段进行异常捕获，并在捕获异常时进行相应的处理。

2.7.1　异常捕获与处理

异常捕获的功能是所有编程语言都具备的，并且使用方式都大致相似，Python 中捕获异常使用的是 try-catch 语句。其语法格式如下：

```
try:
      语句块
except 异常类型[ as 异常实例]:
      语句块
[except 异常类型 2 as 异常实例 2:
      语句块
else:
      语句块
finally:
      语句块]
```

可以看到异常捕获的语法和分支判断语句的语法很相似。首先正常的业务处理代码会被存放在 try 语句块中；当该语句块中有异常被触发时，Python 会捕获到该异常并获取到异常的类型，然后依据触发异常的类型和每个 except 语句后的异常进行匹配；如果匹配成功，则表示可以正常捕获该异常，并执行相应 except 的语句块；如果没有任何的 except 语句可以匹配，那么表示无法捕获该异常，异常会进行冒泡向上层代码抛出。

下面来看一个简单形式的异常捕获示例：

```
try:
    10 / 0
except ZeroDivisionError:
    print('捕获异常成功')
```

该示例中的代码会触发一个除零异常，并且期望通过 except 语句来捕获该异常，上述代码执行后的结果如下：

```
捕获异常成功
```

从输出的结果可以知道，除零异常已经被正常捕获。那么问题来了，如何使用准确的异常类型来捕获 try 语句块中触发的异常呢？

要解决这个问题，首先要确定 try 语句块可能会触发的异常实例，具体的做法就是去掉 try 语句块直接执行业务代码，此时 Python 解释器就会直接输出异常并中断程序。示例效果如下：

```
>>> 10 / 0
Traceback (most recent call last):
  File "<stdin>", line 1, in <module>
ZeroDivisionError: division by zero
```

从结果可以看出，除零会触发 ZeroDivisionError 类型的异常，所以之前的代码可以正常捕获到异常。接下来的问题是，如果同一段代码可能会触发多种异常，那么如何进行捕获呢？

要解决这个问题，同样需要先知道会触发哪些异常，其次根据异常的类型来设置对应的 except 语句。具体示例如下：

```
try:
    print(a)
    10 / 0
except ZeroDivisionError:
    print('捕获除零异常')
except NameError:
    print('捕获名称异常')
```

这段示例中可能会触发名称异常和除零异常，所以对应设置了可以捕获 NameError、ZeroDivisionError 的 except 语句。此外，还有一种形式也可以达到相同的效果，具体示例如下：

```
try:
    print(a)
    10 / 0
except (ZeroDivisionError, NameError):
    print('捕获到异常')
```

这个示例中把多个异常类型同时设置在一条 except 语句中，而这条 except 语句就可以同时捕获 ZeroDivisionError、NameError 异常，并且捕获异常后共用一套处理逻辑。还有一个问题，如果业务代码经常会触发一些非预期的异常，此时如何捕获呢？

对于这种情况，一种方式是每次出现了未捕获的异常后，主动添加该异常类型到 except 语句中，增加异常捕获范围。缺点是需要先触发异常，还要每次修改代码。

另一种方式是直接使用 Exception 来捕获，这是因为 Exception 是其他大多数异常的父类，所以 Exception 可以匹配到绝大多数的异常类型。所以上述示例代码还可以修改成如下的形式：

```
try:
    print(a)
    10 / 0
except Exception:
    print('捕获到异常')
```

最后一个问题是在捕获到异常后，如何获取或输出异常的信息呢？首先可以在 except 语句后面追加异常实例接收变量，具体示例如下：

```
try:
    10 / 0
except Exception as e:
    print(e)
```

示例代码中的变量 e 会用来接收实际触发的异常对象，之后就可以通过该变量来获取异常相关的信息。通常来讲异常对象本身不会带有很多的信息，上述代码执行的结果如下：

```
division by zero
```

结果仅仅是一个异常描述的字符串，那么如果希望获取到更多的异常信息该怎么办？可以通过一些 Python 的标准库来实现。具体示例如下：

```
import traceback

try:
    10 / 0
except Exception as e:
    traceback.print_exc()           # 命令行输出堆栈信息
    info = traceback.format_exc()   # 保存堆栈信息到变量，内容与上面语句一致
    print(info)
```

异常捕获语法中的 else、finally 语句是可选的，当 else 语句存在时，如果 try 语句块没有发生异常才会执行其下的语句块；而当 finally 语句存在时，不论 try 语句块是否发生异常，其下的语句块都会被执行。具体的示例代码如下：

```
try:
    10 / 2
except Exception as e:
    print("发生异常")
else:
    print('没有异常')
finally:
    print("始终执行")
```

这段代码的执行结果如下：

```
没有异常
始终执行
```

如果把上述代码中的除数 2 改为 0，其执行结果将变为：

```
发生异常
始终执行
```

2.7.2 异常抛出与分类

前面介绍的是程序执行过程中，各种错误导致异常自动触发的情况。除此之外，有些场景下也需要程序员来主动触发异常，例如，当程序判断用户输入不符合业务要求的时候，可以通过抛出 ValueError 异常来告知用户。Python 中抛出异常的语法格式如下：

```
raise 异常名称(异常描述)
```

其中，raise 保留字用来定义抛出的异常，后面跟的是具体的异常实例对象。例如抛出一个 ValueError 异常的示例如下：

```
try:
    raise ValueError("用户输入数值错误")
except Exception as e:
    print(e)
```

实际上 Python 中内置了很多的异常类，它们都可以使用上面的方式由用户来进行抛出。通过 dir(__builtins__)就可以查看到这些内置的异常类。具体的内容如下：

```
>>> dir(__builtins__)
['ArithmeticError',    'AssertionError',    'AttributeError',    'BaseException',
'BlockingIOError','BrokenPipeError','BufferError','BytesWarning','ChildProcessError',
'ConnectionAbortedError',   'ConnectionError',   'ConnectionRefusedError',   'Connection
ResetError',   'DeprecationWarning',   'EOFError',   'EnvironmentError',   'Exception',
'FileExistsError',    'FileNotFoundError',    'FloatingPointError',    'FutureWarning',
'GeneratorExit',    'IOError',    'ImportError',    'ImportWarning',    'IndentationError',
'IndexError', 'InterruptedError', 'IsADirectoryError', 'KeyError', 'KeyboardInterrupt',
'LookupError', 'MemoryError', 'ModuleNotFoundError', 'NameError', 'NotADirectoryError',
'NotImplementedError',    'OSError',    'OverflowError',    'PendingDeprecationWarning',
'PermissionError', 'ProcessLookupError', 'RecursionError', 'ReferenceError', 'Resource
Warning',   'RuntimeError',   'RuntimeWarning',   'StopAsyncIteration',   'StopIteration',
'SyntaxError', 'SyntaxWarning', 'SystemError', 'TabError', 'TimeoutError', 'TypeError',
'UnboundLocalError', 'UnicodeDecodeError', 'UnicodeEncodeError', 'UnicodeError', 'Unicode
TranslateError', 'UnicodeWarning', 'UserWarning', 'ValueError', 'Warning', 'WindowsError',
'ZeroDivisionError', ...]
```

这些异常类主要分为 3 类：Error、Exception、Warning。其中 Error 一般指代码执行前的语法或逻辑错误；Exception 一般指程序运行过程中的逻辑或算法问题；Warning 一般用于警告用户的行为错误。

还有一些异常类的命名不属于这 3 类，例如，KeyboardInterrupt 是一个用户执行中断程序的异常，GeneratorExit 则是退出生成器的异常。想要准确地判定一个类是否是异常类很简单，可以使用 help 命令来完成，具体而言就是查看它是否为 BaseException 的子类。具体示例如下：

```
>>> help(KeyboardInterrupt)
Help on class KeyboardInterrupt in module builtins:

class KeyboardInterrupt(BaseException)
 |  Program interrupted by user.
 |
 |  Method resolution order:
 |      KeyboardInterrupt
 |      BaseException
 |      object
```

通过 KeyboardInterrupt 类的定义可以看到，它是继承自 BaseException 类的，而 BaseException 类是所有异常类的父类，所以 KeyboardInterrupt 是异常类。另外还有一部分异常类则是间接地继承自 BaseException，通过 help 命令查看 ValueError 可以知道它直接继承自 Exception 类，而 Exception 则直接继承自 BaseException。

Python 中异常类的继承关系大致如下：

```
|-- Object
    |-- BaseException
        |-- Exception
                |-- XXXError
                |-- XXXException
                |-- Warning
                        |-- XXXWarning
        |-- GeneratorExit
        |-- KeyboardInterrupt
        |-- StopAsyncIteration
        |-- StopIteration
        |-- SystemExit
```

通过这个异常的继承关系，可以很清晰地看到 BaseException 是所有异常类的父类，而直接继承它的又分为 Exception 类和其他非 Exception 类，而所有的 Error、Exception、Warning 都是继承自 Exception 类。

Python 之所以这么设计，是因为非 Exception 异常通常都是由 Python 解释器触发的，它们的行为本质上是正确的，只不过是通过异常的形式来实现而已；而 Exception 异常则是由用户的代码触发，通常是真实的需要用户处理的异常。

在介绍捕获异常时曾经提到过，如果不确定某段代码会抛出什么异常，则使用 Exception 类来捕获。这里要强调的是，不能直接用 BaseException 来代替 Exception，因为 BaseException 会捕获过多的非 Exception 异常，可能导致程序不能正常运行。

2.7.3　自定义异常

日常编程中除了可以使用 Python 内置的异常之外，还可以自定义异常。从本质上而言，自定义异常只要实现一个类，并继承自任意一个现有的异常类即可；而从编程规范上来讲，通常建议直接继承自 Exception 类。具体示例如下：

```
# 自定义异常
class UserDefineError(Exception):
    pass
# 自定义异常使用
try:
    raise UserDefineError("自定义异常")
except UserDefineError as e:
    print(e)
```

从示例代码可以看到，自定义异常非常简单，如果没有特殊的需求，只要继承一个异常类即可，甚至连类的语句内容都可以为空。且自定义异常的使用方式与内置异常是相同的。

2.7.4　异常妙用

前面介绍的都是异常的常规使用方式，此外还可以利用异常的特性来巧妙地实现一些实用的功能。例如，可以利用编码异常的触发来判定具体的字符编码，具体示例如下：

```
def guess_encode(s):
    encodes = ['gbk', 'utf-8']
    for enc in encodes:
        try:
            s.decode(enc)
            print(enc)
            break
        except UnicodeDecodeError:
            pass
    else:
        print('未知编码')
```

上述示例中定义了一个识别字符串编码的函数 guess_encode，它可以接收一个编码后的字符串作为参数，然后输出该字符串具体的编码格式，识别失败则输出内容为：未知编码。

这里就充分利用了字符串解码失败会抛出 UnicodeDecodeError 的机制，通过捕获相应的异常来保证程序不会因解码异常而退出，而是继续尝试下一个解码格式，一旦解码成功则输出编码并退出循环。

另一种场景是利用抛出的异常来确定退出循环，例如，按行循环读取文件内容时，文件读取到最后会抛出结束异常，这时就可以捕获相关异常并优雅地退出循环。具体示例如下：

```
f = open("foo.txt", 'r')

while True:
    try:
        print(next(f))
    except StopIteration as e:
        break

print('文件读取完毕')
```

这里假设已经存在一个名为 foo.txt 的文件，示例中通过 while 循环来按行读取文件中的内容，由于不知道文件何时结束，所以只能通过文件结束时抛出的异常来判定。通过捕获相应的异常可以知道文件已经结束，从而直接退出 while 循环。

这里仅仅演示了一个文件读取结束抛出异常的场景，实际上文件结束时抛出的异常为 EOFError，而这里抛出 StopIteration 异常，则是由于 Python 进行过封装。

最后一个场景则是利用异常的抛出机制在 Python 中实现抽象方法。所谓的抽象方法是指该方法仅定义了一个方法名，而具体的方法体需要在子类中实现，如果子类没有实现它却直接调用则会报错。具体的示例代码如下：

```
class Base:
    def abs_method(self):
        raise NotImplementedError("No sub class implemented")

class Sub(Base):
    pass

Sub().abs_method()
```

这里由于子类 Sub 没有实现父类 Base 的抽象方法，所以在直接调用的时候会抛出 NotImplementedError 异常。这是在 Python 2 版本中用于实现抽象方法的方式，而在 Python 3 的版本中，已经提供了@abstractmethod 装饰器来实现抽象方法了。

2.8　程序调试

关于 Python 程序的调试，在前面介绍 PyCharm 编辑器时已经介绍过，可以通过 PyCharm 提供的 Debug 面板来进行相应的调试操作。但在实际的工作场景中，除了本地需要进行代码调试之外，还有可能需要在没有 PyCharm 的地方进行代码调试。本节将会介绍 Python 的命令行调试工具——Pdb。

Pdb 是 Python Debugger Bridge 的简称，它是 Python 的一个内置模块，无须安装即可直接导入使用。Pdb 可以通过多种方式来使用，如交互式、调用式、注入式。

2.8.1　交互式

交互式指的是通过 Python 交互式解释器命令行来使用 Pdb，可以动态地调试指定的 Python 模块。假设已经存在一个名为 foo.py 的模块，其内容如下：

```
def test():
    print("执行 Pdb")
```

则交互式使用 Pdb 的具体示例如下：

```
>>> import pdb
>>> import foo
>>> pdb.run('foo.test()')
> <string>(1)<module>()
(Pdb) n
执行 Pdb
--Return--
> <string>(1)<module>()->None
(Pdb) n
>>>
```

示例中通过 pdb.run 方法来动态调试指定模块的具体方法，之后会进入 Pdb 调试命令行模式，执行命令 n 完成单步调试的操作，再次执行命令 n 后退出 Pdb 调试命令行模式。

2.8.2　调用式

调用式指的是直接调用 Pdb 模块，同时指定一个待调试的模块作为参数。Pdb 在启动后会执行待调试模块，并直接进入 Pdb 调试命令行模式。具体使用示例如下：

```
>python -m pdb foo.py
> \path\to\foo.py<module>()
-> def test():
(Pdb) n
--Return--
> \path\to\foo.py<module>()->None
-> def test():
(Pdb) test()
执行 Pdb
(Pdb)
```

示例中通过 python -m pdb 的形式来直接调用 Pdb 模块，之后传递一个 foo.py 模块作为参数，程序启动后直接在程序的第一行代码处设置断点，通过调试命令 n 执行单步调试，通过在 Pdb 调试命令行输入函数名 test 来实现手动调用函数的效果。

调用式与交互式的区别在于，调用式不会主动退出 Pdb 调试命令行模式，并且在执行到文件结尾之后也不会退出，而是循环到文件的第一行代码处。

2.8.3　注入式

注入式指的是在代码中提前注入 Pdb 的调试断点，之后正常执行 Python 模块，当代码执行到断点处时就会进入 Pdb 调试命令行模式，没有执行到断点处的代码就不会进入 Pdb 调试命令行模式。代码注入调试断点的示例如下：

```
import pdb

def test():
    print("执行 pdb1")
    print("执行 pdb2")
    pdb.set_trace()
    print("执行 pdb3")
    print("执行 pdb4")
test()
```

示例中导入了 Pdb 模块，并且通过 pdb.set_trace 方法来设置调试断点，当 Python 解释器执行到该行代码时，就会自动进入 Pdb 调试命令行模式。其执行效果如下：

```
>python foo.py
执行 pdb1
执行 pdb2
> \path\to\foo.py_test()
-> print("执行 pdb3")
(Pdb) n
执行 pdb3
> \path\to \foo.py_test()
-> print("执行 pdb4")
(Pdb) c
执行 pdb4
```

可以看到通过 python 命令正常启动脚本后，断点前的代码被执行完之后，才开始进入 Pdb 调试命令行模式。默认会提示当前断点后将要执行的代码，通过执行调试命令 n 来执行单步调试，通过执行调试命令 c 直接执行到文件结束。

2.8.4　Pdb 命令

前面介绍了 Pdb 调试的 3 种使用方式，每种方式都有自己的使用特点，可以根据具体需求来选择使用。任何一种方式在进入调试命令行模式之后，都具有相同的调试功能，这些功能都是通过调试命令来实现的。例如，命令 n 用来执行单步调试，命令 c 用来执行到下一个断点，具体 Pdb 常用的命令如表 2-16 所示。

表 2-16　　　　　　　　　　　　　　　　　Pdb 调试命令

命令	简写	说明	示例
help	h	显示命令帮助内容	h
where	w	显示当前栈所在位置	w
down	d	移到当前栈的下一个栈，即进入调用子栈	d
up	u	移到当前栈的上一个栈，即返回调用主栈	u
break	b	设置一个断点，可以指定文件名、行号或者方法名，默认在当前行设置断点	b foo.py:test b 20
tbreak		设置一个临时断点，只生效一次	tbreak foo.py:20
clear	cl	清除断点设置，可以指定文件名和行号，也可以指定断点号，默认清除全部断点	clear foo.py:8 clear 1 2 3
disable		设置指定断点失效，需要指定断点号	disable 1 2 3
enable		恢复指定断点生效，需要指定断点号	enable 1 2 3
ignore		忽略指定断点，当代码执行时不生效，可以指定不生效的次数	ignore 1 5
step	s	执行当前行，在第一个可以停止的地方停止，当前行有函数调用时会进入子函数；效果同 step into	s
next	n	继续执行直到当前函数的下一行，不会进入子函数进行调试；效果同 step over	n
until	unt	继续执行直到行号大于当前行，或者函数结束；相比于 next 而言，当 until 在循环尾部时可以直接跳过循环，而 next 则不能	until
return	r	继续执行直到当前函数返回	r
continue	c	继续执行直到下一个断点处	c
jump	j	跳到指定行号的代码行	j 3
list	l	输出当前脚本的源码内容，可以指定开始和结束行号。当结束行号小于开始行号时，则结束行号表示为相对行号。不指定则输出全部	l 12,5 13,2
args	a	输出当前函数的参数列表内容	a
print	p	输出具体的表达式（变量）值	p age
quit	q	退出 Pdb 调试模式	q
[!]statement		一行可执行的具体 Python 语句	a = 1; b = 2

　　代码调试是编程过程中必不可少的步骤，各大主流编程语言都提供了自带的调试器程序，更好、更快地通过调试的方式来解决程序问题，是编程人员必修的一门课程。当然在条件允许的情况下尽量选择更高效的方式，有 IDE 时当然要优先选择使用 IDE 的调试功能。

练习题

（1）Python 中可以通过哪些内置函数来查看对象的信息？

（2）Python 中 tuple 和 list 的主要区别有哪些？

（3）计算出 range(10)[3:8:2]返回的内容。

（4）说说/与//的区别。

（5）f-string 格式化方式是 Python 的哪个版本才有的新特性？

（6）说说 globals 和 locals 的区别。

（7）for-else 语句形式中 else 语句块在什么条件下才会执行？

（8）匿名函数支持动态参数吗？

（9）说说静态方法和类方法、实例方法的区别。

（10）哪些异常不能被 Exception 类捕获？

（11）命名空间可以分为哪几类？

（12）给定一个序列 range(100)，要求使用代码过滤出其中的偶数。

（13）给定一个序列 l=[1,2,3,…,100]，要求使用代码删除其中的奇数，且不生成新的列表。

（14）实现一个计算数字阶乘的程序，要求从命令行接收输入数字，并输出计算结果。

第 3 章
Python 进阶

第 2 章已经介绍了 Python 的基础语法知识，在理解和掌握之后就可以开始尝试在日常工作中应用了，例如，写一个脚本来读写文件、实现一个算法等。从本章开始，读者将要学习 Python 的高阶知识，并了解 Python 的相关特性和机制。通过本章的学习，读者可以更好地掌握和运用 Python 语言，达到知其然，更知其所以然的效果。

3.1　特性语法

Python 可以说天生就是为了开发效率而生的，这在 Python 的语法特性中随处可见，很多时候在其他编程语言中非常烦琐的实现，在 Python 中可能只需要一条表达式就可以实现。因此在 Python 中有很多其他编程语言所不具备的特性语法和机制，本节将会逐一介绍这些内容。

3.1.1　Pythonic 编程

Pythonic 编程是 Python 中极致、简捷、高效的编程行为。就如同 Java 编程规范一样，它可以指导用户编写出更加符合 Python 规范和 Python 风格的代码，用一句流行语来描述就是"这很 Python！"。虽然同样的功能可以拥有多种实现方式，但毫无疑问的是，Pythonic 是相对优雅的方式。

Pythonic 并没有官方的规范和手册，但是坊间却收集了众多符合 Pythonic 编程的实践；学习这些实践，可以了解 Python 的编程美学。

1. 变量值交换

变量值交换指的是把两个变量的内容进行互换，在一般编程语句中要实现这个功能，通常需要借助于一个临时变量，而在 Python 中只要一条语句就可以实现。具体示例对比如下所示：

```
a = 3
b = 8


# 普通实现
c = a
a = b
b = c


# Pythonic 实现
a, b = b, a
```

对比示例可以发现，通常需要 3 行代码实现的功能，如果使用 Pythonic 的方式，则仅需一行代码，这就是 Python 编程的魅力所在。

2. 连续赋值表达式

连续赋值表达式支持同时给多个变量赋同一个值，需要统一赋值的变量越多，使用连续赋值表达式就会越简捷。具体的对比示例如下所示：

```
# 普通实现
a = None
b = None
c = None

# Pythonic 实现
a = b = c = None
```

3. 连续比较表达式

连续比较表达式与连续赋值表达式类似，只不过它是用来进行比较判断的。普通的实现方式通常比较晦涩难懂，而 Pythonic 的实现方式则"见码识意"。具体对比示例如下所示：

```
a = 1
b = 3

# 普通实现
if 0 < a and a < b and b < 10:
    print('pass')

# Pythonic 实现
if 0 < a < b < 10:
print('pass')
```

4. 装包与解包

装包与解包又称装箱与拆箱。把多个元素组装成一个序列对象的过程叫装包；把一个序列对象拆成多个元素的过程叫解包。装包的具体对比示例如下所示：

```
l = []
a = 1
b = 2
c = 3

# 普通实现
l.append(a)
l.append(b)
l.append(c)

# Pythonic 实现
l = a, b, c

print(type(l))
```

这里需要注意，通过 Pythonic 方式装包后，生成的序列对象默认是 tuple 类型，如果想要得到其他类型，还需要进行类型转换。解包的对比示例代码如下：

```
l = (1, 2, 3)

# 普通实现
a = l[0]
b = l[1]
```

```
c = l[2]

# Pythonic 实现
a, b, c = l
```

与装包不同的是，通过 Pythonic 方式解包时，序列对象可以是 tuple、list、dict、set 等。但是需要注意的是，dict 只是解包了它的 keys 集合；而 set 是无序的，无法确定解包后具体变量的值。另外，解包时赋值号左边的变量数需要与序列对象的元素个数一致，否则会抛出 ValueError 异常。

此外，装包和解包还有更加高级的用法，可以装包和解包子序列。具体的示例代码如下所示：

```
a = 1
b = [2, 3]
c = 4
l = a, *b, c    # 装包
print(l) # => (1, 2, 3, 4)
k, m, *n = l    # 解包
print(f'{k},{m},{n}') # => 1, 2, [3, 4]
```

示例中的变量 b 是一个列表对象，通过*b 的方式被显式解包并装包到 l 对象中，最终 l 的结果为 (1,2,3,4)；其后的*n 则表示接收 l 对象中的剩余解包元素，最终结果为[3,4]。

5. 布尔值判断

布尔值判断是指判断布尔值的方式，在 Python 中显式的布尔值只有 True 和 False，但是其他数据类型也会有对应的布尔值状态。例如，int 类型中 0 代表 False，非 0 代表 True；str 类型中空字符串代表 False，非空字符串代表 True。因此，有的时候就可以直接对数据类型进行布尔值判断。具体的对比示例如下：

```
s = ""
l = []

# 普通实现
if s == "":
    print('it is empty string')
if len(l) > 0:
    print('it is not empty list')

# Pythonic 实现
if not s:
    print('it is empty string')
if l:
    print('it is not empty list')
```

除了本小节介绍的几种 Pythonic 编程风格之外，Python 中还有很多其他的 Pythonic 编程方式。例如，前面章节介绍过的字符串 join 连接、for-else、try-else、列表切片、成员判定符 in、三元表达式等都属于 Pythonic 编程风格。

本章还会介绍符合 Pythonic 编程的特性，如推导表达式、上下文管理器、迭代器、生成器、闭包、装饰器等。

　　　Pythonic 是一种推荐的 Python 编程风格和实践，虽然没有官方的加持，但已经得到了事实上的认同。如果想更多地了解 Python 的官方编程规范，可以仔细阅读 PEP 8[①]文档，通常符合官方规范的都会符合 Pythonic。

---

① PEP 8：Python Enhancement Proposals 的第 8 章——Python 编码风格指南。

3.1.2　推导表达式

推导表达式又称解析式，是 Python 的一种独有特性。推导式是可以按照指定条件或者进行特定处理后，从一个数据序列构建出另一个新的数据序列的表达式。它和 lambda 表达式类似，只不过是用循环判断实现的一种简化语法形式。Python 中的推导表达式主要有以下 4 种：

- ❑　列表推导表达式
- ❑　字典推导表达式
- ❑　集合推导表达式
- ❑　生成器推导表达式

1. 列表推导表达式

列表推导表达式可以从一个数据序列推导出一个新的列表对象。它的本质是遍历序列中的所有成员，并按照条件或者经过处理后归档到新的列表对象中。其语法格式如下：

```
[表达式 for 变量 in 序列[ if 条件]]
```

其中，if 语句是可选的，如果 if 语句不存在则返回全部成员，如果 if 语句存在则仅返回满足 if 条件的成员。具体的示例代码如下：

```
l = [1, 2, 3, 4, 5, 6]
print(l)
l1 = [i for i in l if i % 2]        # 过滤出奇数元素
print(type(l1), l1)
l2 = [i * 2 for i in l]             # 对全部元素进行乘 2 处理
print(type(l2), l2)
```

上述示例是列表推导表达式最常用的两种形式，新生成的 l1、l2 都是列表对象。其运行后的结果如下：

```
[1, 2, 3, 4, 5, 6]
<class 'list'> [1, 3, 5]
<class 'list'> [2, 4, 6, 8, 10, 12]
```

为了更好地理解列表推导表达式的使用场景，这里假设有一个编程需求：给定一个班级的全部学生名单，要求把这个班级里所有名字是 3 个字的学生查出来。这是典型的数据序列过滤的问题，所以可以直接使用列表推导式来完成，其实现示例如下所示：

```
names = ["张三", "李四", "王麻子"]
print([name for name in names if len(name) == 3])
# 输出 => ['王麻子']
```

2. 字典推导表达式

与列表推导表达式类似，字典推导表达式也是遍历一个数据序列，之后进行条件判断或者处理，但是最后会返回一个字典对象。其语法格式如下：

```
{ 键:值 for 键,值 in 序列[ if 条件]}
```

if 语句是可选的，如果存在，则会过滤出符合条件的子项。与列表推导式不同的是，字典推导式使用花括号，并且需要返回键值对形式的子项，具体示例代码如下：

```
d = {'k1': 1, 'k2': 2, 'k3': 3}
print({k: v for k, v in d.items() if v % 2})     # 过滤值是奇数的子项
# 输出 => {'k1': 1, 'k3': 3}
print({k: v * 2 for k, v in d.items()})          # 给所有子项的值乘 2
```

```
# 输出 => {'k1': 2, 'k2': 4, 'k3': 6}
```

这里假设有另外一个编程需求：给定一个班级学生的语文成绩表，要求输出分数在 80 分及以上的学生姓名和分数。具体实现的示例如下：

```
chinese = {"张三": 60, "李四": 80, "王麻子": 82}
print({name: scores for name, scores in chinese.items() if scores >= 80})
# 输出 => {'李四': 80, '王麻子': 82}
```

3. 集合推导表达式

集合推导表达式生成的序列是一个集合对象，它的语法形式如下：

```
{ 表达式 for 变量 in 序列[ if 条件] }
```

可以看到，集合推导表达式和字典推导表达式很相似，都是使用花括号括起来的，区别仅仅在于返回的是表达式，而不是键值对形式。具体的示例代码如下：

```
l = [1, 2, 3, 4, 3, 5]
print({i for i in l if i % 2})
# 输出 => {1, 3, 5}
print({i for i in l})
# 输出 => {1, 2, 3, 4, 5}
```

从输出结果可以看到，原序列中的重复成员都只保留了一个，这也是集合推导表达式和列表推导表达式的不同之处。例如，给定一个班级的学生名单，要求统计出不重名的学生有多少个。其实现的示例代码如下：

```
names = ["张三", "李四", "王麻子", "李四"]
print(len({name for name in names}))
# 输出 => 3
```

4. 推导表达式嵌套

推导表达式除了上面的常规使用方式之外，还支持嵌套使用，即在推导表达式中支持多次的 for 循环嵌套。对于这个特性，3 种推导表达式都支持，这里仅以列表推导表达式为例来进行介绍。其语法形式如下：

```
[表达式 for 变量 1 in 序列 1 for 变量 2 in 序列 2 for …]
```

理论上来讲，推导表达式支持的 for 循环嵌套和普通的 for 循环嵌套一样，没有具体的层数限制。但由于循环嵌套太多会增加推导表达式的复杂程度，因此在推导表达式中通常也就使用两层循环。

假设有一个编程需求：给定两个序列，要求输出它们的笛卡儿积。那么通过推导表达式循环嵌套的方式实现的示例如下：

```
m = [1, 3, 5]
n = [2, 6]
print([(i, j) for i in m for j in n])
# 输出 => [(1, 2), (1, 6), (3, 2), (3, 6), (5, 2), (5, 6)]
```

推导表达式可以帮助我们非常优雅地对序列进行处理和过滤，同时也能在效率上有所提升；在日常的编程中对于推导表达式可以完成的需求，应当优先使用推导表达式的方式。至于生成器推导表达式，将会在后面的生成器小节进行介绍。

3.1.3　上下文管理器

上下文管理器是 Python 中一个很优雅的特性，它可以帮助我们优雅地完成上下文环境的初始化和清理，使得编程人员无须关注这些细节，把主要精力放在上下文的业务编程上，同时也能提高代码的复用性。

从功能实现上而言，上下文管理器是指拥有__enter__和__exit__方法的对象，并且通常需要和with 语句配合进行使用。上下文管理器的使用示例语法如下：

```
with 上下文管理器[ as 变量|元组]:
    语句体
```

其中，后面的 as 语句是可选的，如果使用了 as 语句，则会把上下文管理器的资源对象赋给后面的变量，而通常就是上下文管理器本身。在 Python 中使用上下文管理器主要有两个作用：管理资源和处理异常。

1. 管理资源

首先来看一个 Python 中经典的上下文管理器使用场景——文件操作。其具体的示例代码如下：

```
with open('foo.txt', 'r', encoding='utf-8') as f:
    print(f.read())
```

这是一个读文件的操作，其中 open 函数返回的对象就是一个上下文管理器，它会被赋值为as 后面的变量 f，而在 with 语句块中则可以直接使用上下文管理器对象。

这里之所以使用上下文管理器，是因为它会帮助编程人员自动地释放已打开的文件句柄，从而避免编程失误而导致的文件句柄资源的泄露。如果不使用上下文管理器的方式，编程人员通常需要使用如下的代码来完成相同的事情：

```
f = open('foo.txt', 'r', encoding='utf-8')
try:
    print(f.read())
finally:
    if f:
        f.close()
```

通过对比可以发现，使用上下文管理器之后，实现相同的功能由原本的 5 行代码缩减到了 2行代码，而这正是上下文管理器的优雅之处。

2. 处理异常

Python 的异常处理在前面的章节已经介绍过，通常都是通过 try-except 语句来捕获异常，而实际上 Python 中还可以通过上下文管理器来处理异常。下面是一个捕获除零异常的具体示例：

```
from contextlib import suppress
with suppress(ZeroDivisionError):
    1 / 0
```

这段代码在执行时不会抛出 ZeroDivisionError 异常，因为 suppress 上下文管理器会捕获到指定的异常，并且直接忽略该异常。同等效果的 try-except 语句实现代码如下：

```
try:
    1 / 0
except ZeroDivisionError:
    pass
```

3. 自定义上下文管理器

除了上面提到的用于读写文件的 open 上下文管理器，Python 中还有很多自带的上下文管理器，如 decimal.Context、threading.Lock 等。它们的使用流程都是先申请资源，再通过资源对象进行操作，最后释放掉申请的资源。

日常工作中也会经常遇到这样的场景，例如，进行数据库操作时，需要先连接数据库，然后通过连接对象进行数据库读写操作，完成任务后释放掉连接对象。此时如果也希望使用 with 语句来管理，那么就需要定义自己的上下文管理器。

想要实现一个上下文管理器，只要定义一个带有 __enter__ 和 __exit__ 方法的类即可。下面是一个最基本的上下文管理器示例：

```
# 定义自定义管理器
class MyContext:
    def __init__(self):
        print('初始化上下文管理器')

    def __enter__(self):
        print('进入管理器')

    def __exit__(self, exc_type, exc_val, exc_tb):
        print('退出管理器')
# 使用自定义管理器
with MyContext():
    print('管理器操作')
```

从示例可以看出，该上下文管理器本质上是一个普通的类，只是需要实现两个特殊方法，其中 __exit__ 方法必须带上指定的参数，以用于接收发生异常时的错误信息，exc_type 是异常对象类型，exc_val 是异常的描述内容，exc_tb 是异常发生的堆栈对象。上述代码执行后的效果如下：

```
初始化上下文管理器
进入管理器
管理器操作
退出管理器
```

从执行结果可以知道，上下文管理器中的 __enter__ 和 __exit__ 方法的具体作用与单元测试框架中的 setup 和 teardown 类似，即用来进行初始化和收尾工作。所以上下文管理器本质上也是在解决代码复用、代码结构优化、代码规范等相关问题。

在前面的 open 上下文管理器示例中使用到了 as 关键字，它主要用来返回上下文管理器的资源对象，而这个资源对象需要在 __enter__ 方法中返回，默认返回的是 None 对象。下面是一个具体的示例：

```
class MyContext:
    def __init__(self):
        print('初始化上下文管理器')

    def __enter__(self):
        print('进入管理器')
        return self

    def __exit__(self, exc_type, exc_val, exc_tb):
        print('退出管理器')

    def print(self):
        print('管理器操作')
```

```
with MyContext() as c:
    c.print()
```

这里返回的 c 对象就是上下文管理器本身，通过 c 对象就可以访问上下文管理器的成员。此外，__exit__ 方法的返回值也是有特殊意义的，默认情况下 with 语句块中如果发生了异常会直接抛出；而如果__exit__ 方法返回 True，则 with 语句块中即使发生异常也不会抛出。具体的示例如下：

```
class MyContext:
    def __init__(self):
        print('初始化上下文管理器')

    def __enter__(self):
        print('进入管理器')
        return self

    def __exit__(self, exc_type, exc_val, exc_tb):
        print('退出管理器')
        return True

    def print(self):
        print('管理器操作')

with MyContext() as c:
    raise ValueError("值错误")
    c.print()
```

上述示例执行的效果如下：

```
初始化上下文管理器
进入管理器
退出管理器
```

执行结果没有抛出任何异常，只是没有执行异常后的语句块内容。如果去掉__exit__ 方法中的 return True 语句，那么将会正常抛出异常。通过该特性就可以实现一个忽略指定异常的上下文管理器，效果等同于 contextlib. suppress 上下文管理器。具体实现代码如下：

```
class IgnoreException:
    def __init__(self, *e):
        self.e = e

    def __enter__(self):
        return self

    def __exit__(self, exc_type, exc_val, exc_tb):
        if exc_type in self.e:
            return True

with IgnoreException(ZeroDivisionError, ValueError):
    raise ValueError("")
    1 / 0
```

示例中定义的 IgnoreException 上下文管理器可以实现忽略指定的异常类型，缺陷是只能忽略具体的异常，不能像 try-except 语句一样通过指定父类异常来同时忽略子类异常。

contextlib. suppress 上下文管理器可以像 try-except 语句一样，忽略指定父类下的子类异常，如果想了解具体是如何实现的，那么保持一颗好奇心去探索它就会有答案，不妨尝试看看它的实现代码。

4. contextlib 库

contextlib 库是与 Python 上下文管理器相关的库，前面介绍的 suppress 上下文管理器就包含在该库下。此外，contextlib 库还包含可以方便定义上下文管理器的装饰器，通过上下文管理器装饰器可以很方便地实现一个上下文管理器，而不必再定义一个类。具体代码示例如下：

```python
from contextlib import contextmanager

@contextmanager
def connection(db_str):
    # 类似__enter__作用的语句块
    print(f'连接数据库[{db_str}]')

    yield None        # 类似__enter__返回语句

    # 类似__exit__作用的语句块
    print(f'关闭数据库连接')
    return True       # 类似__exit__返回语句

with connection('mysql://localhost:3306/dbname') as conn:
print(f'通过[conn]对象进行操作')
```

示例中模拟了一个数据库资源的上下文管理器，把其中的伪代码替换成实际的数据库相关操作即可实现相关功能。这种方式定义的上下文管理器与类方式定义的上下文管理器效果相同，只是这里不再需要定义一个完整的类而已。具体使用哪种方式来定义上下文管理器，可以根据自己的实际情况来确定。对于只处理简单逻辑的上下文管理器，那么就可以使用装饰器方式定义；如果需要处理复杂的逻辑，那么通过类的方式来定义可能会更加合适。

上面两种上下文管理器的实现方式都需要自己定义，contextlib 库还提供了一种不需要定义就可以实现定制上下文管理器的方法——contextlib.closing 上下文管理器。该管理器接收一个支持 close 方法的资源对象作为参数，然后在内部接管该资源对象，并在资源对象使用完之后调用其 close 方法来自动释放资源。其具体使用示例如下：

```python
from contextlib import closing

class Resource:
    def __init__(self):
        print('初始化资源对象')

    def close(self):
        print('关闭资源对象')

with closing(Resource()) as conn:
    print(conn)
```

示例中首先定义了一个带有 close 方法的类，并把该类的实例作为参数传递给 closing 上下文管理器，这样就实现了一个定制的上下文管理器。换句话说，任意一个带有 close 方法的对象都可以通过 contextlib.closing 上下文管理器进行定制。上述示例代码的执行效果如下：

```
初始化资源对象
<__main__.Resource object at 0x009F8DD0>
关闭资源对象
```

其中，<Resource object>就是传递给 contextlib.closing 的自定义 Resource 类的实例对象。通过这种方式，不需要额外的代码就可以快速拥有一个针对特定资源对象的上下文管理器。

3.1.4 迭代器

Python 中迭代器是一个可以进行顺序遍历的序列对象。而从对象特征的角度来看，迭代器必须包含__next__、__iter__方法。与迭代器相似的一个概念叫可迭代对象，它表示该对象支持遍历，但是自身没有接口，需要通过 iter 内置函数转换成迭代器才能进行遍历操作，可迭代对象的特征是都包含__iter__方法。

前面已经介绍过很多支持遍历的序列对象，如 tuple、list、dict、set 等。那么它们到底是迭代器，还是可迭代对象呢？可以用 dir 内置函数来查看对象的成员，具体示例如下：

```
>>> dir([])
['__add__', '__class__', '__contains__', '__delattr__', '__delitem__', '__dir__',
'__doc__', '__eq__', '__format__', '__ge__', '__getattribute__', '__getitem__', '__gt__',
'__hash__', '__iadd__', '__imul__', '__init__', '__init_subclass__', '__iter__', '__le__',
'__len__', '__lt__', '__mul__', '__ne__', '__new__', '__reduce__', '__reduce_ex__',
'__repr__', '__reversed__', '__rmul__', '__setattr__', '__setitem__', '__sizeof__',
'__str__', '__subclasshook__', 'append', 'clear', 'copy', 'count', 'extend', 'index',
'insert', 'pop', 'remove', 'reverse', 'sort']
```

从输出的结果可以看到，list 对象只包含了__iter__方法而不包含_next_方法，所以 list 是一个可迭代对象，并不是迭代器。那么 list 是如何支持遍历的呢？这是因为 for 语句在遍历可迭代对象时，会自动调用 iter 内置函数对其进行转换，之后就会得到一个迭代器对象并对其进行遍历。使用 iter 内置函数对 list 对象进行转换的示例如下：

```
>>> i = iter([])
>>> dir(i)
['__class__', '__delattr__', '__dir__', '__doc__', '__eq__', '__format__', '__ge__',
'__getattribute__', '__gt__', '__hash__', '__init__', '__init_subclass__', '__iter__',
'__le__', '__length_hint__', '__lt__', '__ne__', '__new__', '__next__', '__reduce__',
'__reduce_ex__', '__repr__', '__setattr__', '__setstate__', '__sizeof__', '__str__',
'__subclasshook__']
```

对 list 对象进行转换之后，使用 dir 查看其对象成员，可以发现除了拥有__iter__方法之外，还包含了__next__方法。所以通过 iter 转换后的对象既是一个可迭代对象，也是一个迭代器。对迭代器的遍历操作非常简单，只需调用 next 内置函数进行获取，直到序列成员被遍历完。具体的迭代器遍历细节示例如下：

```
lst = [1, 2]          # 可迭代对象
it = iter(lst)        # 迭代器
print(next(it))       # => 1
print(next(it))       # => 2
print(next(it))       # 抛出 StopIteration 异常
```

通过示例可以了解到，看似简单的 list 成员遍历，其实内部还有很多实现细节；只不过当通过 for 语句进行遍历时，它会帮助编程人员很好地处理这些细节，并且会捕获 StopIteration 异常，

从而优雅地终止遍历。下面是模拟 for 语句实现遍历的完整示例：

```python
lst = [1, 2]
# for 语句方式遍历
for i in lst:
    print(i)

# 模拟 for 语句遍历
it = iter(lst)
while True:
    try:
        print(next(it))
    except StopIteration:
        break
```

想要实现迭代器，除了要包含__iter__、__next__方法之外，还需要实现具体的迭代协议。即__next__方法每次顺序地返回一个结果，并且在所有结果获取结束后，抛出一个 StopIteration 异常。下面是一个自定义迭代器的示例，模拟一个数值列表迭代器：

```python
class NumIterator:
    def __init__(self, num=0):
        self.num = num
        self.index = 0

    def __iter__(self):
        return self

    def __next__(self):
        if self.index < self.num:
            val = self.index
            self.index += 1
            return val
        else:
            raise StopIteration()

num_iter = NumIterator(2)
for i in num_iter:
    print(i)
```

上述示例中定义了一个 NumIterator 类，它接收一个数值参数 num 并返回一个迭代器，该迭代器可以依次迭代 0～num-1 之间的数值，其功能与 range 内置函数的默认使用方式相似。

最后总结一下，可迭代对象支持遍历，但本身没有遍历接口；通过 iter 内置函数转换后可得到迭代器，迭代器可通过 next 内置函数获取序列成员，从而实现遍历的效果。可迭代对象和迭代器的关系示意如图 3-1 所示。

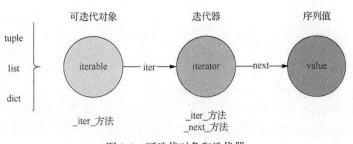

图 3-1　可迭代对象和迭代器

3.1.5 生成器

Python 中生成器也是典型的迭代器。换句话说，生成器是生成迭代器的另一种方式。生成器实现迭代器有以下两种方式：

❑ 生成器函数；
❑ 生成器推导表达式。

1. 生成器函数

首先，生成器函数是指包含 yield 保留字的函数。其中 yield 的作用与 return 类似，用于返回函数结果；与 return 不同的是，yield 在返回结果后不会直接退出函数，而是会保留当时的函数上下文堆栈信息并进入挂起状态。

当外部环境接收到生成器返回的结果后，会进行后续处理操作；并在完成处理之后再次调用生成器对象，此时之前的生成器函数会被唤醒，并恢复之前的上下文场景来继续向下执行函数体内容，直到再次通过 yield 返回或者函数退出。下面是一个模拟数字列表的生成器示例：

```
# 模拟只能返回 2 个数字的列表
def num_list_gen():
    print('进入生成器')
    print('返回 1')
    yield 1
    print('返回 2')
    yield 2
    print('退出生成器')


gen = num_list_gen()          # 创建生成器
print(gen)
# 输出 => <generator object num_list_gen at 0x01179F70>
print(dir(gen))
# 输出 => [..., '__iter__', '__next__', ...]

for i in gen:
    print(f'获取到{i}')
```

该示例中定义了一个 num_list_gen 函数，其函数体内两次通过 yield 来返回结果值，并通过调用该函数来创建一个名为 gen 的对象；示例中输出的信息显示 gen 是一个生成器，并且其成员中包含了__iter__、__next__方法，表明生成器同时也是迭代器。最后通过 for 语句来遍历该生成器对象，得到的执行结果如下：

```
进入生成器        # 生成器内部
返回 1            # 生成器内部
获取到 1          # 生成器外部
返回 2            # 生成器内部
获取到 2          # 生成器外部
退出生成器        # 生成器内部
```

示例运行的结果表明，通过 yield 返回结果后生成器函数会进入挂起状态；之后会执行函数外部代码，直到下次调用生成器；再次被唤醒的生成器函数会继续向下执行代码，并在下一次 yield

语句处返回结果值并再次进入挂起状态；如此反复，直到生成器函数执行结束。具体的生成器遍历交互流程如图 3-2 所示。

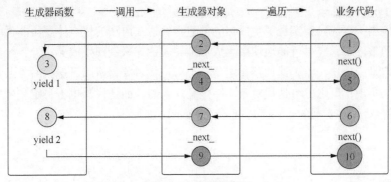

图 3-2　生成器遍历

虽然生成器函数和可迭代对象都可以得到迭代器，但是它们在迭代机制上有所区别。具体而言，生成器属于懒计算方式，即每次迭代时才会去计算当次迭代需要的结果值；而大部分的可迭代对象通常都是把所有可能的结果值一次性计算完成，每次迭代时只是按索引顺序取下一个值而已。

Python 2 中很多的迭代器，如 range、zip、map 等，在 Python 3 中都被替换成了生成器，这正是由于生成器独特的懒计算迭代方式。这对于大数据量的迭代场景非常有用，由于懒计算迭代不会事先生成大量的中间结果并保存在内存中，从而避免了迭代大数据量时出现内存不足的情况。

最后，再使用生成器的方式实现一次数值列表迭代器，具体示例代码如下：

```python
def num_iterator(num=0):
    index = 0
    while True:
        if index < num:
            val = index
            index += 1
            yield val
        else:
            break


num_iter = num_iterator(2)
for i in num_iter:
    print(i)
```

上述示例同样实现了类似 range 内置函数的功能，相比于自定义迭代器的方式，使用生成器的方式代码会更加简洁明了。

2. 生成器推导表达式

生成器推导表达式与生成器函数一样，可以创建生成器，只是使用的是表达式的方式创建。可以把生成器推导表达式理解成快捷版的生成器函数，对于业务场景简单的需求，可以直接使用生成器推导表达式；而对于复杂业务的情况，还是需要通过生成器函数才能实现。生成器推导表达式的语法格式如下：

```
(表达式 for 变量 in 序列[ if 条件])
```

生成器推导表达式的语法与前面介绍过的列表推导表达式一脉相承，只是把外面的方括号换成了圆括号。使用生成器推导表达式来实现数值列表生成器的示例代码如下：

```
num_iter = (i for i in range(2))
for i in num_iter:
    print(i)
```

示例中仅使用一行代码就实现了生成器的创建，表达式语法的优点体现得非常明显，所以在可以实现功能的条件下，应尽可能地使用生成器推导表达式来创建生成器。

生成器肯定是一个迭代器，迭代器肯定是一个可迭代对象，所以可迭代对象通常都可以通过生成器的方式来实现；反之，可迭代对象不一定是迭代器，而迭代器也不一定是生成器，例如，list 就不是通过生成器来实现的。三者之间的关系如图 3-3 所示。

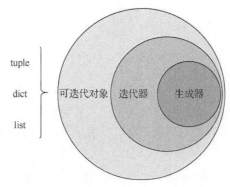

图 3-3　生成器、迭代器与可迭代对象

3.1.6　闭包

闭包（Closure）是 Python 支持的一种特殊语法形式。你很难用文字来对它进行抽象的定义，但是想要理解它也不是很困难的事情，闭包必须同时满足以下几种语法构成。

- ❑　同时拥有外函数和内函数。
- ❑　外函数包含内函数。
- ❑　内函数引用外函数的局部变量。
- ❑　外函数返回内函数的引用。

上述是形成一个闭包的充要条件，缺一不可。从闭包形成的条件可以知道，闭包其实是描述一种内外函数互相包含、引用的形态：外函数中有内函数、内函数中有外函数的变量，从整个形态上来看形成了一种闭合的效果，因此叫作闭包。闭包形态的结构示意如图 3-4 所示。

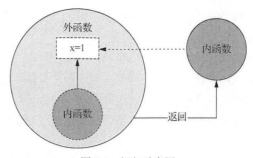

图 3-4　闭包示意图

从示意图可以清晰地看到，闭包天然形成了一个闭合的结构形态。下面看一个典型的闭包结

构的示例代码:

```
def outer(multiplier=1):
    def inner(num):
        return num * multiplier

    return inner


double = outer(2)    # 二倍数闭包
treble = outer(3)    # 三倍数闭包
print(double(3))     # => 3 * 2 = 6
print(treble(3))     # => 3 * 3 = 9
```

示例中定义了一个外函数 outer、内函数 inner,内函数 inner 中引用了外函数 outer 中的局部变量 multiplier,外函数 outer 把内函数 inner 作为返回值,满足了形成闭包的全部条件。

闭包设计本质上也是一种封装,如果把外函数换成类,就会发现这原来是一个标准的类定义,只不过闭包只能包含一个方法,而类可以包含多个方法。下面是用类替换外函数的对比示例代码:

```
class Outer:
    def __init__(self, multiplier=1):
        self.multiplier = multiplier

    def inner(self, num):
        return num * self.multiplier


double = Outer(2)    # 二倍数实例
treble = Outer(3)    # 三倍数实例
print(double.inner(3))    # => 3 * 2 = 6
print(treble.inner(3))    # => 3 * 3 = 9
```

通过对比可以看出,闭包其实是一种比类更加简洁的对象封装的形式,但是闭包和类方法的接口调用形式不一样,所以不可以直接混用。

虽然闭包是通过函数定义的形式来实现的,但是闭包和普通函数还是有区别的。普通函数在调用结束后局部变量就会被回收,而定义闭包函数的被引用变量却不会被回收,这使得闭包中的内函数可以继续使用外函数的局部变量。

闭包之所以能实现这样的功能,是因为闭包比普通函数对象多了一个__closure__属性,该属性保存了一个 tuple,闭包外函数中被引用的局部变量都作为一个成员保存在该 tuple 队列中。在闭包外函数调用结束后,本质上外函数的局部变量随外函数一同被回收了,但是由于闭包对象保存了引用的外函数局部变量,因此可以继续正常使用。查看__closure__属性内容的代码示例如下:

```
def outer(multiplier=1):
    def inner(num):
        return num * multiplier

    return inner


double = outer(2)    # 创建闭包
print(dir(double))
# 输出 => [... '__call__', '__class__', '__closure__', ...]
print(type(double.__closure__), len(double.__closure__))
```

```
# 输出 => <class 'tuple'> 1
print(type(double.__closure__[0]))
# 输出 => <class 'cell'>
print(double.__closure__[0].cell_contents)   # 外函数被引用的第一个局部变量
# 输出 => 2
```

从示例中可以看到，闭包对象是调用外函数返回的结果，通过 dir 可以查看到闭包对象拥有 __closure__ 属性，且 __closure__ 指向一个元组对象。示例中由于只引用了外函数的一个局部变量，所以 __closure__ 的长度为 1；__closure__ 元组的成员是一个 cell 对象，可以通过 cell 对象的 cell_contents 属性来访问具体的引用变量值。

闭包的定义形式和实现机制已经了解了，那么闭包具体可以应用在哪些场景呢？还是以前面的倍数闭包来举例，如果不使用闭包的方式，那么实现二倍数到一百倍数的函数，就需要定义 99 个相似的函数，而通过闭包的方式只需要定义一个函数就可以。

此外，闭包还可以实现偏函数的功能。所谓的偏函数指的是一种辅助函数，即它本身不提供具体业务功能，但是可以帮助编程人员更好地使用具体的业务函数。例如，int 函数可以接收两个参数，第一个是需要被转换的数值字符串，第二个是字符串本身的进制形式，最后 int 会把数值字符串转换成对应的十进制的值。下面是把二进制的数值字符串转换成 int 类型的示例：

```
print(int('1010', base=2))    # => 10
print(int('1111', base=2))    # => 15
print(int('1001', base=2))    # => 9
```

通过示例可以发现，其实 int 的第二个参数在某些场景下可能是不变的，此时就可以通过偏函数来固定第二个参数的值为 2，从而使得对二进制数值字符串进行转换时，不再需要指定数值的进制形式了。具体的偏函数实现和使用示例如下：

```
def partial(func, *args, **kwargs):
    def wrapper(*args_in, **kwargs_in):
        new_args = list(args) + list(args_in)
        kwargs.update(kwargs_in)

        return func(*new_args, **kwargs)

    return wrapper

int2 = partial(int, base=2)    # 创建偏函数闭包
print(int2('1010'))    # => 10
print(int2('1111'))    # => 15
print(int2('1001'))    # => 9
```

示例中创建了一个 base=2 的 int 偏函数闭包——int2，之后通过 int2 对数值字符串进行转换时，会直接使用 base=2 作为补充参数，从而避免每次调用时重复输入参数。

实现上面的偏函数是为了演示闭包的应用场景，实际上 Python 的标准库中已经实现了偏函数，具体为 functools.partial 类，日常编程中如果需要使用到偏函数，请直接使用 Python 标准库来实现。

闭包的理解与使用

3.1.7　装饰器

Python 中装饰器是一个可以对被装饰对象进行修饰的函数。该函数接收一个被装饰对象作为

参数，并返回一个包含被装饰对象的模拟对象，模拟对象通常与被装饰对象具有相同的接口参数和返回内容。装饰器的具体示意如图 3-5 所示。

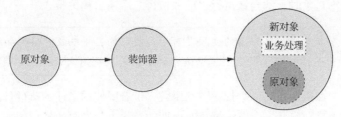

图 3-5　装饰器示意图

装饰器主要用来对被装饰对象进行统一的业务处理，如添加或修改属性、方法、业务操作等。Python 中装饰器主要用来装饰两类对象：一个是函数，另一个则是类。当对函数进行装饰的时候返回的通常是一个函数，当对类进行装饰的时候返回的通常是一个类。

首先来看一个最简单的装饰器示例，具体的代码如下：

```python
def simple_decorator(obj):
    obj.tag_name = 'test'

    return obj
```

这是一个用来打 tag_name 属性标签的装饰器，示例中接收的参数是一个 obj 对象，具体的业务处理是给 obj 对象添加一个 tag_name 属性，最后再返回进行过装饰的 obj 对象。该装饰器的使用示例如下：

```python
@simple_decorator
def foo():
    pass

print(foo.tag_name)    # => test
```

可以看到，使用装饰器时需要使用@加装饰器名称来表示，并直接添加到被装饰对象的上方。上述 simple_decorator 装饰器的作用就是给对象打 tag_name 属性标签，所以装饰后的 foo 对象就直接拥有了 tag_name 属性。

直接返回被装饰对象的装饰器虽然简单，但缺点是只能执行一次业务处理；而如果想要每次操作被装饰对象都进行一次业务处理，那么就需要定义一个稍微复杂点的装饰器。具体示例如下：

```python
def simple_decorator(obj):
    def wrapper():
        print(f'开始执行{obj.__name__}')
        ret = obj()
        print(f'结束执行{obj.__name__}')

        return ret
    return wrapper

@simple_decorator
def foo():
    pass

foo()
foo()
```

这是一个输出执行日志的装饰器，示例中返回的不再是被装饰对象本身，而是返回一个模拟被装饰对象的函数，在该模拟函数中封装了被装饰对象的调用及相关的业务处理。该装饰器的效果是每次调用被装饰对象时，都会在执行之前和执行之后输出相关日志。

 在之前提到过，装饰器的使用是有约定规则的，即参数的接收和返回的对象需要和被装饰对象保持一致，所以上述示例中的装饰器只能用来装饰无参数的函数对象。

那么问题来了，如果现在有一个带参数的函数，也希望使用上述的执行日志装饰器，那么该如何解决呢？笨方法是再定义一个装饰器，其返回的是一个带参数的模拟函数。但这显然不是一个有效的解决方法，因为可能还有带各种参数的其他函数也希望能使用该执行日志装饰器。此时，就可以通过前面介绍过的动态参数来解决此问题，修改后的执行日志装饰器的具体示例代码如下：

```python
def simple_decorator(obj):
    def wrapper(*args, **kwargs):
        print(f'开始执行{obj.__name__}')
        ret = obj(*args, **kwargs)
        print(f'结束执行{obj.__name__}')

        return ret
    return wrapper


@simple_decorator
def foo():
    pass


@simple_decorator
def bar(x, y):
    print(x + y)


@simple_decorator
def zoo(x=1, y=2):
    print(x + y)
```

可以看到，修改后的执行日志装饰器功能更加强大，可以用来装饰各种参数形式的函数对象，甚至包括类方法对象，并且这种形式也是定义装饰器的推荐方式。

1. 带参数的装饰器

在日常编程中经常会把某一固定逻辑封装到一个函数中，然后通过传递参数的方式来灵活地满足不同的场景。在装饰器中也可以应用同样的思想，例如前面给对象打标签的装饰器，默认打的是同一个标签名，如果现在希望根据不同的条件打不同的标签，该怎么实现呢？

笨一点的方法就是再实现几个打标签的装饰器，更好的方法是把打标签的装饰器封装到函数里面，然后通过接收各种标签参数来给对象打不同的标签。优化后的示例代码如下：

```python
def make_tag(tag_name):
    def simple_decorator(obj):
        obj.tag_name = tag_name

        return obj
    return simple_decorator


@make_tag('test1')
```

```
def foo():
    pass

@make_tag('test2')
def bar():
    pass

print(foo.tag_name)    # => test1
print(bar.tag_name)    # => test2
```

从示例中可以看到，在原来的装饰器外面又多了一个函数，装饰器中的标签值由外层函数的参数值决定，因此支持了定制打标签的功能。此外，在使用的时候也要带上相应的参数值，否则装饰器就不能正常地运行。

2. 类的装饰器

到目前为止，介绍的基本都是函数对象的装饰器，其实 Python 中的装饰器也可以用于类对象，只不过由于类对象相对复杂，一般不会像封装函数对象那样封装一个类对象的装饰器。但类装饰器却可以更加灵活地应用，例如可以通过类装饰器来实现单例模式。具体的示例代码如下：

```
def singleton(cls):
    _instance = {}

    def wrapper(*args, **kargs):
        if cls not in _instance:
            _instance[cls] = cls(*args, **kargs)
        return _instance[cls]

    return wrapper

@singleton
class Foo:
    def __init__(self, name):
        self.name = name

py = Foo('Python')
java = Foo('Java')
print(id(py) == id(java)) # => True
print(java.name)          # => Python
```

示例中定义了一个单例装饰器，接收一个类对象作为参数并返回一个函数对象；而当通过类名来实例化时，本质上是在调用返回的函数对象，该函数对象内部判断需要实例化的类是否已经存在实例，如果存在则直接返回实例对象，如果不存在则直接实例化一个，最终会返回一个该类对象对应的实例对象。另外，通过判断两个实例对象的 id 是否一致，可以判断该装饰器是否已经正确地实现了单例模式的功能。

3. 装饰器工具

前面介绍的内容已经覆盖了装饰器的常规定义形式，在日常的编程工作中，可以根据具体的需要来定义各种形式的装饰器。另外，在 Python 的类库中也提供了与装饰器相关的工具，可以更加真实地还原装饰器要模拟的对象。

这里以前面介绍的输出日志装饰器为例，在默认不使用装饰器工具的情况下，装饰器返回的对象信息如下：

```
def simple_decorator(obj):
```

```
    def wrapper(*args, **kwargs):
        print(f'开始执行{obj.__name__}')
        ret = obj(*args, **kwargs)
        print(f'结束执行{obj.__name__}')

        return ret
    return wrapper


@simple_decorator
def foo():
    pass

print(foo.__name__)   # => wrapper
```

可以看到输出的 foo 函数的名称为 wrapper，而不是期望中的 foo。这是因为装饰器实际返回的是 foo 对象的模拟对象 wrapper，并非原来的 foo 对象。这会导致装饰器仅仅在接口层面保持与被装饰对象一致，而在对象属性方面却发生了变化。

为了解决该问题，Python 提供了 functools.warps 装饰器工具，该工具可以自动把被装饰对象的重要属性还原到模拟对象上。具体使用示例如下：

```
from functools import wraps

def simple_decorator(obj):
    @wraps(obj)
    def wrapper (*args, **kwargs):
        print(f'开始执行{obj.__name__}')
        ret = obj(*args, **kwargs)
        print(f'结束执行{obj.__name__}')

        return ret
    return wrapper

@simple_decorator
def foo():
    pass

print(foo.__name__)   # => foo
```

示例中仅添加了一行@wraps(obj)代码，即完成了被装饰对象属性的复制，输出结果已经是期望的 foo 函数名。functools.warps 也是一个带参数的装饰器，它接收被装饰对象作为参数，然后再装饰模拟对象；这样 functools.warps 装饰器就同时获取到了被装饰对象和模拟对象，然后复制被装饰对象的属性到模拟对象上。下面是 functools.warps 装饰器实现原理的伪代码：

```
def wraps(wrapped):
    def wrapper(func):
        func.__name__ = wrapped.__name__
    return wrapper
```

当然，实际上 functools.warps 的源码并非如此简单，除了常用的__name__属性之外，它还复制了'__module__'、'__qualname__'、'__doc__'、'__annotations__'等属性，并更新了__dict__属性内容。

4. 装饰器原理

装饰器是 Python 提供的一种语法糖，可以方便编程人员通过@装饰器名称的方式来优雅地使用；而装饰器本质上还是基于函数特性及闭包机制来实现的，除了通过装饰器语法糖的形式使用，还可以通过普通函数调用的形式来使用装饰器。具体示例代码如下：

```python
def make_tag(tag_name):
    def simple_decorator(obj):
        obj.tag_name = tag_name

        return obj
    return simple_decorator


@make_tag('test1')        # 装饰器语法糖形式
def foo():
    pass


def bar():
    pass
bar = make_tag('test2')(bar)     # 普通函数调用形式


print(foo.tag_name)    # => test1
print(bar.tag_name)    # => test2
```

5. 装饰器与闭包

通过前面的学习，有些读者可能会注意到，装饰器的实现形式和闭包很相似，那么装饰器和闭包到底是什么关系呢？虽然装饰器和闭包在定义形式上很像，但是它们却不存在必然的联系。换句话说，即装饰器和闭包是一种交集的状态，有的装饰器是闭包，有的则不是；有的闭包是装饰器，有的则不是。

在 Python 中装饰器是闭包最典型的应用场景，所以绝大多数情况下的装饰器都是闭包，只有极少数的情况下不是闭包。而闭包的应用在前面也介绍过，除了装饰器，还有偏函数等应用场景。

由于 Python 动态语言的特性，因此在装饰器定义的结构、参数类型、返回值类型等方面并没有做到有效约束。实际上只要定义了带一个参数的函数对象，就可以使用装饰器语法糖，也因此就需要编程人员在定义装饰器时由自己来保证装饰器结构和具体类型的正确性。

装饰器的理解与使用

3.1.8　内省

Python 中内省（introspection）是一种在运行时进行对象检测的机制。这是 Python 非常重要的一个特性，内省机制为 Python 提供了更加灵活的编程方式和广泛的应用场景。通过内省可以在 Python 运行时动态获取对象的信息，包括属性、方法、类型等，还可以动态地导入 Python 模块并获得对象成员。

内省机制在 Python 编程实践中也被广泛运用，尤其是在高阶编程实践中。最常见的就是框架设计与实现中会经常用到内省机制，例如插件及热拔插机制的设计。

此外，Python 在提供内省机制的同时，也提供了很多内省工具，这些内省工具可以帮助编程人员快速地掌握并运用内省机制。这里根据使用场景把 Python 的内省工具分为以下三大类。

❏　信息查询工具。

❏　反射工具。

❑ inspect 模块。

1. 信息查询工具

信息查询类的内省工具可以用来查看对象的属性名、方法名、类型等信息，这类工具通常都是以内置函数的形式提供。信息查询工具主要包括的函数如下。

❑ dir——以列表形式返回对象所拥有的成员名称。

❑ type——返回对象类型名称。

❑ help——返回对象的帮助文档信息。

❑ isinstance——检查对象是否为指定类型及其子类型的实例。

❑ issubclass——检查对象是否为指定类及其子类。

❑ callable——检查对象是否可调用。

❑ id——返回对象的内存地址。

上述的很多内置函数在前面的章节中已经介绍过，这里以一个自定义类作为对象，来演示上述内省工具的使用效果：

```python
class Foo:
    name = 'Python'
    def __init__(self):
        self.age = 12

    def say(self):
        print('Hello Python')


foo = Foo()
print(dir(Foo))
# 输出 => […, 'name', 'say',…]
print(dir(foo))
# 输出 => […, 'name', 'say', 'age'…]
print(type(Foo))
# 输出 => <class 'type'>
print(help(Foo))
# 输出 => Help on class Foo in module __main__: ...
print(isinstance(Foo, object))
# 输出 => True
print(issubclass(Foo, object))
# 输出 => True
print(callable(Foo))
# 输出 => True
print(id(Foo))
# 输出 => 21338472
```

2. 反射工具

反射类的内省工具与查询类不同，这类工具主要用来获取和修改对象成员，如获取、设置、删除对象的成员。反射工具主要包括的内置函数如下。

❑ getattr——获取对象的指定成员的引用。

❑ setattr——给对象设置指定的成员和引用。

❑ delattr——删除对象的指定成员。

这里的成员包括对象属性、方法，并且不区分是否为私有方法。下面的示例具体演示了如何使用上述内省工具函数：

```
class Foo:
    name = 'Python'

    def say(self):
        print('Hello Python')

class Bar:
    pass

attrs = ['name', 'say']
for attr in attrs:
    prop = getattr(Foo, attr)    # 获取 Foo 的指定成员
    setattr(Bar, attr, prop)     # 给 Bar 设置指定成员

print(dir(Bar))
# 输出 => [...'name', 'say'...]
delattr(Bar, 'name')     # 删除 Bar 的 name 成员
print(dir(Bar))
# 输出 => [... 'say'...]
```

示例中定义了 Foo 和 Bar 两个类，然后通过 getattr 来获取 Foo 指定成员的引用，并通过 setattr 把对应的成员引用设置为 Bar 的成员；通过一系列的操作之后，相当于把 Foo 类指定成员的引用设置到了 Bar 类；最后通过 delattr 删除了 Bar 类的 name 成员和引用。

除了动态获取和修改对象成员之外，Python 还提供了动态导入模块的内省工具，通过该工具可以动态加载指定的 Python 模块到内存中，达到热加载的效果。具体示例代码如下：

```
from importlib import import_module

# 导入同目录下的 plugins 模块，等效于 import plugins
plugins = import_module('plugins')
# 导入当前模块自身
main = import_module(__name__)
print(dir(main))
# 输出 => [...'import_module', 'main', 'plugins'...]
```

示例中的 importlib.import_module 方法可以根据模块名称来动态导入模块，由于接收的是模块名称字符串，因此可以通过动态修改字符串的内容来达到导入指定模块的目的。

当然，Python 提供的反射工具的功能还不仅仅如此，除了可以动态导入模块、动态获取和设置对象成员，还可以动态生成类，即在运行时动态地创建一个类，然后给这个类动态地设置成员，之后再实例化动态创建的类。具体的示例代码如下：

```
Foo = type(
        'Foo', # => 创建的类名
        (object,), # => 继承的父类
        {        # => 类成员字典
            "name":"Python",
            "age": 12,
            "say": lambda : "Hello Python"
```

```
            })

print(Foo)
# 输出 => <class '__main__.Foo'>
print(dir(Foo))
# 输出 => [...'age', 'name', 'say'...]
print(Foo.name)
# 输出 => Python
print(Foo.age)
# 输出 => 12
print(Foo.say())
# 输出 => Hello Python
foo = Foo()
print(foo)
# 输出 => <__main__.Foo object at 0x0320A0F0>
```

示例中通过 type 内置函数实现了动态创建类的效果，type 内置函数有多种使用方式，只传递一个对象时，返回的是该对象的类型；这里传递 3 个参数时就会动态创建并返回一个指定的类。

通过 type 动态创建类时，第一个参数指定类名，具体会保存在 __name__ 属性中；第二个参数指定类的父类元组，可以指定多个父类；第三个参数指定类需要附带的成员字典，可以是属性，也可以是方法。当创建成功后会返回该类的引用，通过该引用就可以正常地实例化和访问类成员了。

3. Inspect 模块

Python 为了更充分地使用内省机制，还专门提供了 inspect 内省模块。该模块集合更丰富的内省函数，通过这些函数可以获取到更多有用的内省信息。Inspect 包含的工具主要分为以下四大类：

❑ 类型检查
❑ 获取源码
❑ 类和函数内省
❑ 堆栈内省

类型检查类的工具包含了各种对象类型的检查函数，这些检查方法又分为两类：一类以 is 开头，用于判断对象类型；另一类则以 get 开头，用于获取对象信息。is 开头的具体函数如表 3-1 所示。

表 3-1　　　　　　　　　　　　　判断类型的内省函数

函数	说明	函数	说明
ismodule	检查对象是否为模块	isawaitable	检查对象是否为可等待对象，即是否可以用于 await 表达式
isclass	检查对象是否为类	isasyncgenfunction	检查对象是否为异步生成器函数，async def 定义的生成器函数
ismethod	检查对象是否为方法	isasyncgen	检查对象是否为异步生成器
isfunction	检查对象是否为函数，包括 lambda 表达式函数	istraceback	检查对象是否为堆栈跟踪对象
isroutine	检查对象是否为自定义或内置的方法或函数，不包括带有 __call__ 属性的类对象	isframe	检查对象是否为 frame 对象

续表

函数	说明	函数	说明
isgeneratorfunction	检查对象是否为生成器函数	iscode	检查对象是否为代码对象
isgenerator	检查对象是否为生成器	isbuiltin	检查对象是否为内置函数或者方法
iscoroutinefunction	检查对象是否为协程函数，即使用 async def 定义	isabstract	检查对象是否为抽象基础类
iscoroutine	检查对象是否为协程，即由协程函数返回	ismethoddescriptor	检查对象是否为方法描述符
isdatadescriptor	检查对象是否为数据描述符	isgetsetdescriptor	检查对象是否为取值设值描述符
ismemberdescriptor	检查对象是否为成员描述符		

上述表格中所列的函数基本涵盖了各种类型的 Python 对象的检查，本质上这些方法都是基于 isinstance 内置函数并配合 types 模块来实现的。例如，isfunction 函数具体的实现代码如下：

```
import types

def isfunction(obj):
    return isinstance(obj, types.FunctionType)
```

以 get 开头的可以用于获取对象信息和源代码信息的内省函数，可以轻松获取对象的成员、文件、模块、源代码等信息。获取源代码的内省函数如表 3-2 所示。

表 3-2　　　　　　　　　　　　获取源码的内省函数

函数	说明	函数	说明
getdoc	获取对象的文档字符串	getcomments	获取对象的注释信息，每行注释作为一个独立字符串
getfile	获取定义对象的文件名	getmodule	获取定义对象的模块
getsourcefile	获取定义对象的源码文件名	getsource	获取对象的源码文本
getsourcelines	获取定义对象的源码行列表，以及源码开始行号		

这里将以函数为例来演示上述内省函数的使用，具体示例代码如下：

```
import inspect

# 函数注释
def foo():
    """
    这是一个演示内省的函数
    """
    # 空行注释
    pass    # 这是行尾注释


print(inspect.getdoc(foo))
# 输出 => 这是一个演示内省的函数
print(inspect.getcomments(foo))
```

```
# 输出 => 函数注释
print(inspect.getfile(foo))
# 输出 => /path/to/foo.py
print(inspect.getmodule(foo))
# 输出 => <module '__main__' from '/path/to/foo.py'>
print(inspect.getsourcefile(foo))
# 输出 => /path/to/foo.py
print(inspect.getsource(foo))
# 输出 =>
# def foo():
#     """
#     这是一个演示内省的函数
#     """
#     # 空行注释
#     pass    # 这是行尾注释
print(inspect.getsourcelines(foo))
# 输出 =>
# ([
# 'def foo():\n',
# '    """\n',
# '    这是一个演示内省的函数\n',
# '    """\n',
# '    # 空行注释\n',
# '    print(11)\n',
# '    pass    # 这是行尾注释\n'
# ],
# 4)
```

通过上述示例可以了解到各函数获取到的具体对象信息，其中有几点需要注意：getcomments 获取的是在类、函数、方法定义之上的注释信息，并不会返回对象内部的注释信息；而 getsource 返回的源码也不会包括函数外部的注释；getsourcelines 获取的是分割之后的源码内容，以及对象第一行源码所在的行号。

接下来要介绍的是用于类和函数检查的内省工具。这类内省函数可以获取对象的结构信息，如函数参数名和值、类的继承查找顺序等。具体的函数如表 3-3 所示。

表 3-3　　　　　　　　　　　　　　　类和函数检查内省函数

函数	说明	函数	说明
getclasstree	返回给类列表的结构树	getargspec	获取函数的参数名和默认值
getfullargspec	获取函数的参数名和默认值	getargvalues	获取 frame 的参数值
formatargspec	对获取的参数对象进行格式化	formatargvalues	对获取的参数值对象进行格式化
getmro	获取类的继承顺序	getcallargs	获取函数调用参数
getclosurevars	获取函数对象的外部引用值，如闭包、全局变量	unwrap	获取装饰器的被包装对象，functools.warps 的反向操作

上表中的内省函数在日常编程中大部分都不会使用到，这些内省函数更像是用于辅助 Python 解释器开发和调试的。以 getfullargspec 函数为例的示例代码如下：

```
import inspect

def foo(a, b=2, *args, **kwargs):
    pass

print(inspect.getfullargspec(foo))
# 输出 =>
# args=['a', 'b'],
# varargs='args',
# varkw='kwargs',
# defaults=(2,),
# kwonlyargs=[],
# kwonlydefaults=None,
# annotations={})
```

示例中定义了一个函数，且为该函数添加了各种类型的参数，通过 getfullargspec 函数可获取全部的函数参数信息，包括位置参数、关键字参数、动态参数的名称及默认值。

最后要介绍的是堆栈的内省工具。这类内省函数可以动态获取堆栈对象，并获取堆栈对象的相关跟踪信息。具体的函数如表 3-4 所示。

表 3-4　　　　　　　　　　堆栈检查内省函数

函数	说明	函数	说明
currentframe	获取当前位置的栈帧对象	getframeinfo	获取栈帧或回溯对象的信息
getouterframes	获取指定帧及其所有外部帧的帧记录列表	getinnerframes	获取回溯帧和所有内部帧的帧记录列表
stack	返回当前堆栈的帧记录	trace	返回当前帧与异常帧之间的记录

表 3-4 中的内省函数主要用于获取栈帧对象，以及栈帧对象的执行记录。具体的使用示例代码如下：

```
import inspect

def foo():
    print(inspect.stack())
    # => 输出
    # [
    # FrameInfo(..., lineno=4, function='foo', ...),
    # FrameInfo(..., lineno=9, function='bar', ...),
    # FrameInfo(..., lineno=12, function='zoo', ...),
    # FrameInfo(..., lineno=14, function='<module>', ...)
    # ]

def bar():
    frame = inspect.currentframe()
    print(inspect.getframeinfo(frame))
    # 输出 =>
    # Traceback(
    #     filename='/path/to/foo.py',
    #     lineno=8,
    #     function='bar',
    #     code_context=['    print(inspect.getframeinfo(frame))\n'],
```

```
    #      index=0
    # )
    foo()

def zoo():
    bar()

zoo()
```

示例中定义了 3 个函数且它们连续调用，在 bar 函数中获取了栈帧对象并输出了信息，栈帧的信息主要包括：所在的文件名、行号、函数名、上下文代码列表及当前行在列表中的索引位置。而在 foo 函数中则获取并输出了到当前帧为止的全部栈记录，从结果可以知道，帧记录一直追溯到了最顶层的执行模块。

4. 原生内省信息

Python 中之所以能通过内省函数获取很多的对象信息，是因为这些信息本来就存在于对象的特定属性中，而这些属性所保存的就是原生内省信息。以函数对象为例，直接获取原生内省信息的示例代码如下：

```
def foo(a, b=2, *args, **kwargs):
    pass

print(foo.__code__.co_name)              # 函数名称
# 输出 => foo
print(foo.__code__.co_filename)          # 对象所在文件名称
# 输出 => /path/to/foo.py
print(foo.__code__.co_firstlineno)       # 对象第一代码行号
# 输出 => 1
print(foo.__code__.co_varnames)          # 参数名信息
# 输出 => ('a', 'b', 'args', 'kwargs')
print(foo.__code__.co_argcount)          # 参数的数量
# 输出 => 2
print(foo.__defaults__)                  # 固定参数默认值
# 输出 => (2,)
print(foo.__kwdefaults__)                # 动态参数默认值
# 输出 => None
```

Python 中内省是一套完整的机制，具体包括导入外部代码的接口、保存对象原生内省信息、提供获取内省信息的内省函数。由于 Python 提供了大量的原生内省信息和接口，所以 Python 的内省机制非常灵活和强大。

常规的内省使用场景

3.1.9 语法糖

任何一门计算机语言想要实现完整的功能，首先都要实现一套基本的语法规则，如变量定义与赋值、表达式计算、控制语句、循环语句、函数、注释等。而现代计算机语言除了包含这些基本语法之外，通常还会提供一些额外的高级语法，这些语法就是所谓的语法糖。

语法糖对语言本身的功能不会有影响，但是更便于程序员使用。通常来说，使用语法糖能够增加程序的可读性和提高编程效率，并减少程序代码出错的机会。

一般情况下可以把语法糖理解为基本语法之上的语法，因为最终语法糖在真正执行之前都会被转换成基本语法的形式。也就是说，语法糖本质上是一层语法糖衣，而糖衣之下包裹的还是基本的语法形式，只是对编程人员而言多了一些新的语法而已。

Python 作为现代编程语言，并且一贯以优雅著称，因此也包含了很多的语法糖。实际上 3.1.1 小节介绍的内容基本都属于 Python 的语法糖。具体的语法糖清单如表 3-5 所示。

表 3-5　　　　　　　　　　　　　　　Python 语法糖清单

语法糖	示例
变量交换	a, b = b, a
连续赋值	a = b = c = 1
连续比较	1 < b < c < 10
切片	[1, 2, 3, 4][1:3]
列表运算符重载	[1, 2] + [3, 4]
字符串运算符重载	'-' * 20
with 表达式	with open(fname) as f: pass

for-else 表达式	for i in range(3):
	　print(i)
	else:
	　pass

while-else 表达式	while n > 1:
	　print(n)
	else:
	　pass

try-else 表达式	try:
	　1 / 0
	else:
	　pass

lambda 表达式	lambda x: x * 2
yield 表达式	def foo(): yield 1
列表推导表达式	[i * 2 for i in range(10)]
字典推导表达式	{i: i * 2 for i in range(10)}
集合推导表达式	{i * 2 for i in range(10)}
生成器推导表达式	(i * 2 for i in range(10))
函数动态参数	def foo(*args, **kwargs): pass
装饰器	@staticmethod def foo(): 　print('Hi, Python')

表 3-5 仅列出了常用的 Python 语法糖，还有很多其他的语法糖需要读者自己去发现并学习使用。总而言之，那些非必要但是用了会更好的语法，通常都是以语法糖形式存在的。

3.1.10　魔法方法与属性

在介绍类的私有成员时提到有一种系统保留的私有成员命名方式，即以双下划线开头和结尾的方式来命名私有成员。这类私有成员之所以是系统保留的，是因为它们在 Python 中通常都有特殊的作用，并统称为魔法属性或魔法方法。

为了更加清晰地理解魔法属性和魔法方法的特点和作用，首先来看一个输出对象的示例，具体代码如下：

```
class Foo:
    pass


print(Foo())
# 输出 => <__main__.Foo object at 0x01228D90>
```

示例中输出的对象信息比较粗糙，直接显示了原生的模块名称和类名，那么如果希望能输出定制的内容，该如何实现呢？请看修改后的代码：

```
class Foo:
    def __str__(self):
        return "我的名字是 Foo"


print(Foo())
# 输出 => 我的名字是 Foo
```

从示例中可以看到，只要给类添加一个 __str__ 方法并返回定制内容，再次通过 print 输出时就会显示该定制信息了。之所以能够实现这样的效果，是因为 print 函数在输出非字符串对象时，都会先使用 str 内置函数来进行转换，然后再输出 str 内置函数返回的字符串内容；而 str 内置函数在转换对象时，会直接调用对象的__str__方法，因此直接重写__str__方法就可以达到定制对象输出内容的效果。

同样，其他的魔法方法和魔法属性也都有类似的作用。Python 魔法属性清单如表 3-6 所示，Python 魔法方法清单如表 3-7 所示。

表 3-6   Python 魔法属性清单

魔法属性	说明
__dict__	存储对象的方法和属性的字典
__module__	存储对象定义所在的模块名
__file__	存储对象定义所在的文件信息
__name__	存储对象的名称：类返回类名，模块返回模块名
__doc__	存储对象的说明文档
__class__	存储对象对应的类名
__slots__	存储类可以定义的属性元组
__hash__	存储对象的 Hash 值
__code__	存储函数的代码块对象
__defaults__	存储函数的关键字参数默认值
__kwdefaults__	存储函数的动态参数默认值
__closure__	存储函数的闭包信息对象

表 3-7   Python 魔法方法清单

魔法方法	说明
__str__	返回对象描述信息，用于 str 内置函数调用

魔法方法	说明
__repr__	返回对象标准字符描述信息，用于 repr 内置函数调用
__dir__	返回对象成员名称列表，用于 dir 内置函数调用
__call__	执行对象调用操作，存在于可调用对象内，如函数
__setattr__	执行对象成员的赋值操作，用于 setattr 内置函数调用
__delattr__	执行对象成员的删除操作，用于 delattr 内置函数调用
__getattribute__	执行对象成员的获取操作，用于 getattr 内置函数调用
__getattr__	当获取的对象属性不存在时，调用该方法
__setitem__	执行容器对象的成员设置，如 d['name']=foo
__getitem__	执行容器对象的成员获取，如 d['name']
__delitem__	执行容器对象的成员删除，如 del d['name']
__missing__	当字典容器对象获取的成员不存在时调用
__setslice__	执行容器对象切片赋值，如 l[2:3]
__getslice__	执行容器对象切片取值，如 l[2:3]=2
__delslice__	删除容器对象切片内容，如 del l[0:2]
__contains__	当容器对象执行成员判断时调用，如 x in d
__len__	返回容器对象成员的长度，用于 len 内置函数调用
__iter__	返回容器对象对应的迭代器，用于 iter 内置函数调用
__next__	返回迭代器对象的下一个成员，用于 next 内置函数调用
__new__	类实例化时的构造方法
__init__	类实例化时的初始化方法，在构造方法之后执行
__del__	类实例删除时的析构方法
__enter__	上下文管理器进入时调用
__exit__	上下文管理器退出时调用
__eq__	等于运算符实现方法，如 5 == 3
__ne__	不等于运算符实现方法，如 5 != 3
__lt__	小于运算符实现方法，如 5 < 3
__gt__	大于运算符实现方法，如 5 > 3
__add__	加法运算符实现方法，如 5 + 3
__sub__	减法运算符实现方法，如 5 - 3
__mul__	乘法运算符实现方法，如 5 * 3
__truediv__	除法运算符实现方法，如 5 / 3
__mod__	取模块运算符实现方法，如 5 % 3

　　上述两张表中列出了很多日常编程时会使用到的魔法属性和魔法方法，这些魔法成员是由 Python 解释器自动调用的，作为编程人员通常是没有感知的。但是当希望能改变 Python 的某些默认行为或者输出时，通常对魔法方法进行重写是一种不错的选择。

　　默认情况下定义类的时候是不需要额外实现魔法方法的，当期望对象支持 Python 的某些特性时，才需要考虑实现具体的魔法方法。例如，希望自定义的对象支持加法运算，那么就需要实现__add__魔法方法。具体示例代码如下：

```python
class Num:
    def __init__(self, val):
        self.val = val

    def __add__(self, other):
        self.val += other.val

        return self

    def __str__(self):
        return str(self.val)

m = Num(1)
n = Num(3)
k = m + n
print(k) # => 4
```

示例中定义了一个 Num 类，为了让 Num 类支持加法运算，实现了__add__魔法方法，并在魔法方法中实现了加法运算的具体逻辑；同时，为了能够直接输出 Num 的值，实现了__str__魔法方法并返回对象当前值。

Python 中的魔法属性和魔法方法是非常有用的知识点，它们可以实现一些类似 hack 的功能。通过魔法属性可以获取到对象的内省信息，但切记不要修改它们；而通过魔法方法的重写则可以改变 Python 的一些默认行为。

魔法属性的理解
与使用

3.2 并发编程

创造 Python 的初衷是快速和优雅地编程，在早期的 Python 版本中并没有过多地考虑执行效率和并发性能的问题，也因此使得 Python 在执行效率上被人诟病；尤其是随着 Python 的应用越来越广泛，以及近年来在大数据、人工智能方面的应用，人们对 Python 的性能有了更高的需求。

为了解决执行效率问题，Python 的开发者们进行了很多的努力和尝试，并且在新发布的 Python 版本中，或多或少都对性能进行过优化。而作为编程人员，为了提高执行效率，也可以从业务层面来进行优化，即合理地使用并发编程技术。

3.2.1 多进程

进程是计算机系统进行资源分配和调度的基本单位。换句话说，计算机中的程序都是以进程为维度来运行的，通常启动一个程序就是启动一个进程。如果把单进程运行比作一个工人执行一项任务，那么多进程就是多个工人执行一项任务。

多进程设计的初衷是解决计算机资源空闲及程序串行运行效率低的问题。现代的计算机硬件和操作系统都支持多进程机制及相关接口，因此通过 Python 就可以直接实现多进程的任务场景。

1. 多进程实现

Python 中想要实现多进程，需要借助 multiprocessing 模块，该模块是 Python 的标准库，无须安装即可直接使用。Python 中直接实现多进程主要有以下 3 种方式。

- ❑ 通过 Process 直接运行目标函数。
- ❑ 继承 Process 并实现 run 方法。
- ❑ 通过 Pool 实现进程池运行目标函数。

首先来看第一种实现方式，其具体示例如下：

```python
from multiprocessing import Process
import os

def foo(name):
    print(f'name: {name}')
    print(f'parent process id: {os.getppid()}')
    print(f'sub process id: {os.getpid()}')

if __name__ == '__main__':
    print(f'parent process id: {os.getpid()}')
    p = Process(target=foo, args=('bob',))
    p.start()
    p.join()

# 输出 =>
# parent process id: 18676
# name: bob
# parent process id: 18676
# sub process id: 9856
```

示例中定义了一个普通的函数，并在函数体内输出了参数值、父进程 id 和子进程 id。

在主模块中实例化 Process 类时传递运行的目标函数及所需参数，之后通过创建的多进程实例的 start 方法启动子进程。从执行的输出结果可以看到，父进程和子进程拥有不同的进程 id，因此也说明已经实现了多进程。

这里需要说明的是，多进程实例的 join 方法用于阻塞主进程继续执行，直到对应的子进程运行结束。换句话说，当主进程中的代码执行到 p.join() 时，主进程会判断 p 实例对应的子进程是否执行结束。如果子进程没有结束，那么主进程会自动挂起，等子进程结束后才会继续执行主进程的代码。

作为新手，在日常编程中经常会因为 join 方法的错误使用而导致多进程使用错误。具体而言，就是在实例有多个子进程时 join 的位置使用不当。具体见示例代码：

```python
from multiprocessing import Process

def foo(num):
    print(num)

if __name__ == '__main__':
    mp = []
    for i in range(5):
        p = Process(target=foo, args=(i,))
        mp.append(p)
```

```
        p.start()
        p.join()        # 错误，会阻塞主进程进入下一次循环

    for p in mp:
        p.join()        # 正确
```

示例中 join 方法在不同处调用时，程序的运行效果是不一样的。当在错误的地方使用了 join，则所有子进程都是在顺序执行，输出的数字是顺序递增的；而当正确使用 join 时，所有子进程才是并发执行，输出的数字是乱序的。

继承 Process 类是另一种实现多进程的方式，这种方式相比于直接运行目标函数，优点在于可以实现更丰富的功能，具体示例代码如下：

```python
from multiprocessing import Process
import os

class Foo(Process):
    def __init__(self, name):
        super().__init__()
        self.name = name

    def run(self):
        print(f'name: {self.name}')
        print(f'sub process: {os.getpid()}')

if __name__ == '__main__':
    print(f'parent process: {os.getpid()}')
    p = Foo('bob')
    p.start()

# 输出 =>
# parent process: 48424
# name: bob
# sub process: 38724
```

示例中定义了一个 Foo 类，该类继承自 Process，并且重写了父类的 run 方法；而在主模块中则直接实例化自定义的 Foo 类，之后通过实例对象的 start 方法启动子进程，最终达到了与第一种方式相同的效果。

最后，还可以通过进程池的方式来快速实现多进程。通过前面两种方式实现多进程时，子进程的最大并发数量需要编程人员自己维护；否则可能会导致子进程启动太多，资源被耗尽的情况。Python 提供的进程池 Pool 类就可以很好地解决该问题，其具体的使用示例如下：

```python
from multiprocessing import Pool

def foo(num):
    print(num)

if __name__ == '__main__':
    with Pool(5) as p:
        p.map(foo, range(100))
```

示例中先定义了一个函数，之后在主模块代码中实例化了 Pool 类；传递的参数 5 表示实例化一个最大并发进程数为 5 的进程池；最后通过进程池实例的 map 方法来启动多进程，map 方法的第一个参数为定义的目标运行函数，第二个参数为目标运行函数的参数序列，序列中的每一个成

员都是函数运行所需的一组参数。

2．子进程对象成员

通过 Process 类创建的子进程实例，除了 start、join 方法之外，还包含一些其他有用的属性和方法，通过这些属性和方法，可以实现对子进程的操作。

常用的子进程实例方法有 is_alive、kill、terminate 等；常用的子进程属性有 daemon、pid、exitcode、name 等。具体的使用示例代码如下：

```
from multiprocessing import Process

def foo(x):
    print(x)

if __name__ == '__main__':
    p = Process(name='demo', target=foo, args=(1,))
    # 设置为守护进程，默认为 False
    p.daemon = True
    # 启动子进程
    p.start()
    # 输出子进程名称
    print(p.name)
    # 输出子进程 id
    print(p.pid)
    # 判断子进程是否存活
    print(p.is_alive())
    # 终止子进程
    p.kill()
    # 终止子进程
    p.terminate()
    # 输出子进程退出码
    print(p.exitcode)
    # 关闭 Process 对象，释放其占用的资源
    p.close()
```

示例中的 daemon 属性需要在 start 方法之前设置，否则不会生效；当 daemon 属性设置为 True 时表示该子进程为守护进程，即该子进程不会阻塞主进程的退出，而默认情况下（False）主进程在退出之前会等待子进程先结束。

示例中的 kill 和 terminate 都是终止子进程，只不过在 UNIX 系统上使用的终止信号不同而已。需要注意的是，终止子进程时不会同时终止它的后代进程；且如果该子进程在被终止时没有释放已获取的锁或者信号量，那么将可能导致其他进程的死锁。

最后，子进程对象还有一个 run 方法，但通常只是用来重写而不会直接去调用，run 方法的调用是通过调用 start 方法来间接实现的。

3．进程间通信

多进程场景中一般执行的都是同一项任务，因此进程之间往往需要互相通信，以满足进程间的协作，如数据共享或者信息传输。

Python 中实现进程间通信的方式有很多，如队列、管道、信号量、共享内存等。当然最常用的还是队列，队列是类似列表的序列对象，但是队列的成员只能从一边进，然后从另一边出，且

符合先进先出的原则。

Python 的 multiprocessing 模块提供了多进程通信的队列类 Queue。下面是具体示例代码：

```
from multiprocessing import Queue

# 定义一个最大长度为 3 的队列
q = Queue(3)
# 通过 put 方法添加成员
q.put(1)
q.put(2)
q.put(3)
# 判断队列是否已满
print(q.full())        # => True
# 获取队列当前大小
print(q.qsize())       # => 3
# 通过 get 方法获取成员
print(q.get())         # => 1
print(q.get())         # => 2
print(q.get())         # => 3
# 判断队列是否已空
print(q.empty())       # => True
```

需要注意的是，示例中队列的 put 和 get 方法默认都是同步阻塞机制，当队列已满或为空时会阻塞进程向下执行代码；如果不希望有阻塞行为，就需要在调用 put 和 get 方法时传递 block 参数并设置为 False，同时还可以指定 timeout 参数并设置等待超时时间。

下面以队列为例演示如何实现进程间通信，具体示例代码如下：

```
from multiprocessing import Process, Queue

def foo(q):
    val = q.get()
    while val:
        print(val)
        val = q.get()

if __name__ == '__main__':
    q = Queue()
    p = Process(target=foo, args=(q,))
    p.start()
    for val in [1, '0', False, 1.1]:
        q.put(val)
    p.join()
```

示例中的代码通过队列实现了主进程与子进程之间的通信；主模块中首先实例化了一个队列 q，并在之后实例化多进程时作为参数传递过去；至此主进程和子进程中都有了队列实例 q，后面进程间的通信则主要围绕操作队列实例来实现；主进程负责向队列添加成员，子进程则负责从队列中获取成员。

思考

在上面示例中实现的是进程间的单向通信，那么如果希望实现双向通信该怎么做呢？最简单的方式是创建两个队列实例，一个负责接收，另一个则负责发送。当然还可以选择使用管道的方式来实现双向通信。

4. 进程锁

多进程执行同一项任务时经常会操作同一个资源，例如修改同一个字段内容；而如果有一个以上进程同时修改同一字段就容易出现错误结果。通常在多进程编程中使用锁来避免这种情况。

具体而言，多个进程虽然同时在执行任务，但是当需要访问临界资源时需要提前获取到锁，没有获取到锁之前只能等待锁的释放；通过锁可以很好地解决同一时间多个进程之间的资源竞争问题。

Python 中多进程使用的锁也存放在 multiprocessing 模块下，只要直接导入即可使用。具体的使用示例如下：

```python
from multiprocessing import Process, Lock

def buy(i, lock):
    lock.acquire()
    with open('product', 'r') as fr:
        num = int(fr.read())
    if num > 0:
        num -= 1
        print(f'子进程{i}抢购成功! ')
    else:
        print(f'子进程{i}抢购失败! ')

    with open('product', 'w') as fw:
        fw.write(str(num))
    lock.release()

if __name__ == '__main__':
    lock = Lock()
    for i in range(10):
        p = Process(target=buy, args=(i, lock))
        p.start()
```

示例中定义了一个抢购函数 buy，每当有子进程抢购成功，就会相应地减去一个数量；具体的商品数量则存储在一个叫 product 的本地文件中；主模块代码中首先实例化了多进程锁对象，之后启动了 10 个子进程并同时把锁对象传递给子进程。

在执行具体的抢购操作时，每一个子进程都需要先通过锁对象的 acquire 方法申请锁，只有当申请锁成功之后才可以减少商品的数量，在完成该操作之后需要通过锁对象的 release 方法来释放锁，否则其他子进程会一直等待锁的释放，从而导致其他子进程发生死锁。

根据抢购的正确场景，当商品数量小于抢购参与数时，最终抢购成功的数量以商品数量为准；当商品数量大于或等于抢购参与数时，最终抢购成功的数量则以抢购参与数为准。读者可以通过自行设置 product 文件中的商品数量和多进程的数量来验证抢购的结果，同时也可以通过注释掉与锁相关的代码，来查看不用锁的时候抢购的具体结果。

提示　　上述多进程示例代码仅仅用于演示效果，正常的业务代码还需要提高代码的健壮性，否则当代码执行异常时会导致锁资源没有释放，从而导致其他进程的死锁问题。

在介绍上下文管理器时，提到过对于既需要申请又需要释放的场景，使用上下文管理器是最合适的，而多进程的锁对象也实现了上下文管理器的接口，所以上面的抢购函数代码可以修改为如下内容：

```
def buy(i, lock):
    with lock:
        with open('product', 'r') as fr:
            num = int(fr.read())
        if num > 0:
            num -= 1
            print(f'子进程{i}抢购成功！')
        else:
            print(f'子进程{i}抢购失败！')

        with open('product', 'w') as fw:
            fw.write(str(num))
```

3.2.2　多线程

多线程是与多进程类似的并发技术，与多进程相比，多线程更加轻量级。多进程在每次创建子进程时都会复制一份自身的全部信息，包括数据资源和执行单元；而问题则在于多个进程之间的数据资源是相同的，但是在创建子进程时又不可避免地重复复制，从而导致多进程场景下对计算机资源的浪费。

多线程的提出正是为了解决多进程资源消耗大的问题，在使用多线程技术时，每次创建一个子线程时只会创建一个新的执行单元，而不会再复制重复的数据资源，因此实现了多线程共享同一套进程资源的目的。另外，由于创建/切换子线程消耗的时间比创建/切换子进程要更短，也实现了效率上的提升。

1. 多线程实现

同样，Python 也为多线程提供了标准库 threading，通过该模块下的 Thread 类即可实现多线程效果。多线程的具体使用方式与多进程类似，主要包括以下 3 种。

❑　直接通过 Thread 运行目标函数。
❑　继承 Thread 类并实现 run 方法。
❑　使用线程池启动多线程。

多线程直接运行目标函数的方式与多进程的类似，具体的示例代码如下：

```
from threading import Thread


def foo(name):
    print(f'线程{name}')


if __name__ == '__main__':
    for i in range(5):
        t = Thread(target=foo, args=(i,))
        t.start()
```

通过示例可以发现，多线程和多进程的代码基本一致，只是具体模块换成了多线程模块而已。第二种实现多线程的方式是继承 Thread 类，其示例代码如下：

```
from threading import Thread


class Foo(Thread):
    def __init__(self, name):
```

```
        super().__init__()
        self.name = name

    def run(self):
        print(f'线程{self.name}')

if __name__ == '__main__':
    ts = []
    for i in range(5):
        t = Foo(i)
        t.start()
        ts.append(t)
```

上述代码与多进程的继承实现方式也基本一致，但是在功能支持上继承方式的多线程会更加灵活，例如，可以与子线程进行自定义的交互。具体示例如下：

```
import time
from threading import Thread

class Foo(Thread):
    def __init__(self, name):
        super().__init__()
        self.name = name
        self.is_stop = False

    def run(self):
        while not self.is_stop:
            print(f'线程{self.name}')
            time.sleep(1)

    def stop(self):
        self.is_stop = True

if __name__ == '__main__':
    t = Foo(1)
    t.start()
    t.stop()
```

示例中新增了一个 stop 方法，用来通知子线程终止无限循环；同理，还可以自定义其他方法，用来获取、设置子线程对象内的信息，因此也直接实现了线程间的通信。而多进程的继承方式则无法实现同样的功能，因为子进程实例化之后其属性不可以通过子进程对象来动态修改。

2．子线程对象成员

子线程对象所拥有的成员与子进程非常相似，包括 start、join、is_alive、daemon、name 等成员；但是子线程没有 stop、terminate、close 等方法。具体的示例代码如下：

```
import time
from threading import Thread

def foo(num):
    time.sleep(1)
    print(f'子线程{num}执行')

if __name__ == '__main__':
    print(f'主线程开始')
```

```
        t = Thread(target=foo, args=(1,))
        t.start()
        print(f'子线程 1 阻塞')
        t.join()          # 阻塞主线程
        print(f'子线程 1 是否存活: {t.is_alive()}')

        t2 = Thread(target=foo, args=(2,))
        t2.daemon = True    # 设置为守护线程
        t2.start()
        print(f'主线程结束')
# 输出 =>
# 主线程开始
# 子线程 1 阻塞
# 子线程 1 执行
# 子线程 1 是否存活: False
# 主线程结束
```

从示例运行的结果可以知道，子线程 1 由于使用了 join 方法，阻塞了主线程的向下执行，直到子线程 1 执行结束后才开始执行主线程后面的代码；而子线程 2 由于被设置为守护线程，主线程在结束之前不会等待子线程 2 的结束，因此子线程 2 的输出内容没有被执行。

3. 线程间通信

相比于进程间的通信，线程间的通信要方便很多。这是因为多线程之间共享同一份进程资源，每个线程都可以无差别地直接访问进程资源，因此实现线程间的通信最简单的方式就是直接访问主线程的数据成员。具体示例代码如下：

```python
import threading

num = 0

def producer():
    global num
    print(f"生产前数量 : {num}")
    for i in range(3):
        num += 1
    print(f"生产后数量 : {num}")

def consumer():
    global num
    print(f"消费前数量 : {num}")
    for i in range(num):
        num -= 1
    print(f"消费后数量 : {num}")

if __name__ == '__main__':
    t1 = threading.Thread(target=producer)
    t1.start()
    t1.join()
    t2 = threading.Thread(target=consumer)
    t2.start()
```

```
# 输出 =>
# 生产前数量：0
# 生产后数量：3
# 消费前数量：3
# 消费后数量：0
```

示例中定义了一个生产者函数和一个消费者函数，前者用来递加数量，后者用来核减数量，两个函数各自运行在不同的子线程中。通过执行结果可以知道，虽然两个函数都是以子线程的方式运行的，但是它们访问主线程成员的方式和效果与普通函数是一样的。

线程间的通信除了通过直接访问主线程成员的方式，也可以使用多进程支持的各种通信方式，具体使用时需要根据编程场景而定。

4. 线程锁

多线程并发执行时同样会有资源竞争的问题，为了解决并发可能导致的问题，可以使用 Python 提供的线程锁。这里同样以抢购的场景为例，演示线程锁的使用示例如下：

```python
from threading import Thread, Lock


num = 3
lock = Lock()


def buy(i):
    global num
    with lock:
        if num > 0:
            num -= 1
            print(f'子线程{i}抢购成功')
        else:
            print(f'子线程{i}抢购失败')


if __name__ == '__main__':
    for i in range(10):
        t = Thread(target=buy, args=(i,))
        t.start()
```

由于线程间可以直接共享一个全局变量成员，所以商品数量可以保存在主线程的变量里。通过示例可以知道，线程锁同样支持上下文管理器。上述示例执行的正确结果为只有 3 个线程可以抢购成功，而其他的线程则会抢购失败。

5. GIL 机制

如果运行了多进程抢购和多线程抢购的代码，并尝试了使用锁和不使用锁两种场景，那么你就会得到一个很奇怪的结果：对于多进程抢购，只有在加锁的情况下抢购成功的数量才会正确，不加锁的情况下抢购成功的数量往往大于商品数；而对于多线程抢购，则会发现无论是否加锁，抢购成功的数量都是正确的。这是 Python 的 GIL 机制造成的。

GIL（Global Interpreter Lock）即全局解释器锁。也就是说 Python 的每一个解释器中都默认有一把全局锁，而这把锁主要用来分配多线程间的资源使用权限。当 Python 中启动了多个子线程后，每一个线程在真正执行任务之前都需要向 Python 解释器申请 GIL，只有申请成功的线程才能获得

CPU 的执行权限。

之所以多线程抢购场景中不加锁也能表现正常，是因为 Python 自身本来就有一个针对每个线程的大锁。那么问题就来了，Python 编写多线程场景时还需要主动实现加锁场景吗？答案当然是要加，否则 Python 也不会为多线程提供单独的锁。

之前示例中多线程抢购场景在不加锁的情况下能表现正常，是因为抢购的数量较少，线程间还没来得及相互中断其他线程，程序本身的执行就结束了。为了演示多线程不加锁的异常情况，具体看如下的示例：

```python
from threading import Thread, Lock

num = 0
lock = Lock()

def inc(total):
    global num
    while total:
        num += 1
        total -= 1

if __name__ == '__main__':
    ts = []
    for i in range(5):
        t = Thread(target=inc, args=(100000,))
        t.start()
        ts.append(t)

    [t.join() for t in ts]
    print(f'num值为: {num}')
```

上述示例中定义了一个计数器函数，然后在主模块中启动了 5 个子线程，并分别设置了一个 100000 次的计数值。正常情况下，最终计数的总值应当为 500000，然而在不加锁的情况下计数总值总是小于 500000，而在加上锁之后计数总值就会是正确的 500000。

通过示例的结果可以得出的结论是：Python 虽然有 GIL 机制，但是这把大锁只是锁住了线程间的并发执行，却没有保证线程内执行内容的原子性。即线程可能在执行到一半内容的时候就把 GIL 释放掉，然后由其他线程获取到 GIL 并执行自己的内容。

如果线程在获取计数值和进行加值运算之间释放了 GIL，就会导致多个线程对同一个数进行加值，最后的结果就是计数总值比期望值小。但这种情况是小概率的事件，只有在迭代次数较多的并发场景下才容易发生。

GIL 是 Python 的历史遗留问题，虽然 Python 的开发者们提出过诸多的解决方案，但是至今还是没有彻底地解决。那么 GIL 的缺点是什么呢？具体而言，GIL 给所有的线程都加了一把大锁，导致同一时间只有一个线程可以获取 CPU 资源，这让本来可以在多核的 CPU 系统上并发执行的线程，变成只能串行执行了。

尽管 Python 的 GIL 机制的缺点依然存在，但是 Python 中的多线程还是会使用，为了尽量避免 GIL 的限制，可以尝试使用以下的优化方案。

❑ 使用 3.4 以上优化过的版本。

❑ 使用多进程替代。

❑　使用协程+多进程替代。

❑　使用非 CPython 解释器替代。

❑　使用 C 语言的扩展接口。

上述的几种替代方法中，除了尽量使用高版本的 Python 之外，使用协程的方式是替换多线程的最佳选择。另外，即使多线程有 GIL，但是在 I/O 密集型的场景中，多线程还是可以发挥并发效果，提升程序整体的执行性能。

3.2.3　协程

协程，又称微线程，是一种协作式的执行机制。从结构上来讲，一个进程可以包含多个线程，而一个线程又可以包含多个协程。多个线程之间共享的是进程的资源，而多个协程之间除了共享进程资源，还会共享线程的执行栈权限。

协程之间的运行方式是协作式的，即一个线程内同一时间只有一个协程在执行，且在协程执行过程中不会被其他协程所中断，只有当前协程主动挂起后，其他协程才有可能获得执行权限。因此协程之间的执行是可以有顺序的，最原始的协程模式可以通过 yield 保留字来实现，具体示例代码如下：

```python
def ask():
    for i in range(1, 4):
        print(f'问题{i}')
        yield i

    yield None

def answer():
    ask1 = ask()
    i = ask1.send(None)
    while i:
        print(f'回答{i}')
        i = ask1.send(i)

if __name__ == '__main__':
    answer()
# 输出 =>
# 问题 1
# 回答 1
# 问题 2
# 回答 2
# 问题 3
# 回答 3
```

示例中的 ask 函数既是生成器，也是模拟协程，因为协程的特性可以通过生成器的方式来实现，即一个可以挂起和恢复的函数对象。但是之前并没有所谓的协程对象，所以生成器只能说是协程的一种模拟形式。

实际上 yield 方式实现的协程仅仅是 Python 的一种语法糖，即 Python 虚拟机在指令集层面并没有支持协程；而 yield 方式之所以能实现协程，本质上是因为生成器机制。

为了能更好地支持协程机制，Python 3.5 提供了原生协程的支持，即可以在 Python 中直接定义一个协程对象，而不再是模拟协程的生成器对象。方法是引入 async 和 await 保留字，具体原生协程定义的示例代码如下：

```
import asyncio

async def say(delay):
    await asyncio.sleep(delay)
print(say(1))
# 输出 => <coroutine object say at 0x00E6CE88>
```

示例中的 async def 用于显式地定义一个协程函数，通过 say(1)语句调用协程函数会返回一个协程对象；await 则类似于 yield from，用于返回另外一个协程对象。以上述问答场景为例，通过原生协程方式实现的具体示例如下：

```
import asyncio

total = 4

async def ask():
    global total
    for i in range(1, total):
        print(f'问题{i}')
        await asyncio.sleep(1)

async def answer():
    global total
    for i in range(1, total):
        print(f'回答{i}')
        await asyncio.sleep(1)

if __name__ == '__main__':
    # 创建协程对象
    ask1 = ask()
    answer1 = answer()
    # 创建事件循环
    loop = asyncio.get_event_loop()
    # 创建任务
    ask_task = asyncio.ensure_future(ask1)
    answer_task = asyncio.ensure_future(answer1)
    # 启动协程
    loop.run_until_complete(ask_task)
    loop.run_until_complete(answer_task)

# 输出 =>
# 问题1
# 回答1
# 问题2
# 回答2
# 问题3
# 回答3
```

示例中通过 async 保留字来定义函数为协程,而原来用于挂起的 yield 也换成了 await 保留字;其次,示例中定义的协程不能直接运行,必须要注册到事件循环对象中才能执行。虽然两个示例的最终运行效果是一样的,但是原生协程定义更加明确,并且引入了 asyncio 异步编程库,使得协程可以更加方便地与异步编程结合,实现并发场景。

 　　在 Python 3.5 之前,原生协程通过@ asyncio.coroutine/yield from 的方式定义,称为旧式协程定义,而 Python 3.5 之后使用 async/await 方式定义,称为新式协程定义。

目前为止我们已经知道,协程是基于线程拆解出来的一种执行栈;协程的运行上下文环境和效果同函数是一致的,可以把协程理解为支持挂起和恢复的函数对象。协程的实现方式有两种:一种是 yield 方式,另一种是原生协程方式。

关于多进程、多线程与协程三者之间的对比与总结如表 3-8 所示。

表 3-8　　　　　　　　　　　　　　　多进程、多线程与协程

对象	独立执行	执行体	非阻塞形态	非阻塞实现	挂起/恢复	挂起实现
多进程	支持	子进程	支持	CPU 调度	支持	进程挂起
多线程	支持	子线程	支持	GIL 调度	支持	线程挂起
协程	支持	函数	支持	事件循环/异步 I/O	支持	生成器挂起

通过表 3-8 可以知道,协程具备了多进程、多线程支持并发所需的基本特性,所以协程可以替代多进程、多线程来实现并发场景。而协程的优势是它的调度主体是函数对象,属于用户态的上下文切换,因此拥有比多线程更低的调度消耗和更高的效率。

除了使用 Python 官方的协程实现,还有第三方的协程库可以选择,如 gevent、greenlet、eventlet等。这里以 gevent 为例演示协程并发抢购的场景,具体示例代码如下:

```python
import random
import gevent


num = 3


def buy(i):
    global num
    gevent.sleep(random.random())
    if num > 0:
        num -= 1
        print(f'协程{i}抢购成功')
    else:
        print(f'协程{i}抢购失败')


if __name__ == '__main__':
    cl = [gevent.spawn(buy, i) for i in range(10)]
    [c.join() for c in cl]
```

示例中通过 gevent.sleep 模拟抢购时的不同速度,如果不加这条语句,协程会按照顺序执行,那么永远是前 3 个协程抢购成功。示例中也没有使用到锁,因为协程之间是协作式的关系,只有当前协程执行完指定任务并挂起后,其他协程才会被唤醒并执行任务,所以协程在执行任务代码的时候是一个相对的"原子"操作。

需要注意的是，gevent 实现并发场景的前提是任务本身是非阻塞的，否则即使使用了 gevent，也无法达到并发的目的。实际编程中需要实现非阻塞的大部分场景都是 I/O 任务，如磁盘读写、网络访问等。

gevent 库中提供了 monkey patch——一个用于把阻塞场景替换为非阻塞场景的补丁程序。使用 monkey patch 可以把 Python 标准库中大部分的阻塞式系统调用替换为协助式的，因此在使用 gevent 实现协程时，通常在文件的顶部引入 gevent.monkey 模块，并执行其下的 patch_all 方法来完成打补丁操作。具体的示例代码如下：

```python
import gevent
from gevent import monkey
monkey.patch_all()


def downloader(url):
    print(url)
    # TODO: 执行具体的网络下载


if __name__ == '__main__':
    urls = ("http://abc.com", "http://123.cn")
    cl = [gevent.spawn(downloader, url) for url in urls]
    [c.join() for c in cl]
```

示例中的第二、三行代码就是用来打 monkey patch 补丁的。当 Python 执行完这两句之后，其标准库中的 TCP 网络模块就会被打上补丁，无论示例中的 downloader 函数通过哪个 http 库下载网页，都会使用到打完补丁后的非阻塞模块，所以就支持了协程的并发场景。

 一般情况下，如果不是底层库的异步编程，不建议普通编程人员通过原生协程来开发代码；对于普通的上层业务，建议直接使用第三方的协程库来实现，因为第三方库已经提供了更友好的 API 和更低的使用成本。

3.2.4 异步

所谓的异步是相对于同步而言的，同步在编程中是指执行一个任务后需要即时获取到反馈的机制，例如，实时性要求高的场景在发出执行请求之后需要即刻获取结果；异步在编程中是指执行一个任务后延迟获取反馈的机制，例如，耗时较长的 I/O 场景可以在执行请求发出后不等待结果，而在 I/O 完成之后才获取结果。

在上一小节的原生协程使用示例中使用了 asyncio 库，原因是协程想要实现并发的前提是任务必须是非阻塞的，而异步则可以提供非阻塞的功能，所以协程的实现场景中往往都会配合异步编程来完成。

在 Python 中实现异步编程，除了前面提到过的 asyncio 标准库，还有 tornado、twisted、gevent 等第三方的异步编程库。本小节则以 Python 自带的 asyncio 标准库为例来进行异步编程原理的介绍。asyncio 是 Python 3.4 版本之后提供的标准库，它主要提供了一套支持异步 I/O 的相关 API，协程的 I/O 并发场景就是通过这些 API 来实现的。具体的异步 I/O 示意如图 3-6 所示。

图 3-6 中的事件循环、协程、Task、Future 都是协程异步 I/O 中的几个重要概念。其中协程、Task 和 Future 都是可等待对象：Task 是协程的封装，可以跟踪和存储协程的状态及结果；Future 则是 Task 的父类，拥有和 Task 相同的功能；可以把它们统一理解成具体任务的实现。而事件循

环则是运行可等待对象的容器，由单独的子线程来调度和执行可等待对象。

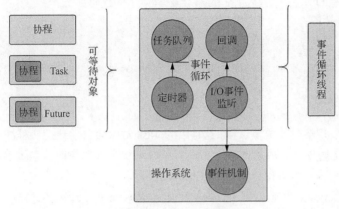

图 3-6　异步 I/O 机制

具体而言，当一个可等待对象在被传递给事件循环的时候，如果它是一个协程对象，那么首先会被转换为 Task 对象，之后再把 Task 对象注册到事件循环的定时器中。事件循环的定时器会轮训注册的定时事件，当有符合条件的事件发生时就会执行对应的回调函数，即最终会执行对应的协程对象。协程对象在执行过程中如果遇到 await 语句，就会挂起自身，把线程的执行权返回给事件循环对象，事件循环对象根据其他协程的具体情况来调度线程的执行权。

注意　协程挂起自身通常是因为要进行等待时间较长的任务，如网络请求、磁盘读写等 I/O 类的操作；因此协程在挂起前需要注册一个 I/O 的事件，即绑定对应 I/O 任务完成后需要执行的回调函数；回调函数的内容则是向事件循环对象申请当前协程的执行权。

下面是一段将协程添加到事件循环中的示例代码：

```python
import asyncio
import time

async def say(delay, what):
    await asyncio.sleep(delay)
    print(what)

async def main():
    print(f"started at {time.strftime('%X')}")
    await say (1, 'hello')
    await say (2, 'world')
    print(f"finished at {time.strftime('%X')}")

if __name__ == '__main__':
    loop = asyncio.get_event_loop()
    loop.run_until_complete(main())
```

上述示例代码的执行结果如下：

```
started at 17:50:17
hello
world
finished at 17:50:20
```

从结果可以看出，这段代码一共耗时 3 秒，说明两个子协程之间并没有并发执行，而是顺序执行的。这就是前面提到的协程想要注册到事件循环，必须先转换成 Task 对象，否则如果直接调用，就会是普通协程的效果。更新后的 main 函数具体示例代码如下：

```
async def main():
    print(f"started at {time.strftime('%X')}")
    t1 = asyncio.create_task(say_after(1, 'hello'))
    t2 = asyncio.create_task(say_after(2, 'hello'))
    await t1
    await t2
    print(f"finished at {time.strftime('%X')}")
```

再次执行后会发现耗时变成了 2 秒，这是因为 Task 对象会自动地把协程注册到事件循环的定时器中，之后再由定时器来完成具体执行。即当等待一个 Task 对象时，本质上是一个异步调用协程的效果，而直接等待一个协程对象则是同步调用协程。

基于第二版的代码，如果把 asyncio.sleep 替换为 time.sleep，结果会怎样呢？第三版代码的 say 函数内容更新如下：

```
async def say(delay, what):
    time.sleep(delay)
    await asyncio.sleep(0)
    print(what)
```

这里由于 await 后面只能指定一个 awaitable 对象，而 time.sleep 不符合要求，所以把原来的 asyncio.sleep 设置为 0。执行后的结果又变成了耗时 3 秒，这是因为 time.sleep 不是异步等待，它会阻塞当前协程而不是挂起当前协程，所以协程想要实现并发需要同时满足异步调用和协程内容的异步。

本小节虽然介绍的只是 Python 的 asyncio 标准库的异步原理，但是其他的第三方异步编程框架也是类似的原理，即通过事件循环加回调函数的机制来实现异步。并且所有的异步编程也都需要同时满足异步调用和内容异步，否则就不能实现真正的异步和并发的效果。

3.3　打包与发布

对常规的项目而言，代码直接通过 git、svn 等代码仓库工具来管理即可；但是如果开发的是基础库或工具类的项目，由于需要进行共享和发布，就需要使用额外的打包和发布工具。

前面的章节中介绍过，在 Python 中可以通过 pip 命令来安装第三方库，而 pip 命令安装的库就是经过打包和发布的产物，这些第三方库被统一上传到 PyPI 网站，pip 命令则会自动从 PyPI 网站上获取对应的库并自动安装到本地。本节将介绍如何对本地代码进行打包并发布到 PyPI 网站。

3.3.1　打包

Python 打包用到的模块是 setuptools，默认情况下该模块随着 Python 安装包一起发布并被安装成功。如果想要检查 setuptools 是否已安装，可以通过如下命令来实现：

```
import setuptools
setuptools.__version__
```

如果执行没有报错并且返回了有效的版本号，则表示 setuptools 模块已经正确安装。也可以通过 pip 命令来升级 setuptools 的最新版本：

```
pip install --upgrade setuptools
```

如果本地没有安装 setuptools，则需要手动下载并安装，可以执行如下命令来完成初次安装：

```
>> wget http://peak.telecommunity.com/dist/ez_setup.py
>> sudo python ez_setup.py
```

1. 第一个安装包

通过 setuptools 模块打包需要新建一个 setup.py 配置文件，然后通过该配置文件即可执行编译、打包和安装操作。假设有一个名为 testpackage 的库需要进行打包，那么 setup.py 文件存在的上下文目录结构如下：

```
|- root
    |-- testpackage
            |-- __init__.py
            |-- ...
    |-- setup.py
```

setup.py 文件的示例内容如下：

```
from setuptools import setup

setup(
    name='TestPackage',          # 包名称
    version='0.1',               # 版本号
    packages=['testpackage']     # 需要打包的库目录
)
```

假设 testpackage/__init__.py 文件中的内容如下：

```
name = 'TestPackage'

def say():
    print(f'安装{name}库成功')
```

在 setup.py 文件配置完成之后，就可以通过 setup.py 的命令进行编译、打包、安装等操作。setup.py 常用的命令如下。

- ❑ build——对当前库目录的.py 文件进行编译。
- ❑ install——直接安装当前库到本机 Python 环境。
- ❑ sdist——把当前库以源码方式打包，如 TAR、ZIP 包。
- ❑ bdist——把当前库以二进制方式打包，即编译.py 文件后打包。
- ❑ bdist_egg——把当前库打包成 EGG 包。
- ❑ bdist_wheel——把当前库打包成 WHEEL 包。

如果希望把当前库直接安装到本地的 Python 环境中，那么可以直接通过 install 命令来完成，具体命令如下：

```
python setup.py install
pip list
```

安装命令执行完成后，通过 pip list 命令可以查看是否安装成功。如果安装成功，则会看到安装包的名称和对应的版本号，本示例中安装成功后的包信息如下：

```
testpackage                 0.1
```

安装包在本地正确安装之后，还可以在本地继续测试包的使用是否正常，本示例中的测试代码如下：

```
import testpackage
```

```
testpackage.say()
# 输出 => 安装 TestPackage 库成功
```

上述代码中导入的 testpackage 就是之前安装的包，即它代表的是安装包中的库目录；testpackage.say 方法就是安装包库目录下 __init__.py 文件中的 say 方法；最后执行成功后会输出 say 方法中的内容。

安装包在本地安装测试正常之后，则可以进行正式的打包操作，可以根据需要来打包不同类型的安装包，当然也可以选择打包全部的类型。具体的打包命令如下：

```
python setup.py sdist
python setup.py bdist
python setup.py bdist_egg
python setup.py bdist_wheel
```

上述命令执行完成之后，会在执行目录新建一个 dist 的子目录，并且所有的生成包都会存放在 dist 目录下。

打包后的安装包也可以在本地直接进行安装，源码安装包需要在解压后通过 setup.py install 命令安装；EGG 包可以通过 easy_install 命令进行安装，WHEEL 包则可以通过 pip 命令进行安装。

2. 子目录打包

基于打包目录的结构，在库目录 testpackage 下新建一个 subpackage 子目录，并在子目录下新建一个 __init__.py 文件。通过 setup.py 命令再次打包，会发现新建的子目录及其下面的 __init__.py 文件都没有打包成功。

原因在于 setuptools 只对 setup.py 文件中指定的 packages 目录进行打包，并不会自动地对目录下的子目录和文件进行递归打包。为了解决子目录打包的问题，setuptools 提供了一个 find_packages 方法，通过该方法可以自动查找出所有需要打包的目录。setup.py 文件的内容更新后如下：

```
from setuptools import setup, find_packages

setup(
    name='TestPackage',        # 包名称
    version='0.1',             # 版本号
    packages=find_packages()   # 自动发现需要打包的库目录
)
```

find_packages 方法可以接收 3 个参数，第一个参数指定查找的根目录，默认为当前目录；第二个参数指定一个排除查找目录的序列，支持通配符；第三个参数指定限定查找目录的序列，同样支持通配符。当第二个参数和第三个参数指定的内容重合时，以第二个参数为先。

3. 资源文件打包

find_packages 方法可以解决子目录打包的问题，但是 setuptools 默认只会对指定 packages 下的.py 文件进行打包，即非.py 的资源文件默认是不会被打包的。setuptools 也提供了对资源文件进行打包的支持，具体可以通过以下两种方式来实现。

❑ data_files 选项。

❑ include_package_data 选项。

如果 setup.py 文件中设置了 data_files 选项并指定了有效的资源文件路径，那么在打包时就会

对指定的文件进行打包。例如，在 testpackage 库目录下新建一个 static 目录，并创建一个 config.json
文件，那么 setup.py 的文件内容需要更新如下：

```
from setuptools import setup, find_packages

setup(
    name='TestPackage',      # 包名称
    version='0.1',           # 版本号
    packages=find_packages(),
      data_files=['testpackage/static/config.json']
)
```

data_files 选项接收一个文件路径的列表，可以使用绝对路径，也可以使用相对路径。再次执
行打包命令后，发现 config.json 被正常打包。

如果需要打包的资源文件比较多，也可以选择 include_package_data 选项来配置资源文件的
打包。具体的做法是先在 setup.py 的同级目录新建一个 MANIFEST.in 的清单文件，其具体内容
如下：

```
recursive-include testpackage/static *
```

文件内容的格式为：指令　路径　文件匹配符。其中，recursive-include 表示递归包含，即支持子
目录资源文件的查找；testpackage/static 是具体文件目录的相对路径；*表示匹配全部的文件类型。

此外，还需要给 setup.py 文件添加 include_package_data 选项并设置值为 True，更新后的
setup.py 文件如下：

```
from setuptools import setup, find_packages

setup(
    name='TestPackage',        # 包名称
    version='0.1',             # 版本号
    packages=find_packages(),
      include_package_data=True
)
```

通过这种清单的方式指定资源文件会更加灵活和方便，示例中的配置清单规则可以对
testpackage/static 目录下的所有资源文件及子目录的资源文件进行打包。

4. 依赖库指定

日常编程中经常会用到一些第三方库，在打包时 setuptools 不会自动地进行依赖库的提取，
但是提供了指定依赖库的 install_requires 选项。通过设置 install_requires 选项可以指定具体的依赖
库及其版本，具体的依赖库配置示例如下：

```
from setuptools import setup, find_packages

setup(
    name='TestPackage',      # 包名称
    version='0.1',           # 版本号
    packages=find_packages(),
      include_package_data=True
      install_requires=[
      'flask>=1.0.2',
      'requests>=2.20.0'
    ]
)
```

install_requires 选项接收一个依赖库信息的列表，每一个依赖库信息都包括包名和版本要求，可以指定最小版本、最大版本及特定版本。设置了 install_requires 选项之后，setuptools 在安装当前包之前会安装这些指定版本的依赖库，当这些依赖库安装成功之后才会安装当前包。

5. 命令行工具入口

第三方库在安装完成后通常有两种使用方式：作为第三方库引入代码；直接通过命令行执行。前面介绍的打包方式只能支持第三方库引入的方式，而不支持命令行执行的方式。为了支持命令行方式，需要在 setup.py 文件中添加 entry_points 选项，具体的配置示例如下：

```python
from setuptools import setup, find_packages

setup(
    name='TestPackage',          # 包名称
    version='0.1',               # 版本号
    packages=find_packages(),
    entry_points={
            'console_scripts': [     # 配置命令行工具及入口
                    'testpkg = testpackage:say'
                ]
        }
)
```

可以看到，entry_points 选项接收一个字典对象，而配置命令行脚本入口的 key 是 console_scripts，其下可以配置多个命令行脚本指令。示例中配置的脚本指令表示可以在命令行直接执行 testpkg 命令，而它的效果则等同于直接执行 testpackage 下的 say 函数。使用新的 setup.py 文件重新安装后，在命令行执行的效果如下：

```
>> testpkg
安装 TestPackage 库成功
```

6. 其他配置项

setup.py 文件支持的选项非常多，前面介绍的都是日常工作中经常使用的选项。除此之外，setup.py 文件还有一些常用的选项，具体使用示例及说明如下：

```python
setup(
    name='TestPackage',          # 包名称
    version='0.1',               # 版本号
    keywords=[],                 # 包的关键字，用于包的检索
    description='',              # 包的简要描述，用于包的检索
    long_description='',         # 包的长内容描述，用于 PyPI 网站展示

    url="https://github.com/five3/Flask-App", # 包网站地址
    author="Xiaowu Chen",                # 作者信息
    author_email="five3@163.com",        # 作者邮箱

    platforms="any",            # 支持的平台
    license='GPL',              # 授权协议
    classifiers=[               # 所属分类列表
            "Development Status :: 3 - Alpha",
            "Topic :: Utilities",
```

```
        "License :: OSI Approved :: GNU General Public License (GPL)",
    ]
)
```

3.3.2　发布

安装包在打包完成之后，如果希望其他人也可以通过 pip 命令来进行安装，那么就需要把本地包发布到 PyPI 网站。实际上 setuptools 模块本身就支持通过 upload 命令来上传安装包，但是官方已经声明将要废弃该命令，并且建议通过 twine 模块来发布安装包。

twine 模块是一个第三方库，在使用之前需要进行安装，具体命令如下：

```
pip install twine
```

另外，由于安装包发布到 PyPI 网站是需要权限的，在发布安装包之前需要申请好相应的账号，之后才可以通过 twine 命令来发布安装包。具体的命令如下：

```
>> twine check dist/testpackage*
>> twine upload dist/testpackage*
Enter your username:
```

其中，twine check 命令用于检查安装包的结构和内容是否正确，如果不正确，则根据提示信息进行排查和修改；twine upload 命令则用于正式进行安装包的上传和发布，前提是输入了正确的 PyPI 登录账号。上述两个命令指定安装包时都可以用相对路径，且安装包的名称支持通配符匹配。

　　　　　　安装包在发布成功之后，就可以在 PyPI 网站上进行查看；此时由于安装包文件同步的问题，还不能即时通过 pip 命令进行安装，通常需要等待若干个小时。另外，使用发布安装包的账号登录 PyPI 网站还可以对安装包的发布状态进行管理。

打包与发布

第4章
常用库实践

通过前面几章的学习，读者已经掌握了与 Python 的语法和特性相关的理论知识。本章开始将会介绍 Python 的编程实践内容，整体来说会遵循从易到难的学习过程。首先本章将会介绍 Python 常用库的实践。

4.1　日常类库

本节主要介绍 Python 中日常可能用到的一些类库。这些库中有 Python 自带的模块，也有第三方的模块；有关于系统操作的模块，如 sys、os；也有常规类型文件操作的模块，如 minidom、openpyxl。具体的类库介绍及使用方法请见下文。

4.1.1　sys——解释器模块

sys 模块是 Python 的标准库，它主要提供与 Python 解释器进行交互的功能。例如，获取解释器运行时信息，设置解释器全局的设置等。sys 模块常用的成员列表如下。

- ❑ sys.argv——获取程序运行时外部传递的参数列表。
- ❑ sys.modules——获取解释器运行时当前已导入的模块信息字典。
- ❑ sys.path——获取解释器查找模块时的搜索路径列表。
- ❑ sys.platform——获取解释器所运行的操作系统平台类型。
- ❑ sys.version——获取 Python 版本信息。
- ❑ sys.exit——退出解释器环境。
- ❑ sys.getdefaultencoding——获取解释器默认字符编码。
- ❑ sys.getfilesystemencoding——获取解释器文件系统编码。

1. 获取命令行参数

sys.argv 可以获取命令行参数信息，默认返回的是一个字符串列表，列表的第一个成员通常为 Python 脚本自身路径，其他成员则为命令行启动时指定的参数。为了演示具体效果，将如下示例代码保存为 argv_demo.py：

```
# argv_demo.py
import sys
print(sys.argv)
```

进入命令行并切换到 argv_demo.py 所在的目录，指定不同参数时的执行效果如下：

```
> python argv_demo.py
['/path/to/ argv_demo.py']
```

```
> python argv_demo.py test
['/path/to/ argv_demo.py', 'test']
> python argv_demo.py hello world
['/path/to/ argv_demo.py', 'hello', 'world']
```

2．模块信息查询

Python 是通过模块来扩展功能的，在执行时会根据特定的规则来查找模块，指定模块如果存在则导入，不存在则直接抛出 ModuleNotFoundError 异常。模块的查找方式是通过遍历所有的模块查找路径来实现的，而模块查找路径则是通过 sys.path 来维护的。

sys.path 会直接返回一个路径列表，里面的所有路径都是 Python 的模块查找路径。换句话说，只要目标模块存在于其中一个路径中，就可以被 Python 查找到。当然 Python 默认是按照返回列表的顺序来查找的，并在首次查找成功后就停止继续查找：

```
>>> import sys
>>> sys.path
['C:\\Python37-32', 'C:\\Python37-32\\lib\\site-packages', …]
>>> sys.path.insert(0, '.')          # 把当前目录添加为模块查找路径
>>> sys.path
['.', 'C:\\Python37-32', 'C:\\Python37-32\\lib\\site-packages', …]
```

> 默认情况下 Python 会把 PYTHONPATH、PYTHONHOME 等环境变量中的路径初始化到 sys.path 中，例如，程序当前运行目录、site-packages 目录、已安装模块的 EGG 文件等。如果希望扩展 Python 的模块查找路径，那么直接更新 sys.path 内容即可。

除了可以查看模块查找路径，还可以通过 sys.modules 来查看已导入的模块信息，其默认返回一个模块映射关系的字典：

```
>>> import sys
>>> sys.modules
{'sys': <module 'sys' (built-in)>, 'builtins': <module 'builtins' (built-in)>, …}
```

sys.modules 返回的是所有默认导入和手动导入的模块信息。每次 Python 在导入具体模块之前，会在 sys.modules 中查找相关模块是否已经存在；若存在则不会重复导入，不存在则会根据 sys.path 中的路径来查找模块并进行导入，并在导入完成之后把模块信息更新到 sys.modules 中。

3．解释器信息查询

通过 sys 模块可以查询一些解释器的常规信息，如版本号、所在平台及默认编码。具体示例如下。

```
>>> import sys
>>> sys.version  # 解释器版本
3.7.1 (v3.7.1:260ec2c36a, Oct 20 2018, 14:05:16) [MSC v.1915 32 bit (Intel)]
>>> sys.platform # 解释器所在平台
win32
>>> sys.getdefaultencoding()        # 默认编码
utf-8
>>> sys.getfilesystemencoding()     # 文件系统编码
utf-8
```

4.1.2　os——操作系统模块

os 模块是 Python 的标准库，它主要提供与操作系统进行交互的功能，如创建目录、遍历文件、

执行命令等。os 模块常规成员列表如下：

- ❑ chdir——切换目录，等效于 cd 命令。
- ❑ cpu_count——获取 cpu 的数量。
- ❑ access——测试路径的权限模式。
- ❑ chmod——设置路径的权限。
- ❑ curdir——获取当前目录路径，默认为"."。
- ❑ environ——获取系统环境变量列表。
- ❑ getenv——获取指定的环境变量，不存在则返回空。
- ❑ putenv——设置环境变量。
- ❑ getcwd——获取当前程序工作目录。
- ❑ getpid——获取进程 id。
- ❑ getppid——获取父进程 id。
- ❑ linesep——获取系统的行分隔符，Windows 使用'\r\n'，Linux 使用'\n'，Mac 使用'\r'。
- ❑ name——获取操作系统平台符号，Windows 为'nt'，Linux/UNIX 为'posix'。
- ❑ system——执行一个 Shell 命令。

1. 获取操作系统信息

os 模块可以获取与操作系统相关的信息，如 cpu 数量、环境变量、操作系统类型等。具体示例如下：

```
>>> import os
>>> os.cpu_count()        # cpu 数量
8
>>> os.environ            # 系统全部环境变量
environ({ 'APPDATA': 'C:\\Users\\admin\\AppData\\Roaming',...})
>>> os.getenv('PATH')  # 获取指定的环境变量
C:\WINDOWS\system32;C:\WINDOWS;C:\WINDOWS\System32\Wbem;...
>>> os.name               # 操作系统平台类型
nt
>>> os.linesep            # 系统的换行符
'\r\n'
```

2. 获取环境信息

os 模块可以获取当前程序执行的系统上下文信息，如当前目录、执行目录、进程 id、父进程 id 等。具体示例如下：

```
>>> import os
>>> os.curdir             # 当前目录
.
>>> os.pardir             # 父目录
..
>>> os.getcwd()           # 获取当前工作目录
C:\\Users\\admin
>>> os.chdir('D:\\')    # 切换工作目录
>>> os.getcwd()
D:\\
>>> os.getpid()           # 获取当前进程 id
```

```
2892
>>> os.getppid()  # 获取父进程 id
14028
```

3. 执行 Shell 命令

通过 os.system 方法可以直接执行 Shell 命令，其效果与命令行执行命令相同。需要注意的是，os.system 方法是阻塞式的调用，即打开的子进程会阻塞主进程运行；只有当子进程运行结束后才会继续执行主进程的命令。具体示例如下：

```
>>> import os
>>> os.system('calc')       # => 打开计算器
>>> os.system('notepad')    # => 打开记事本
```

4. 目录与文件操作

除了上述的成员之外，os 模块还有一系列与文件、目录相关操作的成员。这些成员主要包括以下几个。

❑ listdir——获取指定目录下的文件和子目录。

❑ walk——返回一个目录树的生成器，用于遍历目录树。

❑ mkdir——创建单级目录，等效于 mkdir。

❑ rmdir——删除单级空目录，等效于 rmdir。

❑ remove——删除文件，等效于 rm -f。

❑ rename——修改文件和目录名称，等效于 rename。

❑ makedirs——创建递归目录，等效于 mkdir -p。

❑ removedirs——删除递归目录，等效于 rm -fR。

❑ renames——递归修改文件和目录名称。

listdir 和 walk 方法都是用来查看和遍历目录内容的，区别在于 listdir 只列出指定目录下的文件和子目录，而 walk 则返回一个目录树的遍历生成器，会递归遍历根目录下的所有文件和子目录。这里假设有一个目录树结构如下：

```
|-- root
    |-- file1
    |-- file2
    |-- dir1
            |-- dir2
    |-- dir3
            |-- file3
```

通过 listdir 和 walk 方法查看的效果分别如下：

```
>>> import os
>>> os.listdir('root')
['dir1', 'dir3', 'file1', 'file2']
>>> for sub in os.walk('root'):
...    sub
...
('root', ['dir1', 'dir3'], ['file1', 'file2'])
('root\\dir1', ['dir2'], [])
('root\\dir1\\dir2', [], [])
('root\\dir3', [], ['file3'])
```

可以看到 walk 会遍历所有的子目录，且在遍历每一个目录时都会返回一个三元组：其第一个成员是当前目录的路径，第二个成员是当前目录下的所有子目录列表，第三个成员是当前目录下的所有子文件列表。

在目录操作方面，os 模块提供了创建、修改、删除目录的方法。具体使用示例如下：

```
>>> import os
>>> os.chdir('root')
>>> os.mkdir('dir4')
>>> os.listdir()
['dir1', 'dir3', 'dir4', 'file1', 'file2']
>>> os.rename('dir4', 'dir44')
>>> os.listdir()
['dir1', 'dir3', 'dir44', 'file1', 'file2']
>>> os.rmdir('dir44')
>>> os.listdir()
['dir1', 'dir3', 'file1', 'file2']
>>> os.remove('file2')
>>> os.listdir()
['dir1', 'dir3', 'file1']
```

与 mkdir、rename、rmdir 对应的 mkdirs、renames、rmdirs 则是前者的递归版本，即这些方法支持对子目录递归并进行相应的目录操作。

5. 路径操作

os.path 是 os 下的子模块，主要用来进行路径相关操作，如获取绝对路径、获取父目录路径、获取文件后缀、拼接路径等。其包含的主要成员如下。

- ❑ path.abspath——返回指定路径的绝对路径。
- ❑ path.isabs——判断是否是绝对路径。
- ❑ path.normpath——把路径转换为常规表示形式。
- ❑ path.join——拼接多个路径。
- ❑ path.split——将指定路径分割成目录和文件名二元组。
- ❑ path.dirname——返回路径的目录，即 os.path.split(path)的第一个元素。
- ❑ path.basename——返回 path 最后的文件名，即 os.path.split(path)的第二个元素。
- ❑ path.exists——判断指定路径是否存在。
- ❑ path.isfile——判断指定路径是否为文件。
- ❑ path.isdir——判断指定路径是否为目录。
- ❑ path.getatime——返回所指向的文件或者目录的最后存取时间。
- ❑ path.getmtime——返回所指向的文件或者目录的最后修改时间。
- ❑ path.getsize——返回指定路径的大小。

通过 os.path.abspath 可以把相对路径转换成绝对路径，os.path.isabs 则可以判定路径是否是绝对路径，os.path.normpath 则可以把包含相对路径表示法的绝对路径转换成常规表示法。具体示例如下：

```
>>> import os
>>> os.chdir('root')
>>> os.path.isabs('.')
False
>>> os.path.abspath('.')
'root'
>>> os.chdir('dir1\\dir2')
>>> os.path.abspath('.')
```

```
'root\\dir1\\dir2'
>>> os.path.normpath('root\\dir1\\dir2\\..\\..\\dir3')
'root\\dir3'
```

os.path.join 用于进行路径拼接，它会根据操作系统的不同而使用相应的路径分割符，同时支持多个路径参数。os.path.split 则用于对路径进行分割，但只针对父目录进行二元分割。具体示例如下：

```
>>> import os
>>> os.path.join('root', 'dir1', 'dir2')
'root\\dir1\\dir2'
>>> os.path.split('root\\dir1\\dir2')
('root\\dir1', 'dir2')
>>> os.path.split('root\\dir1\\dir2\\')
('root\\dir1\\dir2', '')
>>> os.path.split('root\\dir3\\file3')
('root\\dir3', 'file3')
>>> os.path.dirname('root\\dir3\\file3')
'root\\dir3'
>>> os.path.basename('root\\dir3\\file3')
'file3'
```

os.path 模块还提供了路径判断的方法。exists 方法检查路径是否有效，isfile 方法判断路径是否为文件，isdir 方法则判断路径是否为目录。具体示例如下：

```
>>> import os
>>> os.path.exists('D:\\root')
True
>>> os.path.exists('D:\\root\\dir4')
False
>>> os.path.isfile('D:\\root\\file1')
True
>>> os.path.isdir('D:\\root\\dir1')
True
```

4.1.3　getopt——命令行参数模块

通过 os 模块的介绍，读者已经知道 os.argv 方法可以获取命令行参数，但是 os.argv 只返回纯字符串信息，不能对命令行参数进行格式化的解析。如果希望命令行支持格式化参数，就可以选择使用 getopt 模块。

getopt 模块是 Python 的标准库，它主要包括两个函数和两个属性。具体成员如下。

❏　getopt——解析命令行参数的主要函数。

❏　gun_getopt——支持解析 GUN 命令行形式的参数。

❏　GetoptError——自定义异常。

❏　error——GetoptError 的别名。

通过 getopt 模块的成员可以知道，其主要提供两个功能函数：getopt 和 gun_getopt。两者的区别在于 getopt 支持的参数格式要求带选项的参数必须在位置参数前面；而 gun_getopt 则支持 GUN 风格的参数形式，即选项参数和位置参数可以混合。通常直接使用 getopt 函数即可。

getopt 函数支持 3 个参数，第一个为待解析的参数字符串列表，第二个为短选项参数设置，第三个为长选项参数设置。getopt 函数返回的是一个二元组，二元组的第一个成员是选项参数字典，第二个成员是位置参数列表。下面通过一个示例来查看使用效果：

```
>>> import getopt
>>> args = '-a -b 2 c d'.split()
>>> getopt.getopt(args, 'ab:')
([('-a', ''), ('-b', '2')], ['c', 'd'])
```

示例中只配置了短选项参数，其内容为'ab:'，根据传递的参数内容解析后得到两个选项参数、两个位置参数。那么'ab:'选项参数的具体意义是什么呢？

在 getopt 模块中参数主要分为两种：选项参数、位置参数。选项参数指的是带有选项名称的参数，位置参数指的是不带选项的参数；其中选项参数又可分为开关参数和选项值参数。各参数形式具体的示例如下：

```
# 位置参数
python test.py xx
# 选项参数，其中 n 为选项参数名，xx 为选项参数值
python test.py -n xx
# 选项参数，开关参数，不需要带选项参数值
python test.py -h
# 混合形式的参数
python test.py -h -n xx yy
```

getopt 函数仅支持对选项参数进行配置，位置参数则默认不需要配置，所以实际上是针对选项开关和选项值参数进行配置。getopt 函数规定了不带冒号的参数都是选项开关参数，带冒号的参数都是选项值参数。

'ab:'选项中的 a 后面不带冒号，表示配置一个选项名为 a 的选项开关参数；b 后面带冒号，则表示配置一个选项名为 b 的选项值参数。根据输入参数内容'-a -b 2 c d'可以知道解析出的结果是正确的。

getopt 函数还支持长选项参数，其作用与短选项参数相同，只是参数名支持长描述内容。具体示例如下：

```
>>> import getopt
>>> args = '--help --output dir1 test'.split()
>>> getopt.getopt(args, '', ['help', 'output='])
[('--help', ''), ('--output', 'dir1')] ['test']
```

通过示例可以知道，长选项参数是一个字符串列表，每一个成员都是长选项设置；其中不带=号的是选项开关参数，带=号的则是选项值参数。

在配置完选项参数后，调用时也需要与选项设置一致，否则可能会报错。即当配置短选项参数时需要使用短选项参数形式，当配置长选项参数时需要使用长选项参数形式，且不能指定不存在的选项参数。具体示例如下：

```
# 短选项参数形式，以-开头，后跟短选项参数名
python test.py -n xx
# 长选项参数形式，以——开头，后跟长选项参数名
python test.py --help
python test.py --name xx
```

最后展示一段 getopt 模块典型使用场景的示例代码：

```
import sys
import getopt


def usage():
    print("""e.g. python test.py [optsions]
```

```
    Options:
        -w --word: the word should be print
        -h --help: show this help info
    """)

def parse_args():
    try:
        opts, args = getopt.getopt(sys.argv[1:], "hw:", ["help", "word="])
    except getopt.GetoptError as err:
        print(err)
        usage()
        sys.exit(2)

    word = None
    for k, v in opts:
        if k in ("-w", "--word"):
            word = v
        elif k in ("-h", "--help"):
            usage()
            sys.exit()
        else:
            assert False, "unhandled option"

    return word

def print_word():
    word = parse_args()
    if word:
        print(f'hello {word}')
    else:
        usage()

if __name__ == "__main__":
    print_word()
```

4.1.4　minidom——XML 读写模块

可扩展标记语言（eXtensible Markup Language，XML）是标准通用标记语言的子集。XML 具备结构化描述的特性，被设计用来传输和存储数据。Python 中解析 XML 有 SAX、DOM、ElementTree 3 种方式，其中 DOM 解析方式是最直观和简单的方式，并且与其他语言具有相似的 API。

Python 中可以使用标准库中的 xml.dom.minidom 模块来解析 XML，该模块实现了 DOM 接口，因此是一种 DOM 方式的解析。xml.dom.minidom 模块下主要有 parseString 和 parse 两个函数，分别用来解析 XML 字符串和 XML 文件。假设有一个名为 test.xml 的文件内容如下：

```
<?xml version="1.0" encoding="UTF-8"?>
<class>
    <students>
            <student id="101" name="张三" age="18" sex="男">
                    <subject>语文</subject>
                    <subject>数学</subject>
```

```
                    <subject>英语</subject>
        </student>
        <student id="102" name="李四" age="19" sex="女">
                <subject>语文</subject>
                <subject>数学</subject>
                <subject>地理</subject>
        </student>
        <student id="103" name="王五" age="20" sex="男">
                <subject>语文</subject>
                <subject>历史</subject>
                <subject>英语</subject>
        </student>
    </students>
</class>
```

通过 parse 和 parseString 函数解析 XML 内容的示例如下：

```
>>> from xml.dom.minidom import parse, parseString
>>> parse('test.xml')
<xml.dom.minidom.Document object at 0x012623E8>
>>> parseString('<nodes><node>1</node><node>2</node></nodes>')
<xml.dom.minidom.Document object at 0x0126CDC0>
```

可以看到，两种方式解析后都返回了 xml.dom.minidom 模块下的 Document 对象。之后就可以通过该 Document 对象提供的方式对 XML 的节点内容进行访问。Document 对象对 XML 的操作大致可以分为增、删、改、查，常用的是元素查找和内容获取。

1. 元素查找

Document 对象提供了多种元素（Element）查找的方法，具体的成员列表如下。

❑ documentElement——返回 XML 根元素。

❑ getElementById——返回带有指定 id 的元素列表。

❑ getElementsByTagName——返回指定 id 的第一个元素。

❑ firstChild——返回当前元素的第一个子节点。

❑ lastChild——返回当前元素的最后一个子节点。

❑ childNodes——返回当前元素的全部子节点。

❑ hasChildNodes——判断是否有子节点。

以 test.xml 文件内容为例，获取根元素的方式如下：

```
>>> from xml.dom.minidom import parse,
>>> doc = parse('test.xml')
>>> root = doc.documentElement # 获取根元素
>>> root.tagName                # 根元素的 tagName
'class'
```

通过元素 id 来唯一查找元素的方式如下：

```
>>> ele = doc.getElementById('101')
>>> for attr in ele. attributes.values():
     attr.nodeName   # 获取属性名称
attr.nodeValue   # 获取属性执行
```

需要注意的是，默认情况下通过 getElementById 无法获取相应 id 的元素，需要在 XML 文件的头部添加几行说明文字来指定把元素的 id 属性转换为类型 ID。具体添加的内容如下：

```
<?xml version="1.0" encoding="UTF-8"?>
<!DOCTYPE class [<!ELEMENT class ANY><!ATTLIST student id ID #REQUIRED >]>
<class>
```

示例中加粗的内容就是需要额外补充的信息，其中 class 对应的是根元素的 tagName，student 对应的是需要进行 id 属性转换的元素的 tagName。根据不同的 XML 内容，这两个值需要进行相应的修改。

通过元素标签名称查找元素的方式如下：

```
>>> students = root.getElementsByTagName('student')
>>> for s in students:
s.tagName
```

与 getElementById 方法不同的是，getElementsByTagName 方法返回的是一个元素列表，所有符合标签名称的元素都会包含在内。

此外，还可以通过 childNodes、firstChild、lastChild 属性获取当前元素下的子节点。其中 childNodes 可以获取全部的子节点，并且会包含空白的文本节点。具体的使用方式如下：

```
>>> student = doc.getElementById('101')
>>> len(student.childNodes)
7
>>> student.childNodes
[<DOM Text node "'\n\t\t\t'">, <DOM Element: subject at 0x398b940>, <DOM Text node
"'\n\t\t\t'">, <DOM Element: subject at 0x398b990>, <DOM Text node "'\n\t\t\t'">, <DOM
Element: subject at 0x398b9e0>, <DOM Text node "'\n\t\t'">]
```

通过示例可以看到，查找的是 id 为 101 的 student 元素节点，但是其 childNodes 却包含了 7 个元素，其中 4 个文本节点、3 个元素节点。通过 XML 内容可以知道，该元素节点下只有 3 个子元素，多出的 4 个文本节点其实是这 3 个元素节点上下文的换行符和 tab。

同理，在使用 firstChild、lastChild 属性时，也会是相同的效果。具体示例如下：

```
>>> student = doc.getElementById('101')
>>> student.firstChild
<DOM Text node "'\n\t\t\t'">
>>> student.lastChild
<DOM Text node "'\n\t\t\t'">
```

如果想要避免获取无用的文本节点，可以在生成或者解析 XML 之前去除源文件中的多余回车和 tab 等格式化的内容。

2. 内容获取

对于 XML 的内容获取最终还是会体现到节点上，对于普通的元素节点可以获取元素的标签名、属性值，对于文本节点则可以获取文本内容。具体示例如下：

```
>>> student = doc.getElementById('101')
>>> student.tagName            # 获取标签名
>>> student.getAttribute('id') # 获取指定属性值
>>> attrs = student.attributes
>>> for s in attrs.values():   # 遍历全部属性值
        s.nodeName
        s.value
>>> attrs.get('id').value # 获取指定属性值
101
>>> student.toxml()           # 输出节点的 XML 内容
```

```
'<student age="18" id="101" name="张三" sex="男">\n\t\t\t<subject>语文</subject>
\n\t\t\t<subject>数学</subject>\n\t\t\t<subject>英语</subject>\n\t\t </student>'
>>> subjects = student.getElementsByTagName('subject')
>>> subjects[0].firstChild.nodeValue    #获取文本节点内容
'语文'
```

3. 内容更新

XML 的内容更新包括新增、修改、删除节点。这里以 test.xml 为例新增一个完整的 student 元素节点。其示例代码如下：

```python
from xml.dom.minidom import parse

doc = parse('test.xml')
students = doc.getElementsByTagName('students')[0]
# 创建一个新的 student 元素节点，并追加到 students 父节点
student = doc.createElement('student')
students.appendChild(student)
# 给 student 元素节点设置属性
student.setAttribute('id', '104')
student.setAttribute('name', '许六')
student.setAttribute('age', '21')
sex = doc.createAttribute('sex')    # 创建属性节点
sex.value = '女'
student.setAttributeNode(sex)
# 创建 subject1 元素节点并追加到 student 父节点
subject1 = doc.createElement('subject')
txt = doc.createTextNode('化学')    # 创建文本节点
subject1.appendChild(txt)
student.appendChild(subject1)
# 创建 subject2 元素节点并插入 subject1 节点前
subject2 = doc.createElement('subject')
txt = doc.createCDATASection ('物理')    # 支持转义的文本节点
subject2.appendChild(txt)
student.insertBefore(subject2, subject1)
# 保存 XML 内容
with open('test.xml', 'w', encoding='utf-8') as f:
    doc.writexml(f, addindent='', encoding='utf-8')
```

修改和删除 XML 节点的示例如下：

```python
from xml.dom.minidom import parse

doc = parse('test.xml')
students = doc.getElementsByTagName('students')[0]
last_student = students.getElementsByTagName('student')[-1]
students.removeChild(last_student)    # 删除最后一个 student 节点

first_student = students.getElementsByTagName('student')[0]
first_student.setAttribute('age', '20')    # 修改元素属性值
first_subject = first_student.getElementsByTagName('subject')[0]
first_subject.firstChild.data = '体育'    # 修改文本节点内容
```

```
with open('test.xml', 'w', encoding='utf-8') as f:
doc.writexml(f, addindent='', encoding='utf-8')
```

4.1.5　json——读写 JSON 模块

JSON（JavaScript Object Notation）是一种轻量级的数据交换格式，它和 XML 一样，可用于不同系统和程序间的数据传输。与 XML 相比，JSON 更加简单、易学、可读、高效。日常的编程中也会更多地采用 JSON 格式作为数据传输的首选。

JSON 在不同系统和程序之间传输时，是通过序列化和反序列化操作实现的。首先，JSON 支持的数据结构格式在不同的编程语言中都能找到对应的存在形式；当程序需要通过 JSON 格式进行存储或传输时，会将本地内存中的数据结构形式序列化成 JSON 字符串；其他程序在读取或接收到 JSON 字符串之后，对 JSON 字符串进行反序列化后会得到相应的内存数据结构。JSON 数据在不同程序间的传输示意如图 4-1 所示。

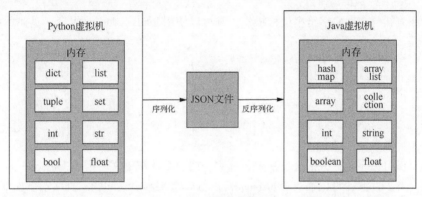

图 4-1　JSON 数据传输示意

由于 JSON 反序列化后的对象属于编程语言的原生对象，因此无须学习额外的对象编程接口。大部分编程语言为 JSON 提供的编程接口都非常简单，主要包括序列化和反序列化方法。在 Python 中可以通过标准库 json 来进行相关操作，其主要提供的方法如下。

❑　load——加载指定文件句柄的内容进行反序列化。

❑　dump——将指定的 Python 对象序列化后写入指定的文件句柄中。

❑　loads——对指定的字符串进行反序列化。

❑　dumps——将指定的 Python 对象序列化成 JSON 字符串。

其中 load、dump 用于文件描述符对象进行序列化和反序列化，loads、dumps 则用于对字符串对象进行序列化和反序列化。假设有一个名为 test.json 的文件内容如下：

```
{
    "name": 302,
    "students": [
        {
            "name": "张三",
            "age": 19,
            "sex": "男"
        },
        {
            "name": "李四",
            "age": 19,
```

```
                                "sex": "女"
                    }
            ]
    }
```

针对该文件内容进行加载、修改和保存的操作示例如下：

```
>>> import json
>>> with open('test.json', 'r', encoding='utf-8') as f:
        data = json.load(f)
>>> data
{'name': 302, 'students': [{'name': '张三', 'age': 19, 'sex': '男'}, {'name': '李四', 'age':
19, 'sex': '女'}]}
>>> student = {'name': '王五', 'age': 20, 'sex': '男'}
>>> data['students'].append(student)
>>> with open('test.json', 'w', encoding='utf-8') as f:
        json.dump(data, f)
```

如果希望直接与 JSON 字符串进行操作，则可以使用 loads、dumps 组合。具体示例如下：

```
>>> import json
>>> data = {'name': '张三', 'age': 20}
>>> s = json.dumps(data)
>>> s
'{"name": "\\u5f20\\u4e09", "age": 20}'
>>> json.loads(s)          # 加载 JSON 字符串
{'name': '张三', 'age': 20}
```

由上述示例可以看到，dumps 方法进行序列化时会默认把中文转换成 Unicode 形式，而这样对阅读者来说并不友好，可以通过设置 ensure_ascii 参数来解决该问题。具体示例如下：

```
>>> data = {'name': '张三', 'age': 20}
>>> json.dumps(data, ensure_ascii=False)
'{"name": "张三", "age": 20}'
```

此外，dumps 方法也不会对 JSON 字符串的格式进行优化，所有节点和子节点信息都压缩在一行内。为了更好地查看不同层级节点之间的递进关系，可以通过指定 indent 参数来实现，该参数用于接收一个 int 数值，表示不同层级节点之间的缩进空格数量。具体示例如下：

```
>>> data = {'name': '张三', 'age': 20}
>>> s = json.dumps(data, ensure_ascii=False, indent=4)
>>> print(s)
{
    "name": "张三",
    "age": 20
}
```

JSON 规范所支持的数据类型相对有限，并不能完全支持各编程语言中的数据结构。通常每门编程语言与 JSON 在数据结构转换上都有一个对应关系，Python 数据结构与 JSON 数据类型的对应关系如表 4-1、表 4-2 所示。

表 4-1   Python 转 JSON 数据关系

Python 数据结构	JSON 数据类型
dict	object
list, tuple	array

续表

Python 数据结构	JSON 数据类型
str, unicode	string
int, float	number
True	true
False	false
None	null

表 4-2 　　　　　　　　　　JSON 转 Python 数据关系

JSON 数据类型	Python 数据结构
object	dict
array	List
string	unicode
number(int)	int
number(real)	float
true	True
false	False
null	None

既然 Python 可以直接转换成 JSON 数据类型的对象是有限的，那么问题来了，其他 Python 数据对象如何转换为 JSON 数据类型？

第一种方法是针对特定的 Python 对象编写一个转换函数，把 Python 对象转换成等效的 JSON 支持的数据类型。例如，Python 中的 datetime 对象与 JSON 数据类型没有对应关系，是不能直接序列化成 JSON 的。那么就可以编写一个把 datetime 对象转换成日期字符串的函数，然后把需要进行 JSON 序列化的 datetime 对象都提前进行转换，最后再进行正式的序列化操作。具体示例如下：

```python
import json
from datetime import datetime


def date_to_str(dt):
    return dt.strftime('%Y-%m-%d %H:%M:%S')


data = {'now': datetime.now()}
# json.dumps(data)          # 抛出 JSON serializable 异常
data['now'] = date_to_str(data['now'])
print(json.dumps(data))
```

第二种方法是实现一个自定义的扩展编码器，在编码器中对特定的数据对象进行转换，之后在序列化时指定该扩展编码器。具体示例如下：

```python
import json
from datetime import datetime


class DatetimeEncoder(json.JSONEncoder):
    def default(self, obj):
        if isinstance(obj, datetime):
            return obj.strftime('%Y-%m-%d %H:%M:%S')

        return json.JSONEncoder.default(self, obj)
```

```
data = {'now': datetime.now()}
print(json.dumps(data, cls=DatetimeEncoder))
```

示例中定义的 DatetimeEncoder 编码器专门针对 datetime 对象进行转换，当然如果需要，也可以添加对其他数据对象进行转换的编码器。

4.1.6　openpyxl——读写 Excel 模块

Excel 作为日常工作中最常用的数据文件之一，在测试开发过程也会被经常使用到。通常 Excel 会作为一个管理测试数据的数据源，一方面它便于手动编辑和管理，另一方面它提供的接口也让编程语言能够方便地操作数据。

Python 中可以操作 Excel 的模块有很多，如 xlrd、xlwt、xlsxwriter、xlutils、openpyxl 等。并且这些模块都属于第三方库，也就是说在使用之前要进行安装。

其中，xlrd 可以读取.xls、.xlsx 格式的 Excel 文件，xlwt 则只能修改.xls 格式的 Excel 文件，xlsxwriter 则可以用于修改.xlsx 格式的文件，xlutils 是基于 xlrd 和 xlwt 之上的一个封装模块，openpyxl 同时支持读写.xlsx、.xlsm、.xltm、.xltx 文件。

通过上面的介绍可以知道，如果希望同时对.xls 和、.xlsx 格式的文件进行读写操作，那么至少需要安装 3 个库。由于各库间的 API 相似，因此这里仅以 openpyxl 模块为例进行介绍。如果需要读写旧版本 Excel 文件，可以先把文件转换成新版本的.xlsx 格式。

由于 openpyxl 不是 Python 的标准库，所以在使用之前需要进行安装：

```
pip install openpyxl
```

在具体编写代码之前，需要对 Excel 和 Python 库中的概念进行统一。具体对应关系如表 4-3 所示。

表 4-3　　　　　　　　　　　　　Python 库中与 Excel 相关的概念

Python 库	Excel
Workbook	Excel 文件
Sheet	Sheet
Active Sheet	当前 Sheet
Column[从 A 起始]	列
Row[从 1 起始]	行
Cell	单元格，行和列的交汇位置

1.　读取 Excel 文件

通过 openpyxl 模块操作 Excel 文件的大致流程如下。

（1）实例化一个 Workbook 对象（新建、加载已有文件）。

（2）获取指定的 Worksheet 对象（新建、指定已有的 Worksheet 对象）。

（3）基于 Worksheet 对象进行操作（读写）。

（4）保存或退出。

对于读取 Excel 文件操作，需要通过加载已有的 Excel 文件来实例化 Workbook 对象，具体的方法如下：

```
>>> from openpyxl import load_workbook
>>> wb = load_workbook('test.xlsx')
```

之后，可以通过 Sheet 名获取指定的 Worksheet 对象，也可以通过 active 属性获取当前激活 Sheet 对应的 Worksheet 对象。具体示例如下：

```
>>> wb.active
<Worksheet "Sheet1">
>>> wb["Sheet1"]         # 获取 Sheet1 对象
<Worksheet "Sheet1">
>>> wb.get_sheet_by_name("Sheet1") # 获取 Sheet1 对象
<Worksheet "Sheet1">
>>> wb.sheetnames         # 查看全部 Sheet 名
[' Sheet1', 'Sheet2']
```

接下来，就可以对 Excel 文件的内容进行读取操作，具体包括单元格内容读取、行内容读取、列内容读取、区域内容读取。具体示例如下：

```
>>> ws["A1"].value          # 获取 A1 的值
'A1'
>>> ws.cell(row=2, column=2).value # 获取 B2 的值
'B2'
>>> ws['A']                 # 获取 A 列的全部单元格
(<Cell 'Sheet1'.A1>, <Cell 'Sheet1'.A2>, <Cell 'Sheet1'.A3>, <Cell 'Sheet1'.A4>, <Cell 'Sheet1'.A5>, <Cell 'Sheet1'.A6>, <Cell 'Sheet1'.A7>, <Cell 'Sheet1'.A8>)
>>> ws[1]                   # 获取第 1 行的全部单元格
(<Cell 'Sheet1'.A1>, <Cell 'Sheet1'.B1>, <Cell 'Sheet1'.C1>)
>>> ws["A1": "B4"]          # 获取指定区域的单元格
((<Cell 'Sheet1'.A1>, <Cell 'Sheet1'.B1>), (<Cell 'Sheet1'.A2>, <Cell 'Sheet1'.B2>), (<Cell 'Sheet1'.A3>, <Cell 'Sheet1'.B3>), (<Cell 'Sheet1'.A4>, <Cell 'Sheet1'.B4>))
>>> ws.rows                 # 获取全部行的生成器对象
<generator object Worksheet._cells_by_row at 0x0CC78F30>
>>> ws.columns              # 获取全部列的生成器对象
<generator object Worksheet._cells_by_col at 0x0CC9B7B0>
```

除了遍历和获取具体的 Excel 内容，通过 Worksheet 对象还可以获取相关的属性信息，如最大行、最大列等。具体示例如下：

```
>>> ws.max_column
3
>>> ws.max_row
8
>>> ws.min_column
1
>>> ws.min_row
1
```

最后，遍历一个 Sheet 中内容的示例代码如下：

```
from openpyxl import load_workbook

wb = load_workbook('d:\\test.xlsx')
ws = wb.active

# 遍历全部内容
for row in ws.rows:      # 遍历全部行
    for c in row:        # 遍历行内全部列
```

```
        print(c.value)

# 遍历 A1 至 C4 区域的内容
for row in ws["A1:C4"]:
    for c in row:
        print(c.value)
```

2. 写入 Excel 文件

对 Excel 进行写入有两种情况：一种是新建文件并写入内容；另一种是修改原有 Excel 文件的内容。新建文件时需要创建一个新的 Workbook 对象，而修改已有的文件同读取一样，直接加载已有 Excel 文件即可：

```
>>> from openpyxl import Workbook
>>> wb = Workbook()          # 创建一个新的 Workbook 对象
>>> wb.sheetnames
['Sheet']
>>> wb.active
<Worksheet "Sheet">
```

通过示例可以知道，新建一个 Workbook 对象时会自动创建一个名为 Sheet 的 Worksheet 对象，并作为当前激活的 Sheet。当然也可以选择新建一个 Worksheet 对象。具体示例如下：

```
>>> wb.create_sheet("New_Sheet")    # 新建一个 Worksheet 对象
<Worksheet "New_Sheet">
>>> wb.copy_worksheet(wb.active)    # 复制一个 Worksheet 对象
<Worksheet "Sheet Copy">
>>> wb.sheetnames
['Sheet', 'New_Sheet']
>>> ws = wb['Sheet']
>>> wb.remove(ws)                   # 删除指定的 Worksheet
>>> wb.sheetnames
['New_Sheet']
```

Excel 的写入操作主要包括单元格、行、区域内容的写入。具体示例如下：

```
>>> ws['A1'] = 10       # 单元格 A1 设值
>>> ws.cell(row=6, column=3, value= "Hello Python") # 单元格 C6 设值
>>> ws.append([1, 2, 3]) # 在最后一行下追加一行内容
>>> for i in  range(2,6): # 对指定区域进行设值
...   for j in range(1,4):
...     ws.cell(row=i, column=j, value="test")
...
>>> wb.save("test.xlsx")
```

Excel 的写入操作包括内容新增和修改，对于原本没有的单元格会自动创建对应的 Cell 对象并进行设值；对于之前已有的单元格会直接设值并覆盖原来的内容。新创建的 Worksheet 对象不会包含 Cell 对象，当第一次访问指定的单元格时才会创建对应的 Cell 对象。

3. 样式设置

openpyxl 模块除了可以对 Excel 文件进行内容读取之外，还提供了常规的 Excel 样式操作的接口，如字体、宽高、对齐方式、插入图片、合并/拆分单元格等。

```
>>> from openpyxl.styles import Font, colors, Alignment
>>> ws['A1'].font = ws['A1'].font = Font(name="微软雅黑", color=colors.RED, size=28,
italic=True, bold=True))    # 设置字体样式
>>> ws['B1'].alignment = Alignment(horizontal='center', vertical='center')
                                                    # 设置对齐方式
>>> ws.row_dimensions[1].height = 30              # 设置第 1 行的高度
>>> ws.column_dimensions['A'].width = 30          # 设置 A 列的宽度
```

合并/拆分单元格提供了两种调用方式，具体使用示例如下：

```
>>> # 第一种方式
>>> ws.merge_cells('A1:A3')    # 合并单元格
>>> ws.unmerge_cells('A1:A3')  # 拆分单元格
>>> # 第二种方式
>>> ws.merge_cells(start_row=2, start_column=1, end_row=4, end_column=5)
>>> ws.unmerge_cells(start_row=2, start_column=1, end_row=4, end_column=5)
```

通过 openpyxl 对 Excel 进行图片插入操作也非常简单，具体示例如下：

```
>>> from openpyxl.drawing.image import Image
>>> img = Image('test.png')
>>> ws.add_image(img, 'A1')
>>> wb.save("test.xlsx")
```

上述示例中图片会被添加到 Excel 文件中，并且其左上角的坐标会以 A1 单元格的左上角坐标为锚点。需要注意的是，插入的图片如果大于指定单元格的大小，则会覆盖其他单元格的内容。

4.1.7 logging——日志模块

Python 中记录日志的标准库是 logging，logging 模块主要包含以下几个基础类。

❏ Logger——对外提供日志记录 API 的类。

❏ Handler——处理日志记录请求的类，并记录到指定终端上。

❏ Filter——用于过滤日志的输出内容。

❏ Formatter——指定日志输出的具体格式。

日常工作中使用最多的是 Logger 实例对象，主要通过 Logger 类提供的日志 API 来进行不同等级日志的记录。而对于其他几个基础类，一般可以使用默认配置或者在初始化时设置特定配置，无须在编码过程中使用到。

首先，来看一个最简单的 logging 模块的使用示例。具体代码如下：

```
>>> import logging
>>> logger = logging.getLogger()          # 获取一个 Logger 对象
>>> logger.setLevel(logging.WARNING)      # 设置日志等级为 WARNING
>>> logger.critical("critical")           # 记录严重等级日志
critical
>>> logger.error("error")                 # 记录错误等级日志
error
>>> logger.warning("warning")             # 记录警告等级日志
warning
>>> logger.info("info")                   # 记录信息等级日志
>>> logger.debug("debug")                 # 记录调试等级日志
```

上述示例中首先获取了一个默认的 Logger 对象，并设置日志等级为 WARNING，最后输出了

logging 模块支持的 5 种日志等级。从运行结果可以看出，只有 WARNING 及以上的等级日志才被输出，而低于 WARNING 等级的日志并没有被记录。

1. 日志等级说明

logging 模块中的日志等级由高到低依次为 CRITICAL、ERROR、WARNING、INFO、DEBUG，默认的日志等级为 WARNING。

在记录日志时只有日志 API 对应的日志等级高于设置的日志等级时才会被正常记录，否则就不会被记录。例如，Logger.info 方法对应的日志等级为 INFO，只有在日志等级设置为 INFO 或者以下等级时才会记录日志内容。

设置不同的日志等级可以决定输出哪些等级的日志。例如，在开发环境可以设置日志等级为最低的 DEBUG 等级，而在正式的生成环境则可以设置为 INFO 或者 ERROR 等级。

　　　　日志等级可以通过 logging. addLevelName 方法来添加，如果没有特殊需求，通常推荐使用默认的日志等级。

2. 日志选项配置

如果只是临时简单地使用 logging 模块来记录日志，那么就可以使用默认配置；如果有额外的日志记录需求，那么就需要预先对 logging 模块进行相关的配置。logging 模块支持的 4 种配置方式分别如下。

- ❑ 通过 logging.basicConfig 函数设置。
- ❑ 通过 logging.config.fileConfig 函数设置。
- ❑ 通过 logging.config.dictConfig 函数设置。
- ❑ 通过 logging 的 API 设置。

logging.basicConfig 函数主要用于默认 Logger 的基础配置。它通常用来进行一些简单化的日志配置，具体的示例如下：

```
import logging

logging.basicConfig(
    level=logging.INFO,
    stream=open('test.log', 'a'),
    format="%(asctime)s - %(name)s - %(lineno)d - %(levelname)s - %(message)s",
    datefmt="%Y-%m-%d %H:%M:%S"
)

logger = logging.getLogger()
logger.critical("critical")
logger.error("error")
logger.warning("warning")
logger.info("info")
logger.debug("debug")
```

上述示例中除了设置日志等级之外，同时还设置了日志文件的句柄和日志、日期的格式。示例执行之后查看相应的日志文件，即可获取记录的日志内容。需要注意的是，logging.basicConfig 的调用必须要在 logging.getLogger 之前，否则配置不会生效。

logging.config.fileConfig 函数可以通过配置文件来进行日志配置。该函数支持 ConfigParser 类默认格式的配置文件，当然也可以通过指定一个配置解析器来支持其他格式的配置文件。下面是一个具体的日志配置示例文件：

```
[loggers]
keys=root,logger01

[handlers]
keys=fileHandler,consoleHandler

[formatters]
keys=Formatter01

[logger_root]
level=DEBUG
handlers=consoleHandler

[logger_logger01]
level=DEBUG
handlers=consoleHandler,fileHandler
qualname=logger01
propagate=0

[handler_consoleHandler]
class=StreamHandler
args=(sys.stdout,)
level=DEBUG
formatter=Formatter01

[handler_fileHandler]
class=FileHandler
args=('logging.log', 'a')
level=ERROR
formatter=Formatter01

[formatter_Formatter01]
format=%(asctime)s - %(name)s - %(lineno)d - %(levelname)s - %(message)s
datefmt=%Y-%m-%d %H:%M:%S
```

该配置文件中配置了两个 Logger、两个 Handler 和一个 Formatter。其中，Logger 分别为 root 和 logger01；Handler 分别为 consoleHandler 和 fileHandler；Formatter 则是 Formatter01。

通过配置文件的挂载逻辑可以知道，Logger 下会挂载指定的 Handler，Handler 下会挂载指定 的 Formatter。上述示例中的 consoleHandler 会把日志输出到命令行，fileHandler 会把日志输出到 指定文件，同时为它们设置了不同的日志等级；另外，logger01 同时挂载了 consoleHandler 和 fileHandler。使用上述配置文件的示例代码如下：

```
import logging
from logging.config import fileConfig

fileConfig('test.conf')                  # 设置日志配置
root = logging.getLogger()               # 获取 root Logger
logger01 = logging.getLogger("logger01")    # 获取 logger01

root.debug("root debug")
root.error("root error")
```

```
logger01.debug("logger01 debug")
logger01.error("logger01 error")
```

示例中同时获取了 root 和 logger01 两个 Logger，并且分别通过这两个 Logger 进行了日志的记录。上述示例执行后在命令行输出的内容如下：

```
2020-05-30 17:49:52 - root - 8 - DEBUG - root debug
2020-05-30 17:49:52 - root - 9 - ERROR - root error
2020-05-30 17:49:52 - logger01 - 11 - DEBUG - logger01 debug
2020-05-30 17:49:52 - logger01 - 12 - ERROR - logger01 error
```

在日志文件中记录的内容如下：

```
2020-05-30 17:49:52 - logger01 - 12 - ERROR - logger01 error
```

具有同样配置功能的 logging.config.dictConfig 函数接收的则是一个字典对象。上述同等日志配置的字典配置内容如下：

```
dict_conf = {
    "version": 1,
    "root": {
        "level": "DEBUG",
        "handlers": ["consoleHandler"]
    },
    "loggers": {
        "logger01": {
            "level": "DEBUG",
            "handlers": ["consoleHandler", "fileHandler"],
            "qualname": "logger01",
            "propagate": 0
        }
    },
    "handlers": {
        "consoleHandler": {
            "class": "logging.StreamHandler",
            "stream": "ext://sys.stdout",
            "level": "DEBUG",
            "formatter": "Formatter01"
        },
        "fileHandler": {
            "class": "logging.FileHandler",
            "filename": "logging.log",
            "level": "ERROR",
            "formatter": "Formatter01"
        }
    },
    "formatters": {
        "Formatter01": {
            "format": "%(asctime)s - %(name)s - %(lineno)d - %(levelname)s - %(message)s",
            "datefmt": "%Y-%m-%d %H:%M:%S"
        }
    }
}
```

使用该字典配置的示例代码如下：

```
import logging
```

```
from logging.config import dictConfig

dictConfig(dict_conf)
root = logging.getLogger()
logger01 = logging.getLogger("logger01")

root.debug("root debug")
root.error("root error")

logger01.debug("logger01 debug")
logger01.error("logger01 error")
```

最后一种配置 logging 的方式是直接调用 API 来设置，这种方式相对于前面几种方式会更加灵活，可以在任意代码位置根据需要进行日志配置。具体使用示例如下：

```
import sys
import logging

root = logging.getLogger()
root.setLevel(logging.DEBUG)

logger01 = logging.getLogger("logger01")
logger01.setLevel(logging.DEBUG)
logger01.propagate = 0

Formatter01 = logging.Formatter("%(asctime)s - %(name)s - %(lineno)d - %(levelname)s
- %(message)s")
Formatter01.datefmt = "%Y-%m-%d %H:%M:%S"

consoleHandler = logging.StreamHandler(sys.stdout)
consoleHandler.setLevel(logging.DEBUG)
consoleHandler.setFormatter(Formatter01)

fileHandler = logging.FileHandler(filename="logging.log")
fileHandler.setLevel(logging.ERROR)
fileHandler.setFormatter(Formatter01)

root.addHandler(consoleHandler)
logger01.addHandler(consoleHandler)
logger01.addHandler(fileHandler)

root.debug("root debug")
root.error("root error")

logger01.debug("logger01 debug")
logger01.error("logger01 error")
```

上述 4 种配置方式除了第一种，其他几种都支持复杂的日志配置。除了示例中的 logging.FileHandler 之外，logging 模块还提供了很多额外的日志处理器，具体都归档在 logging.handlers 模块下。例如，RotatingFileHandler 可以根据文件大小来分割日志并保留指定数量的备份文件；TimedRotatingFileHandler 则可以根据时间来分割日志并保留指定数量的备份文件。

3. Logger 对象使用

通常在 Python 中获取 Logger 对象有两种常见的方式：

```
>>> logger = logging.getLogger()
```

```
>>> logger = logging.getLogger(__file__)
```

第一种是调用 getLogger 方法时不带参数，它会返回一个名为 root 的 Logger 对象，其效果等同于：

```
>>> logger = logging.getLogger("root")
```

第二种是调用 getLogger 方法时带一个文件名作为参数，此时会返回一个与文件名同名的 Logger 对象，也可以指定一个固定的字符串作为参数。具体示例如下：

```
>>> logger = logging.getLogger("logger01")
>>> logger.name
'logger01'
```

那么是否带参数的区别是什么呢？想要了解这一点需要先知道 Logger 对象的获取机制。在 logging 模块中会创建一个名为 root 的 Logger 对象作为默认 Logger，当不带参数调用 getLogger 方法时，就会返回默认的 Logger 对象 root。此外，除了前面介绍的第一种 logging 模块的配置方式，通过其他几种配置方式可以配置额外的 Logger 对象，之后就可以通过配置的 Logger 名来获取提前配置的 Logger 对象。如果 getLogger 方法指定的 Logger 名在之前没有配置过，则会自动创建一个对应名称的 Logger 对象，并且会使用默认的日志配置。

获取 Logger 对象之后，通常的操作是根据场景的不同记录各种等级的日志。除了前面介绍的 5 种等级的日志方法之外，Logger 对象还提供了 exception 方法，该方法可以接收字符串或者异常实例作为参数，执行时会记录 ERROR 等级的日志，同时还会记录当前的异常堆栈信息。具体示例代码如下：

```
import logging

root = logging.getLogger()

try:
    1 / 0
except Exception as e:
root.exception(e)
```

上述示例的执行效果如下：

```
division by zero
Traceback (most recent call last):
  File "/path/to/test.py", line 6, in <module>
    1 / 0
ZeroDivisionError: division by zero
```

logging 库配置演示

4.2 数据存储库

本节主要介绍日常测试工作中经常使用的数据存储库。例如，用于访问最常见的关系型数据库的 records 库，用于访问内存数据库 Redis 的 redis 库，以及用于访问文档数据库 MongoDB 的 pymongo 库。

4.2.1 records——轻量级 DB 框架

records 是由 requests 作者开发的一个 DB 访问库，与 requests 的宗旨一样，records 也力图成为一个非常易用的 DB 库，它是基于 SQLAlchemy 库封装的一个上层库。其安装命令如下：

```
pip install records
```

records 一共只有 500 多行代码，提供的都是简洁易用的 API，所以上手非常容易。具体示例如下：

```
>>> import records
>>> db = records.Database('sql://connect_string')        # 实例化 DB 对象
>>> rows = db.query('select 1')                          # 执行 SQL 语句
```

通过示例可以知道，在具体执行 SQL 语句之前需要实例化 DB 对象，真实的场景中需要把 DB 连接字符串替换为有效的字符串；之后可以通过 DB 对象的 query 方法来执行具体的 SQL 语句，query 方法可以执行任意 SQL 语句并对查询类的 SQL 返回结果集实例。

> **说明**　records 支持的 DB 连接字符串与 SQLAlchemy 是一致的，需要根据被访问数据库的类型、DB 驱动库、用户名、密码、HOST、端口、数据库名称及特定参数等信息来组成，可以参考 SQLAlchemy 连接字符串的配置说明。

在 records 中可以通过多种方式获取查询 SQL 的结果内容，最简单的方式就是直接遍历结果集实例。具体示例如下：

```
>>> rows = db.query('select * from user')
>>> for row in rows:
>>>   row            # 输出 Record 实例
>>>   row.as_dict()  # 输出 Record 实例对应的字典内容
```

同时还可以通过下标来获取指定行的结果内容，示例如下：

```
>>> rows = db.query('select * from user')
>>> rows[0]          # 获取第一行的结果
>>> rows[1]          # 获取第二行的结果
```

直接获取全部的结果列表，则可以通过如下方式实现：

```
>>> rows = db.query('select * from user')
>>> rows.all()       # 返回 Record 实例列表
>>> rows.as_dict()   # 返回对应字典的实例列表
```

此外，针对第一条记录提供了额外的两个方法：first 和 one。first 方法用于获取结果集中的第一条记录，如果结果集为空，则默认返回 None；one 方式也用于获取结果集中的第一条记录，如果结果集为空或者结果集不止一条，则默认返回 None。具体示例如下：

```
>>> rows = db.query('select * from user')
>>> rows.first()  # 获取第一条记录
>>> rows.one()          # 确保只有一条记录
```

获取具体记录的 Record 实例后，可以通过多种方式读取具体的字段内容。具体示例如下：

```
>>> rows = db.query('select * from user')
>>> row = rows.first()
>>> row.id
>>> row['id']
>>> row.get('id')
>>> row[0]
```

records 还提供了结果集数据的导出功能，包括 CSV、Excel、JSON、YAML 等多种常用格式。具体示例如下：

```
>>> rows = db.query('select * from user')
```

```
>>> rows.dataset                    # HTML 表格样式
>>> rows.export('df')               # Pandas DataFrame
>>> rows.export('csv')              # CSV 格式
>>> rows.export('yaml')             # YAML 格式
>>> rows.export('json')             # JSON 格式
>>> with open('report.xls', 'wb') as f:        # Excel 格式
>>>     f.write(rows.export('xls'))
```

records 除了在 SQL 查询方面提供了更加易用的封装接口，在 SQL 更新、删除操作上仅仅是 SQL 执行的操作入口，而在插入操作上 records 额外提供了一个批量操作的方法。其使用示例代码如下：

```
import records
db = records.Database('sql://connect_string')
data = [
    {'name': 'python', 'age': 15},
    {'name': 'java', 'age': 14}
]
db.bulk_query("insert into tn(name, age) values(:name, :age)", data)
```

最后，records 还提供了支持事务的 API。其使用示例代码如下：

```
import records
db = records.Database('sql://connect_string')
t = db.transaction()
try:
  db.query('select * from user')
  t.commit()
except:
  t.rollback()
```

4.2.2　redis——读写 Redis 库

Redis 作为大型项目经常用到的缓存中间件服务，在测试中也会经常接触到。有时候会希望通过开发的测试工具来自动地读取、写入一些 Redis 数据，进而完成一个自动化测试行为。Python 中可以访问 Redis 的第三方库有很多，而最常用的则是同名的 redis 库。redis 库的安装命令如下：

```
pip install redis
```

redis 库的基础使用示例代码如下：

```
>>> import redis
>>> conn = redis.Redis(host='localhost', port=6379, db=0)
>>> conn.set('foo', 'bar')              # 单键值写入或更新
True
>>> conn.set('foo', 'bar', ex=3)        # 键值过期时间为 3 秒
True
>>> conn.get('foo')                     # 单键值读取
b'bar'
>>> conn.delete('foo')                  # 删除指定键值
1
>>> conn.mset(k1='k1', k2='k2')         # 批量键值写入或更新
True
>>> conn.mget('k1', 'k2')               # 批量键值读取
'bar'
```

从示例中可以看到，使用 Redis 库进行具体的数据操作之前，需要实例化一个连接对象，实例化对象时需要指定 Redis 服务的 IP、端口及需要访问的 DB 名称。之后通过实例化对象的具体方法来对 Redis 进行数据操作，例如 set 方法用于设置 Redis 数据，get 方法用于读取 Redis 数据。

Redis 本身作为一个缓存数据库，其特点是支持设置结构化的数据内容。因此，在设置 Redis 数据时，除了上述示例中设置的字符串内容之外，还可以设置列表、字典、集合等形式的数据内容。

1.　设置字典数据

通过 Python 的 Redis 库创建的连接对象具有与原生 Redis 相同的访问 API。字典形式的数据可以通过连接对象的 hset、hget 等以 h 开头的方法进行设置：

```
>>> conn.hset('k1', 'foo', 'bar')  # 设置一个 Hash 结构的值
1L
>>> conn.hget('k1', 'foo')              # 从 Hash 结构中取 key 为 foo 的值
'bar'
```

通过 hset 方法设置的 Redis 数据，与 set 方法设置的 Redis 数据的区别在于，hset 设置的数据值是一个 Hash 对象，即字典对象；而 set 方法设置的数据值只是一个字符串内容。如果翻译为 Python 的伪代码，可以用如下两种设值方式来表示：

```
foo = 'bar'            # set('foo', 'bar')
k1 = {'foo': 'bar'}    # hset('k1', 'foo', 'bar')
```

为了能方便地直接通过 redis 命令操作 Hash 数据对象的内容，redis 也为 Hash 类的数据值提供了特殊的访问 API。具体介绍如下：

```
# 批量设置 Hash 对象数据
>>> conn.hmset('k2', {'foo': 'bar', 'zoo': 'app'})
True
# 批量获取 Hash 对象中 key 对应的值
>>> conn.hmget('k2', ['foo', 'zoo'])
['bar', 'app']
# 获取 Hash 对象中所有的 key 值
>>> conn.hkeys('k2')
['foo', 'zoo']
# 获取 Hash 对象中所有的 value 值
>>> conn.hvals('k2')
['bar', 'app']
# 获取 Hash 对象中的全部数据，包括全部的 key 和 value
>>> conn.hgetall('k2')
{'foo': 'bar', 'zoo': 'app'}
# 检查 Hash 对象中是否存在指定的 key
>>> conn.hexists('k2', 'foo')
True
# 删除 Hash 对象中指定的 key
>>> conn.hdel('k2', 'zoo')
1
```

2.　设置列表数据

与设置字典结构的数据类似，在 Redis 中设置列表结构的数据通常都用以 l 开头的方法。常用的操作方法如下：

```
# 向指定 name 的列表结构中添加新值，默认往左边追加
>>> conn.lpush('k3', 'foo', 'bar', 'zoo')
3L
# 获取列表结构中指定区间的内容，这里获取的是全部内容
>>> conn.lrange('k3', 0, -1)
['zoo', 'bar', 'foo']
# 获取列表结构的长度
>>> conn.llen('k3')
3
# 在列表结构中的指定元素 bar 之前插入一个新值 app
>>> conn.linsert('k3', 'before', 'bar', 'app')
4
# 向列表结构中的指定元素 bar 之后插入一个新值 app2
>>> conn.linsert('k3', 'after', 'bar', 'app2')
5
# 修改列表结构中第一个元素的值为 zoooo
>>> conn.lset('k3', 0, 'zoooo')
True
# 删除列表结构中的 app 元素，默认会删除值为 app 的全部元素
>>> conn.lrem('k3', 'app')
1L
# 从列表结构中移除一个元素并返回
>>> conn.lpop('k3')
'zoooo'
# 获取列表结构中索引为 0 的元素值
>>> conn.lindex('k3', 0)
'bar'
```

与字典结构数据的操作不同的是，列表结构数据还支持从右边向指定列表中追加新的内容值。具体使用到的方法如下：

```
>>> conn.lrange('k3', 0, -1)
['zoooo', 'bar', 'app2', 'foo']
# 向列表结构的右侧追加新值 app
>>> conn.rpush('k3', 'app')
5L
>>> conn.lrange('k3', 0, -1)
['zoooo', 'bar', 'app2', 'foo', 'app']
```

3. 设置集合数据

Redis 中设置集合结构的数据通常使用以 s 开头的方法。Redis 库中提供的针对集合数据读写的常用方法介绍如下：

```
# 向集合结构中添加元素，如果指定 name 的集合不存在，则新建一个集合
>>> conn.sadd("k4", 'foo', 'bar', 'zoo')
3
# 获取集合结构中的全部元素，返回一个 Python 的集合对象
>>> conn.smembers("k4")
set(['foo', 'bar', 'zoo'])
# 获取集合结构的长度，即成员数量
>>> conn.scard("k4")
3
```

```
# 以 Python 元组的形式返回集合的元素成员
>>> conn.sscan('k4')
(0L, ['zoo', 'bar', 'foo'])
# 以 Python 迭代器的形式返回集合的元素成员
>>> conn.sscan_iter('k4')
<generator object sscan_iter at 0x7fa2f1e863c0>
# 检查指定值 zoo 是否为集合成员
>>> conn.sismember('k4', 'zoo')
True
# 从集合结构中随机移除一个元素，并返回这个元素
>>> conn.spop('k4')
'zoo'
# 从集合结构中删除指定元素 foo
>>> conn.srem('k4', 'foo')
1
```

除了对集合结构进行数据读写操作之外，Redis 库还提供了集合数据结构之间的操作方法，如差集、并集、交集等操作。具体操作示例代码如下：

```
>>> conn.sadd('k5', 'foo', 'bar', 'zoo')
3
>>> conn.sadd('k6', 'foo', 'bar', 'app')
3
# 求 k5 集合与 k6 集合的差集，即 k5 中有而 k6 中没有的成员
>>> conn.sdiff('k5', 'k6')
set(['zoo'])
# 求 k6 集合与 k5 集合的差集，即 k6 中有而 k5 中没有的成员
>>> conn.sdiff('k6', 'k5')
set(['app'])
# 求 k5 集合与 k6 集合的交集，即 k5 与 k6 都有的成员
>>> conn.sinter('k6', 'k5')
set(['foo', 'bar'])
# 求 k5 集合与 k6 集合的并集，即包含 k5 和 k6 中的全部成员
>>> conn.sunion('k6', 'k5')
set(['app', 'foo', 'bar', 'zoo'])
```

4. 其他操作

除了之前介绍的 redis 操作之外，Redis 库还支持有序集合数据结构的操作，以及对 redis 键的一些操作方法。具体示例如下：

```
# 检查 redis 中指定 name 的 key 是否存在
>>> conn.exists('k6')
True
# 查询符合匹配符（以 k 开头）的所有 key
>>> conn.keys(pattern='k*')
['k1', 'k4', 'k5', 'k3', 'k6', 'k2']
# 设置 name 为 k3 的键值对的过期时间为 3 秒
>>> conn.expire('k3', 3)
True
# 把 name 为 k1 的 key 重命名为 k11
>>> conn.rename('k1', 'k11')
True
```

```
# 查看 name 为 k5 的值类型
>>> conn.type('k5')
'set'
```

4.2.3　pymongo——读写 MongoDB 库

MongoDB 是一个支持海量数据存储的文档数据库。它与 MySQL 等关系型数据库不同，不需要提前设计表结构，可以文档的形式存储数据。因此，MongoDB 常常在一些特定业务场景中被选择使用，也会与关系型数据库结合一起作为数据存储服务。

Python 中读写 MongoDB 最常用的库为 pymongo，它提供了与原生 MongoDB 类似的操作流程和 API，使得开发者可以快速地熟悉并上手开发程序。pymongo 库的安装命令如下：

```
pip install pymongo
```

通过 pymongo 库操作 MongoDB 的基础代码示例如下：

```
>>> import pymongo
# 创建一个 MongoDB 数据库的客户端连接对象
>>> client = pymongo.MongoClient("localhost", 27017)
# 切换到 my_db 数据库
>>> db = client.my_db
# 切换到 my_db 数据库下的 my_coll 集合
>>> db.my_coll
Collection(Database(MongoClient(host=['localhost:27017'],        document_class=dict,
tz_aware=False, connect=True), u'my_db'), u'my_coll')
# 在 my_db.my_coll 集合中插入一条文档数据
>>> db.my_coll.insert_one({"foo": "bar"})
<pymongo.results.InsertOneResult object at 0x7fa2f144c050>
# 在 my_db.my_coll 集合中查询一条文档数据
>>> db.my_coll.find_one()
{u'_id': ObjectId('603a56903ea0de7393f7f5c9'), u'foo': u'bar'}
```

说明

通过 pymongo 操作 MongoDB 时，不需要提前创建数据库和数据集合，如果代码中切换的数据库或者集合不存在，则会在执行插入记录之前自动创建。而如果没有真正地执行插入操作，那么将不会创建数据库和集合。

上述示例中展示了如何通过 pymongo 库来连接 MongoDB 服务，并在指定数据库的集合中进行简单的数据插入和查询操作。实际上 MongoDB 服务还提供了很多的功能和接口，接下来将从数据的增、删、改、查等维度来介绍 pymongo 库中常用的 API。

1. 数据插入

pymongo 库中支持的数据插入方法有 3 个，分别是 insert_one、insert_many、insert。其中 insert_one 方法单次只能插入一条数据，而后两者则可以同时插入多条数据。

```
# 插入单条数据
>>> db.my_coll.insert_one({'foo': 'zoo'})
<pymongo.results.InsertOneResult object at 0x7ff5571f35a0>
# 插入多条数据
>>> db.my_coll.insert({'foo': 'bar'}, {'zoo': 'app'})
ObjectId('603b3a2c3ea0de0de3fd83ec')
# 插入多条数据
>>> db.my_coll.insert_many([{'foo': 'bar'}, {'zoo': 'app'}])
```

```
<pymongo.results.InsertManyResult object at 0x7ff5571f37d0>
```

从示例中可以看出，insert 和 insert_many 方法只是在调用参数形式上有所不同。此外，这 3 个方法返回的结果也不一样：insert 返回的是 ObjectId 对象，insert_one 和 insert_many 返回的是 pymongo.results 下的 InsertOneResult 和 InsertManyResult 对象。

通过 InsertOneResult 对象的 inserted_id 属性可以获取插入数据的 ObjectId 对象；通过 InsertManyResult 对象的 inserted_ids 属性则可以获取所有插入数据的 ObjectId 对象列表。

2. 数据查询

pymongo 库中数据查询的方法有两个，分别是 find_one 和 find。find_one 方法只会返回一条结果，find 方法则会返回多条满足查询条件的结果。具体示例如下：

```
# 查询满足条件的单条结果
>>> db.my_coll.find_one({'foo': 'bar'})
{u'_id': ObjectId('603a56903ea0de7393f7f5c9'), u'foo': u'bar'}
# 查询满足条件的全部结果
>>> db.my_coll.find({'foo': 'bar'})
<pymongo.cursor.Cursor object at 0x7ff5571f8f10>
```

从示例中可以看到，find_one 返回的是一个字典对象；find 返回的则是一个游标对象，想要获取查询结果的具体内容，则需要遍历该游标对象。具体示例如下：

```
>>> rows = db.my_coll.find({'foo': 'bar'})
>>> for r in rows:
...    r
...
{u'_id': ObjectId('603a56903ea0de7393f7f5c9'), u'foo': u'bar'}
{u'_id': ObjectId('603b3a2c3ea0de0de3fd83ec'), u'foo': u'bar'}
{u'_id': ObjectId('603b3a4f3ea0de0de3fd83ed'), u'foo': u'bar'}
```

pymongo 库的查询 API 与原生 MongoDB 的查询 API 是兼容的，因此原则上符合原生 MongoDB 查询格式的条件，可以直接在 pymongo 中使用。需要注意的是使用_id 字段作为查询条件时，需要先通过 ObjectId 类把字符串 id 转换成 ObjectId 对象类型。具体示例如下：

```
>>> from bson.objectid import ObjectId
>>> oid = '603a56903ea0de7393f7f5c9'
>>> db.my_coll.find_one({'_id': ObjectId(oid)})
{u'_id': ObjectId('603a56903ea0de7393f7f5c9'), u'foo': u'bar'}
```

除了设置查询条件之外，pymongo 库还支持对查询结果排序、统计查询结果数量及限定查询结果偏移等。

```
# 统计查询结果数量
>>> db.my_coll.find({'foo': 'bar'}).count()
3
# 对查询结果通过字典 foo 的内容进行升序排列
>>> db.my_coll.find({'foo': 'bar'}).sort('foo', pymongo.ASCENDING)
<pymongo.cursor.Cursor object at 0x7ff5571f8f10>
# 对查询结果进行偏移选择，等同于 MySQL 的 limit 1,1
>>> db.my_coll.find({'foo': 'bar'}).sort('foo', pymongo.ASCENDING).skip(1).limit(1)
<pymongo.cursor.Cursor object at 0x7ff55699a350>
```

3. 数据修改

pymongo 库中数据修改的方法有 3 个，分别为 update、update_one、update_many。其中，update 与 insert 方法一样，都是历史版本的遗留方法，它们对功能的支持比较单一。update 方法的使用示例如下：

```
>>> condition = {'foo': 'bar'}
>>> new_value = {'foo': 'bar', 'name': 'python'}
>>> db.my_coll.update(condition, new_value)
{'updatedExisting': True, u'nModified': 1, u'ok': 1, u'n': 1}
```

可以看到 update 方法的第一个参数是查询条件，第二个参数是要修改的新内容。更新完成后会返回更新结果信息，其中 n 表示匹配的数量，nModified 表示修改的数量。

与 update 方法相比，update_one 方法在功能上有所增强，其第二个参数不再是要修改的新内容，而是一个结构化的数据。该数据支持操作符设置，例如要更新内容则需要使用$set 操作符来实现。具体示例如下：

```
>>> db.my_coll.update_one(condition, {'$set': new_value})
<pymongo.results.UpdateResult object at 0x7ff5571f3910>
```

update_one 方法返回的是 UpdateResult 对象，可以通过 matched_count、modified_count 属性获取匹配数量和修改数量。除了$set 操作符外，还可以使用其他操作符，例如，$inc 操作符可以用来使指定字段的数值自增。具体示例如下：

```
>>> db.my_coll.insert_one({'name': 'java', 'age': 15})
<pymongo.results.InsertOneResult object at 0x7ff5569c16e0>
# 查询 name 字段为 java 的数据，并将其 age 字段加 1
>>> db.my_coll.update_one({'name': 'java'}, {'$inc': {'age': 1}})
<pymongo.results.UpdateResult object at 0x7ff5569c1640>
>>> db.my_coll.find_one({'name': 'java'})
{u'age': 16, u'_id': ObjectId('603b4b3f3ea0de0de3fd83f3'), u'name': u'java'}
```

update_one 方法只会更新一条满足条件的数据，想要更新满足条件的全部数据则可以使用 update_many 方法。其使用示例如下：

```
>>> for r in db.my_coll.find({'foo': 'bar'}):
...     r
...
{u'_id': ObjectId('603b3a2c3ea0de0de3fd83ec'), u'foo': u'bar', u'name': u'python'}
{u'_id': ObjectId('603b3a4f3ea0de0de3fd83ed'), u'foo': u'bar', u'name': u'python'}
>>> r = db.my_coll.update_many({'foo': 'bar'}, {'$set': {'name': 'java'}})
>>> r.matched_count
2
>>> r.modified_count
2
>>> for r in db.my_coll.find({'foo': 'bar'}):
...     r
...
{u'_id': ObjectId('603b3a2c3ea0de0de3fd83ec'), u'foo': u'bar', u'name': u'java'}
{u'_id': ObjectId('603b3a4f3ea0de0de3fd83ed'), u'foo': u'bar', u'name': u'java'}
```

4. 数据删除

pymongo 库中删除数据的方法有 delete_one、delete_many、remove。其中，remove 是历史版本遗留的方法，它默认会删除符合条件的全部数据。具体示例如下：

```
>>> db.my_coll.remove({'name': 'java'})
{u'ok': 1, u'n': 4}
```

返回结果中 n 值表示删除记录数量。与 remove 相比，delete_one 方法只会删除一条符合条件的记录，而 delete_many 方法同样会删除符合条件的全部数据。具体示例如下：

```
>>> db.my_coll.delete_one({'foo': 'bar'})
```

```
<pymongo.results.DeleteResult object at 0x7ff5569c1780>
>>> db.my_coll.delete_many({'foo': 'bar'})
<pymongo.results.DeleteResult object at 0x7ff5569c1640>
```

delete_one、delete_many 方法返回的都是 DeleteResult 对象，通过其 deleted_count 属性可以查询到本次操作删除的记录数量。

4.3　Web 相关库

Python 中与 Web 相关的库比较多，本节主要介绍两个与 Web 相关的库：一个是用于发送 Web 请求的 requests 库，另一个则是用于提供 Web 服务的 Flask 框架。

4.3.1　requests——HTTP 网络请求库

requests 作为一个专门为"人类"编写的 HTTP 请求库，其易用性很强，因此在推出之后就迅速成为 Python 中首选的 HTTP 请求库。requests 库的最大特点是提供了简单易用的 API，让编程人员可以轻松地提高效率。由于 requests 不是 Python 的标准库，因此在使用之前需要进行安装：

```
pip install requests
```

1. HTTP 请求

通过 requests 可以完成各种类型的 HTTP 请求，包括 HTTP、HTTPS、HTTP1.0、HTTP1.1 及各种请求方法。requests 库支持的 HTTP 方法[①]如下。

- ❏ get——发送一个 GET 请求，用于请求页面信息。
- ❏ options——发送一个 OPTIONS 请求，用于检查服务器端相关信息。
- ❏ head——发送一个 HEAD 请求，类似于 GET 请求，但只请求页面的响应头信息。
- ❏ post——发送一个 POST 请求，通过 body 向指定资源提交用户数据。
- ❏ put——发送一个 PUT 请求，向指定资源上传最新内容。
- ❏ patch——发送一个 PATCH 请求，同 PUT 类似，可以用于部分内容更新。
- ❏ delete——发送一个 DELETE 请求，向指定资源发送一个删除请求。

可以看到，requests 使用与 HTTP 请求方法同名的 API 来提供相应的 HTTP 请求服务，从而降低了编程人员的学习和记忆成本。另外，这些 API 方法都调用同一个基础方法，因此在调用参数的使用上也基本保持一致。

先来看一个 GET 请求示例：

```
>>> import requests
>>> r = requests.get('http://httpbin.org/get')
>>> r.status_code
200
```

示例中通过 requests.get 方法来发送 HTTP 的 GET 请求，使用的参数是被访问的 URL 地址。当然也可以附加 URL 参数来发送一个带参数的 GET 请求。具体示例如下：

```
# 直接在 URL 路径后面追加
>>> r = requests.get('http://httpbin.org/get?name=python&age=14')
# 通过 params 参数设置
```

---

① HTTP 方法：HTTP1.0 仅支持 GET、POST 和 HEAD 请求，在 HTTP1.1 中新增了 OPTIONS、PUT、DELETE、TRACE、CONNECT 请求。

```
>>> params = {'name': 'python', 'age': 14}
>>> r = requests.get('http://httpbin.org/get', params= params)
```

上述两种附加参数的方法在效果上是一样的，具体可以根据自己的需要来确定使用哪种方式。

与 GET 不同的是，POST 一般会通过 HTTP 的 body 来发送请求数据。这样设计的好处是支持更多类型和更多内容的请求数据。具体而言，POST 请求支持的请求数据类型如下。

（1）纯文本——任意格式的普通字符串。

（2）二进制——二进制字符串，例如文件二进制内容。

（3）x-www-form-urlencoded——键值对参数形式，一种特定格式的纯文本内容。

（4）multipart/form-data——同时支持二进制和键值对形式的数据格式。

日常工作中经常使用（1）、（3）、（4）这 3 种形式来发送 POST 数据。其中纯文本形式的请求示例如下：

```
>>> data = "hello python"
>>> r = requests.post('http://httpbin.org/post', data=data)
>>> r.status_code
200
```

可以看到与 GET 不同，POST 接收请求数据的参数是 data。键值对形式的请求与纯文本类似，只是数据必须为键值对形式；而在 requests 库中只需要以字典形式表示即可，具体发送请求时会自动转换为标准的键值对内容。具体示例如下：

```
# 下面数据对应的键值对内容为：name=python&age=14
>>> data = {'name': 'python', 'age': 14}
>>> r = requests.post('http://httpbin.org/post', data=data)
>>> r.status_code
200
```

如果在请求时需要上传文件内容，那么就需要使用 multipart/form-data 的形式来发送 POST 请求。

```
>>> data = {'name': 'python', 'age': 14}
>>>    files    =    {'file1':    open('/path/to/test.xls',    'rb'),    'file2':
open('/path/to/test.png', 'rb')}
# 请求时指定了 files 参数，就会以 multipart/form-data 形式发送数据
>>> r = requests.post('http://httpbin.org/post', data=data, files=files)
>>> r.status_code
200
```

其他几种 HTTP 请求方法的使用与 GET、POST 基本一致，要么与 GET 一样，通过 URL 传递请求数据；要么与 POST 一样，通过 body 传递请求数据。具体示例如下：

```
# 与 GET 相同的传参方式
>>> r = requests.delete('http://httpbin.org/delete')
>>> r = requests.head('http://httpbin.org/get')
>>> r = requests.options('http://httpbin.org/get')
# 与 POST 相同的传参方式
>>> r = requests.put('http://httpbin.org/put', data = {'key':'value'})
>>> r = requests.patch('http://httpbin.org/patch', data = {'key':'value'})
```

requests 库还提供了 HTTP 请求头的设置，只需要在各请求方法中使用 headers 参数即可。具体示例如下：

```
>>> import json
>>> url = 'https://api.github.com/some/endpoint'
>>> data = json.dumps({'name': 'python'})
```

```
>>> headers = {'Content-Type': 'application/json'}
>>> r = requests.post(url, data=data, headers=headers)
```

示例中为 POST 请求设置了 Content-Type 请求头信息为 application/json，这样在服务器端的程序就可以通过 Content-Type 信息来确定请求体的内容为 JSON 格式。当然，如果只是想发送 JSON 数据的请求，还可以直接通过 json 参数来实现。具体示例如下：

```
>>> url = 'https://api.github.com/some/endpoint'
>>> r = requests.post(url, json={'name': 'python'})
```

最后，想要给 HTTP 请求设置一些 cookie 信息也非常方便，唯一需要做的只是使用 cookies 参数而已。具体示例如下：

```
>>> url = 'http://httpbin.org/cookies'
>>> cookies = {'cookie_name': 'cookie_value'}
>>> r = requests.get(url, cookies=cookies)
```

2. HTTP 响应

通过 requests 各请求方法发送 HTTP 请求之后，会返回一个 Response 对象，即 HTTP 响应对象。通过 Response 对象可以查看请求的响应状态和响应内容，包括响应头、cookie 和响应体。查看请求响应状态的示例如下：

```
>>> r = requests.get('http://httpbin.org/get')
>>> r
<Response [200]>
>>> r.status_code  # 响应状态码
200
>>> r.reason        # 响应状态信息
'OK'
```

查看响应头信息和 cookie 的示例如下：

```
>>> r.headers           # 响应头信息
{'Date': 'Sat, 06 Jun 2020 08:27:48 GMT', 'Content-Type': 'application/json',
'Content-Length': '308', 'Connection': 'keep-alive', 'Server': 'gunicorn/19.9.0',
'Access-Control-Allow-Origin': '*', 'Access-Control-Allow-Credentials': 'true'}
>>> r.cookies           # 响应 cookie
<RequestsCookieJar[]>
```

Response 对象响应体内容的形式有 3 种，分别为二进制、unicode、json。当访问的请求资源是文件时，则需要通过二进制的方式来获取响应内容。具体示例如下：

```
>>> r = requests.get('http://www.testqa.cn/static/testqa2.png')
>>> with open('test.png', 'wb') as f:  # 下载图片并保存在本地
...     f.write(r.content)
...
179543
```

如果请求返回的是普通文本内容，则可以通过 unicode 的方式来获取内容。具体示例如下：

```
>>> r = requests.get('http://httpbin.org/get')
>>> r.text          # 获取 unicode 形式的响应体内容
'{\n  "args": {}, \n  "headers": {\n    "Accept": "*/*", \n    "Accept-Encoding": "gzip,
deflate", \n    "Host": "httpbin.org", \n    "User-Agent": "python-requests/2.20.0", \n
"X-Amzn-Trace-Id": "Root=1-5edb57b9-0fd017fb754da1d82cabcc00"\n    }, \n  "origin":
"221.218.139.172", \n  "url": "http://httpbin.org/get"\n}\n'
```

需要注意的是，默认情况下通过 Response 对象的 text 获取 unicode 响应内容时，选择的编码方式为系统的编码方式；如果请求的 URL 返回内容与本地的编码方式不一致，获取的 unicode 内

容将会出现乱码。解决乱码问题只需在获取 unicode 内容之前，设置指定的编码格式即可。具体示例如下：

```
>>> r = requests.get('http://httpbin.org/get')
>>> r.encoding = 'utf-8'   # 设置编码格式
>>> r.text
```

如果请求返回的内容是标准的 JSON 格式，除了通过 unicode 形式获取响应体外，还可以通过 json 方法获取对应的反序列化对象。具体示例如下：

```
>>> r = requests.get('http://httpbin.org/get')
>>> r.json()        # 获取 unicode 内容的 JSON 反序列化对象
{'args': {}, 'headers': {'Accept': '*/*', 'Accept-Encoding': 'gzip, deflate', 'Host':
'httpbin.org',      'User-Agent':      'python-requests/2.20.0',      'X-Amzn-Trace-Id':
'Root=1-5edb57b9-0fd017fb754da1d82cabcc00'},    'origin':    '221.218.139.172',    'url':
'http://httpbin.org/get'}
```

除了获取常规的响应内容之外，Response 对象还提供了一个 history 的属性，用于查询当前请求的重定向历史记录。这个记录对于调试问题很有帮助，具体示例如下：

```
>>> r = requests.get('http://github.com')
>>> r.url
'https://github.com/'
>>> r.history
[<Response [301]>]
```

> 对于重定向的默认设置，requests 中 GET、OPTIONS、POST、PUT、PATCH、DELETE 默认允许重定向，只有 HEAD 默认不允许重定向。如果希望改变重定向设置，则可以通过设置请求方法的 allow_redirects 参数来实现。

4.3.2 Flask——Web 开发框架

随着对测试人员要求的提高，以及对测试平台需求的增加，作为一名合格的测试开发人员，Web 服务开发技术已是一项必不可少的技能。Python 中可以用来进行 Web 开发的框架有很多，包括 Django、Flask、Bottle、Torando、web.py 等。它们都有着不同的优缺点，本书以简单易学、快速开发为目标，选择了 Flask 作为 Web 框架进行介绍。

Flask 是一个简单易学，可以快速完成一个简易 Web 服务开发的"微框架"。相比于 Django、Torando 等框架，Flask 更加简洁和灵活。另外，Flask 也提供了足够的功能支持 Web 服务开发的常规需求，用一句话来形容就是：麻雀虽小、五脏俱全。

Flask 是 Python 的第三方库，因此在正式使用之前需要进行安装：

```
pip install Flask
```

通过 Flask 来启动一个 Web 服务的学习成本几乎为零，甚至只需要写几行代码就可以实现。下面是一个最简单的官方示例：

```
from flask import Flask
app = Flask(__name__)

@app.route('/')
def hello_world():
    return 'Hello, World!'

if '__main__' == __name__:
```

```
        app.run()
```

可以看到，即使算上空行总共也就只有 9 行代码，而这已经是一个完整的 Web 服务了。示例
中的第一行代码用于引入 Flask 类并在随后对其进行了实例化；之后通过该实例的 route 装饰器来
为 Flask 服务绑定路由和处理函数；处理函数中返回的是给客户端的具体信息；最后通过 Flask 实
例的 run 方法启动 Web 服务。假设上述代码被保存在一个名为 hello.py 的文件中，那么其执行启
动后的效果如下：

```
> python hello.py
* Serving Flask app "hello" (lazy loading)
 * Environment: production
   WARNING: Do not use the development server in a production environment.
   Use a production WSGI server instead.
* Debug mode: off
* Running on http://127.0.0.1:5000/ (Press CTRL+C to quit)
```

从启动结果可以看出，Web 已经正常运行，并且可以通过 http://127.0.0.1:5000/ 来访问 Web 服
务。可以通过浏览器或者 curl 等工具来访问该地址，最终会看到该接口返回的内容为 "Hello,
World!"。具体效果如图 4-2 所示。

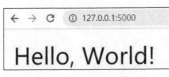

图 4-2　Flask 响应效果

1. 路由绑定

Web 服务本质上是一种响应式服务，它根据用户访问的不同 URL 来执行对应的业务处理；
而 URL 和业务处理函数之间的映射关系，在 Web 服务框架中则是通过路由的方式来实现的；所
以 Web 服务开发的第一步往往都是从路由绑定开始的。

Flask 中路由绑定是通过 route 装饰器实现的，该装饰器所实现的功能就是把指定的 URL
和被装饰的函数进行绑定，当用户访问该 URL 时就会自动触发对应的绑定函数。具体示例
如下：

```
@app.route('/')
def hello_world():
    return 'Hello, World!'
```

上述示例是一个简单的路由绑定，它会把 URL 路径 "/" 和 hello_world 处理函数进行绑定，
当用户通过 Web 服务访问 URL "/" 时，就会执行 hello_world 函数并把函数的返回内容作为用户
请求的响应内容。

默认情况下，route 装饰器只需要接收一个 URL 参数，此时绑定的 URL 只能处理 HTTP 的
GET 请求，如果尝试访问其他 HTTP 请求方法，那么将会得到请求方法不支持的错误响应。其提
示如图 4-3 所示。

图 4-3　请求方法不支持

如果想要增加对 HTTP 请求方法的支持，就需要在调用 route 装饰器时显式地设置 methods 参数。具体示例如下：

```
@app.route('/', methods=['GET', 'POST'])
def hello_world():
    return 'Hello, World!'
```

上述示例中 hello_world 函数将会同时支持 URL 路径 "/" 的 GET 和 POST 请求的处理。当然，也可以修改为支持其他 HTTP 请求方法，最终设定的请求方法将会覆盖默认的设置。

同样地，多个 URL 路径也可以同时绑定到一个请求处理函数。具体示例如下：

```
@app.route('/')
@app.route('/hello)
def hello_world():
    return "Hello World! "
```

上述示例把 URL 路径 "/" 和 "/hello" 同时绑定到 hello_world 函数，即访问这两个 URL 路径会得到相同的响应结果。

另外一些场景下，可能希望 URL 的内容是可变的，且希望请求处理函数根据 URL 中变化的内容返回不同的响应结果，此时就需要用到 Flask 的动态路由配置功能。具体示例如下：

```
@app.route('/hello/<string:name>')
def hello_world(name):
    return f"hello {name}"
```

上述示例中的 URL 就是一个动态的 URL，其中<string:name>就是动态的部分，它会在实际请求时匹配 URL 中/hello/后面的对应内容，并把值传递给处理函数的同名参数。因此，在处理函数定义时也需要相应地添加一个同名的参数。下面是不同请求 URL 的响应示例：

```
> curl http://127.0.0.1:5000/hello/python
hello python
> curl http://127.0.0.1:5000/hello/world
hello world
> curl http://127.0.0.1:5000/hello/
URL Not Found
> curl http://127.0.0.1:5000/hello/python/test
URL Not Found
```

从示例演示结果可以知道，动态 URL 中的特殊格式其实是一种占位符，在确定 URL 格式的同时支持了动态匹配的功能。动态 URL 的语法结构如下：

```
<[变量类型:]变量名>
```

其中，变量类型是可选的，默认为 string，其他支持的类型包括 int、float、path 和自定义类型。实际请求时使用的内容必须和指定的类型相匹配，否则将会抛出相关异常。

2. 请求处理

在设计好具体的 URL 和进行路由绑定之后，接下来要做的就是对请求处理函数进行业务开发。请求函数的处理通常分为以下三大步骤。

（1）请求参数的解析。

（2）业务逻辑的处理。

（3）处理结果的返回。

首先，在请求参数的解析方面，Flask 提供了多种获取接口来对应不同的请求方法和数据格式。具体对应关系如表 4-4 所示。

表 4-4 Flask 请求参数获取对应关系

Flask 参数接口	对应请求方法	数据类型
request.args	GET|HEAD|OPTIONS|DELETE	键值对数据
request.form	POST|PUT|PATCH	x-www-form-urlencoded multipart/form-data
request.data	POST|PUT|PATCH	纯文本数据
request.json	POST|PUT|PATCH	JSON 字符串
request.files	POST|PUT|PATCH	二进制数据

针对不同的请求方法和接收的数据类型，需要选择对应的数据获取接口来正确地获取数据。例如，对于 GET 请求的处理函数，其只能通过 request.args 属性来获取 HTTP 客户端传递的请求参数数据。具体示例如下：

```python
from flask import Flask, request
app = Flask(__name__)

@app.route('/', methods=['GET', 'POST'])
def parse():
    get_args = request.args     # 类字典对象
    form_data = request.form    # 类字典对象
    raw_data = request.data     # 字符串或二进制
    json_data = request.json    # JSON 反序列化对象
    files = request.files # 类字典对象

    return 'success'
```

上述示例中演示了如何通过不同的数据接口获取请求参数。具体是否能够获取正确的请求参数，取决于 HTTP 客户端发送请求的方法和数据类型。例如，HTTP 客户端发送了一个普通的 form 表单，那么将只有 form_data 能够获取到内容；如果发送一个带文件的 form 表单，那么 files 将能够获取到内容。下面是不同 HTTP 请求的参数获取具体示例：

```python
# curl http://127.0.0.1:5000/?name=python
@app.route('/', methods=['GET'])
def args_example():
    get_args = request.args     # 获取 GET 请求参数对象
    name = get_args.get('name')     # 获取 name 参数的值

    return name

# curl http://127.0.0.1:5000/json -X POST -d '{"name":"python"}' -H "Content-Type:application/json"
@app.route('/json', methods=['POST'])
def json_example():
    json_data = request.json    # 获取 JSON 数据
    name = json_data.get('name')

    return name

# curl http://127.0.0.1:5000/file -F "upload=@test.json"
@app.route('/file', methods=['POST'])
```

```
def files_example():
    files = request.files                    # 获取文件参数对象
    upload_file = files.get('upload')         # 获取字段为 upload 的文件对象
    upload_file.save('new_test.txt')          # 保存文件到指定文件名

    return 'success'
```

关于请求处理函数中的具体业务处理，由于与具体接口的业务有关且不具有通用性，因此这里不做具体介绍。

在业务处理完成之后，请求处理函数最终还是需要返回一个结果给 HTTP 客户端，以表示当次请求服务器端已经处理结束，并在响应中返回处理的具体结果。Flask 中提供了多种类型的响应内容返回方式，具体如下。

❏　返回纯文本内容。

❏　返回 JSON 内容。

❏　返回 HTML 内容。

其中，返回纯文本内容方式是直接返回一个普通字符串。具体示例如下：

```
@app.route('/', methods=['GET'])
def hello_world():
    return "hello world!"
```

该方式返回的响应状态码默认为 200，响应内容的类型为 text/html。当然也可以在返回内容时指定状态码和响应内容的类型。例如下面示例将会返回一个状态码为 201、类型为 text/plain 的"Hello World!"响应内容：

```
@app.route('/', methods=['GET'])
def hello_world():
    return "Hello World!", 201, {"Content-Type": "text/plain"}
```

如果想要返回 JSON 类型的响应内容，可以通过 flask.jsonify 函数来实现。它会自动把支持 JSON 序列化的数据类型转换为 JSON 字符串，并设置响应内容的类型为 application/json。具体示例如下：

```
from flask import Flask, jsonify
app = Flask(__name__)

@app.route('/', methods=['GET'])
def hello_world():
    return jsonify({"name": "python"})
```

当然，返回 HTML 内容则是 Flask 支持的最完整的功能。最简单的方式与返回纯文本一样，只要直接返回 HTML 内容即可。具体示例如下：

```
@app.route('/', methods=['GET'])
def hello_world():
    return "<h1>Hello World!</h1>"
```

如果 HTML 内容过长，在代码中直接展示出来不够易读，那么可以把 HTML 内容存放在单独的文件中，再通过 open 函数读取内容并返回。具体示例如下：

```
@app.route('/', methods=['GET'])
def hello_world():
    return open('test.html', 'r', encoding='utf-8').read()
```

3. 模板渲染

尽管直接读取 HTML 文件可以解决代码易读性的问题，但是如果想要返回动态的 HTML 内容，则需要引入模板机制。Flask 中配置了 Jinja2 模板引擎，因此可以直接引入 Jinja2 模板引擎来进行 HTML 模板内容的渲染。

这里所谓的模板本质也是 HTML 内容，只不过模板文件中包括了静态的 HTML 内容和模板语法。其中静态的 HTML 内容不会被改变，而模板语法则会根据上下文内容被转换为相应的 HTML 内容，即模板语法部分的内容是可以控制的动态内容，因此在功能上实现了动态 HTML 内容的效果。

这里假设有一个名为 test.html 的模板文件，其内容如下：

```
<h1>Hello {{ name }}</h1>
```

该模板文件中动态的模板语法为{{ name }}，表示这个占位符将会替换为 name 变量的值。与此同时，还需要在 Flask 启动文件的同一目录中新建一个 templates 目录，并将 test.html 保存在该目录下。Flask 启动文件的内容如下：

```
from flask import Flask, render_template
app = Flask(__name__)

@app.route('/hello/<name>')
def hello(name):
    return render_template('test.html', name=name)
```

示例中引入了 flask.render_template 函数，它是 Flask 对 Jinja2 模板引擎的封装函数。调用该函数并指定模板文件名和所需变量作为参数，就可以自动渲染出动态的响应内容。上述示例的演示结果如下：

```
> curl http://127.0.0.1:5000/hello/python
<h1>Hello python</h1>
> curl http://127.0.0.1:5000/hello/world
<h1>Hello world</h1>
```

关于 Jinja2 的具体语法使用，感兴趣的读者可以查看官方文档来进行学习，由于本书中后期将使用 Vue 进行前后端分离式的 Web 开发，因此这里不再对后端渲染进行过多的介绍。

最后，如果想改变渲染模板场景下的状态码和相关的头信息，则可以通过显式创建一个 Flask 响应对象来实现。具体示例如下：

```
from flask import Flask, render_template, make_response
app = Flask(__name__)

@app.route('/hello/<name>')
def hello(name):
    rep = make_response(render_template('test.html', name=name))
    rep.status_code = 201
    rep.headers['Content-Type'] = 'text/plain'

    return rep
```

4. 静态文件

Flask 中除了可以返回 HTML 等文本内容之外，内置的 Web 服务器还支持静态文件的访问。方法为在 Flask 启动文件的同一目录下创建一个 static 文件夹，并把静态文件存放在该文件夹下。假设 Flask 项目的目录结构如下：

```
|--root
```

```
        |-- app.py        # Flask启动文件
        |-- templates
                |-- test.html
        |-- status
                |-- test.png
                |-- foo
                        |-- test2.png
```

如果要访问示例中的 test.png 和 test2.png，则具体的访问地址分别为：

```
http:/127.0.0.1:5000/static/test.png
http:/127.0.0.1:5000/static/foo/test2.png
```

任意类型的文件都可以作为静态资源，只要存放在 static 目录下，就可以通过上述 URL 路径规则进行访问。

5. 重定向与错误

在 Web 服务访问时并不总是能够返回正确的结果，当用户访问了错误的 URL，或者传输了错误的请求参数，Web 服务就需要返回相关的错误信息进行提示。

Flask 中针对错误请求的场景提供了相关的 API，包括标准错误的响应和标准重定向的响应处理。在 Web 服务中响应状态主要分为五大类，每一类都代表相关类型的响应，具体说明如表 4-5 所示。

表 4-5　　　　　　　　　　　　　Web 服务响应状态码分类

状态码分类	说明
1xx	消息，表示请求已经被接收，但需要继续处理
2xx	成功，表示请求成功地被服务器接收、理解和处理
3xx	重定向，表示客户端请求的 URL 已经被转移，需要进一步请求才能完成
4xx	请求错误，表示客户端请求了一个错误的 URL 或请求数据错误
5xx、6xx	服务器错误，表示服务器端在处理过程中，内部有错误或者异常状态发生

通常情况下 1xx、2xx、4xx、5xx、6xx 类的响应在 Web 服务中都已经有默认的实现，只有 3xx 类的响应需要人为配置。Flask 提供的相关 API 可以针对 3xx、4xx、5xx 类的响应进行组装。

通过 flask. redirect 函数可以方便地进行重定向响应的设置。具体示例如下：

```
from flask import Flask, redirect

@app.route('/hello')
def hello():
    return redirect('/')
```

当用户访问示例中的'/hello'地址时，Web 服务器会返回一个 302 的请求跳转响应，客户端获取到 302 响应后会读取响应头中的 Location 字段值，该值是一个新的跳转 URL，客户端会进一步请求该 URL 地址，直到获取最终的响应内容。

　　　　　重定向支持连续性，即上一个重定向请求的 URL 同样可以返回一个重定向响应。需要注意的是，在配置重定向时要避免循环重定向的问题。

Web 服务中支持重定向的状态码除了 302，还有 301、307 等。通过指定重定向状态码可以返回不同类型的重定向响应，具体示例如下：

```
@app.route('/hello')
def hello():
    return redirect('/', 301)        # 返回 301 重定向
```

有时可能希望返回 4xx 或 5xx 类的响应，那么就可以通过 flask.abort 函数来实现。具体示例如下：

```
from flask import Flask, abort

@app.route('/')
def index():
    return abort(404)        # 返回 404 响应

@app.route('/hello')
def hello():
    return abort(500)        # 返回 500 响应
```

6. cookie

通过前面的内容，读者已经知道发送 HTTP 请求时可以指定 cookie，而在 Web 服务器端，一方面可以获取到客户端发送的 cookie 信息，另一方面还可以设置响应的 cookie。

Flask 中获取请求 cookie 的方式与获取请求参数很相似，可以直接通过 flask.request 对象的 cookies 方法来获取。具体示例如下：

```
from flask import Flask, request

@app.route('/')
def index():
    request.cookies.get('username') # 获取 cookie 中的 username 字段

    return 'success'
```

为响应内容设置 cookie 也非常方便，所要做的就是在返回 Flask 响应对象之前，给响应对象设置指定的 cookie 值。具体示例如下：

```
from flask import make_response

@app.route('/')
def index():
    resp = make_response(render_template('test.html'))
    resp.set_cookie('username', 'python')        # 设置响应 cookie
    return resp
```

通过访问上述示例中的处理函数对应的 URL，在响应内容中便可以获取到 cookie 名为 username 的字段，并且其值为 python。

cookie 除了上述的常规用法之外，还被用于 session 的实现。session 在 Web 服务中作为保存用户凭证及相关信息的数据存储载体，市场上大部分的 Web 服务都会把 session 的全部信息保存在 Web 服务器上，之后为其生成一个唯一的 sessionID，并在返回响应时把 sessionID 设置为 cookie 字段传递给客户端，该客户端再次发出访问请求时会自动带上这个 sessionID，而 Web 服务通过请求的 sessionID 信息就可以判断该请求是否曾经访问过。

Flask 中的 session 实现机制与其他 Web 服务不同，它并没有把 session 保存在 Web 服务器端，而是把 session 的全部信息进行序列化之后再进行一次加密操作，最后把加密后的密文设置到响应 cookie 中。客户端下次请求时会自动带上加密后的 cookie 信息，Flask 服务再次通过解密和反序列

化操作来获取 cookie 信息。Flask 中设置 session 的示例如下：

```
from flask import Flask, session, redirect, url_for, escape, request

app = Flask(__name__)
app.secret_key = b'_5#y2L"F4Q8z\n\xec]/'     # session加密密钥

@app.route('/')
def index():
    if 'username' in session:
        return '登录名: %s' % escape(session['username'])
    return '登录失败'

@app.route('/login', methods=['GET'])
def login():
    session['username'] = request.args['username']
    return redirect(url_for('index'))
```

示例中定义了 login 和 index 两个接口，对应的 URL 分别为/login 和/。在 login 中获取 username 参数值并设置为 session 的 username 值，之后把用户请求跳转至 index 接口；在 index 接口中通过获取 session 的 username 来确定当前请求的具体用户。

在访问上述请求时，观察首次响应内容和第一次之后请求内容的 cookie，会发现自动带上了一个名为 session 的 cookie 字段，其值为一串加密后的密文。该 session 字段就是前文提到的 Flask 实现 session 的具体内容。

在 Flask 中使用 session 的前提是必须进行 session 加密，而加密时使用的密钥则是安全的关键，因此 Flask 强制要求在使用 session 时显式地设置密钥，否则会抛出未设置密钥的运行时异常。

7. 启动设置

通过默认方式启动 Flask 之后，只有本机可以通过 http://127.0.0.1:5000 来访问 Web 服务；其他机器如果希望访问该 Web 服务，则需要在启动时修改 host 配置参数。具体示例如下：

```
from flask import Flask

app = Flask(__name__)

@app.route('/')
def index():
    return 'success'

if __name__ == '__main__':
    app.run(host='0.0.0.0')
```

示例中指定 host 为'0.0.0.0'，表示该 Web 服务可以被任意 IP 地址访问。如果只希望被指定的 IP 地址访问，则可以设置 host 为特定的 IP。

Flask 在启动时也可以指定监听的端口，默认情况下 Flask 只监听 5000 端口，如果希望 Web 服务通过 80 端口来访问，则可以指定 port 参数为 80。具体示例如下：

```
app.run(host='0.0.0.0', port=80)
```

此外，还可以在启动 Flask 时指定 debug 为 True，表示以调试模式启动 Web 服务。这样做的好处是当修改了 Web 代码后，Flask 会自动重新加载最新的代码以保证 Web 功能可以及时更新。

最后，Flask 默认以单进程、单线程的方式启动 Web 服务，因此当有任意一个用户请求被阻塞之后，整个 Web 服务就会被阻塞。为了避免这类情况的发生，可以设置以多进程、多线程的方式来启动 Flask：

```
app.run(host='0.0.0.0', port=80, threaded=True) # 多线程启动
app.run(host='0.0.0.0', port=80, processes=True)# 多进程启动
```

> Flask 只能设置为多进程或者多线程启动，两者不能同时进行设置，否则会抛出相关异常。Flask 自带的多进程、多线程处理机制并不是最高效的，对于正式的生产环境通常建议通过 WSGI[①] 的方式来部署和启动。

8. 项目分层

前面在介绍 Flask 基础功能时，为了便于演示，把代码都写在同一个文件中；而实际项目开发时，随着功能模块的增多，并不会一直都把代码写在同一个文件中。为了便于项目代码结构的管理，通常会对项目结构进行拆分和规划，而最常用的方式就是分层思想。

通过分层思想来管理项目代码，应用最广泛的莫过于 Java 的 Web 开发，其推崇的 MVC 分层架构一直沿用至今。接下来将从单个文件开始，介绍如何把项目拆分为 MVC 的结构形式。这里假设有一个名为 app.py 的文件，其内容如下：

```
from flask import Flask

app = Flask(__name__)

@app.route('/')
def index():
    print('执行 DB 操作')
    return '<h1>Hello Python</h1>'

if __name__ == '__main__':
    app.run(host='0.0.0.0', port=80, debug=True)
```

在 app.py 文件所在目录有 4 个子目录，分别为对应 MVC 的 model、templates、controller 及存放静态文件的 static 目录。具体的目录结构如下：

```
|-- root
    |-- app.py                # Flask 启动文件
    |-- model                 # 数据模型操作
            |-- __init__.py
    |-- templates             # 用户视图内容
    |-- controller            # 用户请求处理
            |-- __init__.py
    |-- static                # 静态资源文件
```

其中，model 目录用于存放与数据模型操作相关的模块，templates 目录用于存放与用户界面相关的 HTML 模板文件，controller 目录用于存放接收和处理用户请求的业务模块，static 目录用于存放非 HTML 的静态资源文件。

---

① WSGI：Python Web Server Gateway Interface，是为 Python 语言定义的 Web 服务器和 Web 应用程序或框架之间的一种简单而通用的接口。

首先，Web 项目拆分的第一步是把用户处理函数迁移到 controller 目录中，这将使得 Flask 启动文件变得更加简洁。在 controller 目录中新建一个 index.py 文件，其内容如下：

```
def index():
    print('执行 DB 操作')
    return '<h1>Hello Python</h1>'
```

之后，需要更新 app.py 文件内容，从外部导入处理函数并绑定路由。更改后的 app.py 文件内容如下：

```
from flask import Flask
from controller.index import index # 从 controller 导入

app = Flask(__name__)

app.route('/')(index)        # 绑定路由

if __name__ == '__main__':
    app.run(host='0.0.0.0', port=80, debug=True)
```

接下来，需要把返回给用户的视图内容迁移到 templates 目录中。在 templates 目录下新建一个 index.html，其内容如下：

```
<h1>Hello Python</h1>
```

之后，需要对 controller\index.py 文件内容进行修改，修改后的内容如下：

```
from flask import render_template

def index():
    print('执行 DB 操作')
    return render_template('index.html')
```

之后，需要把数据模型相关的操作迁移到 model 目录。具体要做的是在 model 目录下新建一个 db.py 文件，其内容如下：

```
def do_something_in_db():
    print('执行 DB 操作')
```

最后，再次对 controller\index.py 文件内容进行修改，修改后的内容如下：

```
from flask import render_template
from model.db import do_something_in_db

def index():
    do_something_in_db()
    return render_template('index.html')
```

至此，将单个文件拆分为 MVC 项目结构的工作内容已经完成，最后来看一下拆分完成之后的项目整体结构：

```
|-- root
    |-- app.py                   # Flask 启动文件
    |-- model                    # 数据模型操作
            |-- __init__.py
            |-- db.py
    |-- templates                # 用户视图内容
            |-- index.html
    |-- controller               # 用户请求处理
```

```
                |-- __init__.py
                |-- index.py
        |-- static                          # 静态资源文件
```

此后，添加新的 Web 接口时，就可以按照前面介绍的步骤，把相应的功能模块或者文件添加到对应的目录下并正确引用。

9. 项目部署

当项目完成开发之后就需要部署到生产环境，与开发环境不同的是，生产环境需要保证 Web 服务运行的稳定性和执行效率。而 Flask 自带的 Web 服务器在性能、稳定性、安全性上都不是最佳选择，替代方案是在生产环境通过 Flask 的 WSGI 进行部署和启动 Web 服务。

为了让 Flask 支持 WSGI 方式的部署，需要对 Flask 启动文件进行修改。修改后的文件内容如下：

```
from flask import Flask
from controller.index import index

def create_app():
    app = Flask(__name__)
    app.route('/')(index)

    return app

if __name__ == '__main__':
    create_app().run(host='0.0.0.0', port=80, debug=True)
```

修改后的文件中添加了一个 create_app 函数，它主要用来创建 Flask 实例对象；这个实例对象既可以用来直接启动 Flask 内置的 Web 服务器，也可以传递给 WSGI 服务器，用于启动 Web 服务。

支持 Flask 的 WSGI 服务器有很多，包括 Gunicorn、Gevent、Twisted、waitress 、uWSGI 等。其中除了 uWSGI 是由 C 语言开发之外，其他都是用 Python 开发的第三方 WSGI 库。

以 waitress 为例，首先需要安装 waitress 的第三方库。具体命令如下：

```
> pip install waitress
```

之后，确保当前目录为 Flask 启动文件所在目录，在命令行执行如下命令：

```
> waitress-serve --listen=*:80 --call app:create_app
Serving on http://youcomputername:80
Serving on http://localhost:80
```

完整的 Flask 项目初始结构被存放在 https://github.com/five3/python-sdet。后续项目的后端开发也将基于该基础项目结构。在运行该基础项目之前，需要安装相应的依赖库，可在项目的根目录执行如下命令：

```
pip install -r requirements.txt
```

Flask 开发 RESTful 服务

第 5 章
Web 前端开发基础

随着测试技术的发展和对测试人员的要求不断提高，Web 开发已经成为测试开发人员的必备技能之一。Web 开发技能作为实现平台化、中台化的基础技术，需要被推广为全员掌握的一项技能。本章主要介绍 Web 开发中的前端基础，由于后面章节的实践主要是以当前流行的前后端分离模式来开发，因此本章涉及的内容主要是为后期实践部分打基础。鉴于篇幅有限，读者如果希望学习更基础、更全面的 Web 前端开发技术，可以阅读更有针对性的教程或书籍。

5.1 Vue 框架学习

Vue 是一套构建用户界面的渐进式框架，Vue 只关注视图层，采用自底向上增量开发的设计。Vue 的目标是通过尽可能简单的 API 实现响应的数据绑定和组合的视图组件。

简单来说，Vue 就是一个支持数据和 HTML 模型分离的前端框架。Bootstrap 是应用于 CSS 的框架，jQuery 是应用于 JavaScript（JS）的框架，而 Vue 则是可以应用于 HTML、JavaScript、CSS 的框架。

5.1.1 基本使用

Vue 是一个 JS 库，它的核心是一个允许采用简洁的模板语法来声明式地将数据渲染进 DOM 的系统。基本使用包括以下 3 个步骤：

（1）引入 vue.js 库文件。

（2）定义一个 HTML 模板块。

（3）给定义的 HTML 模板块绑定数据和对象。

```html
<!-- 引入 Vue 库 -->
<script src="https://cdn.jsdelivr.net/npm/vue/dist/vue.js"></script>
<!-- 定义 HTML 模板块 -->
<div id="app">
  {{ message }}
</div>
<!-- 绑定数据和对象 -->
<script type="text/javascript">
  var app = new Vue({
    el: '#app',
    data: {
      message: 'Hello Vue!'
```

```
  }
 })
</script>
```

上述示例是一个最简单的 Vue 使用演示，把它保存在一个名为 index.html 的文件中，通过浏览器直接打开后会看到'Hello Vue! '的字符串内容。

其中模板块的内容与 Jinja2 等模板引擎所提供的功能很相似，主要用来动态渲染 HTML 的内容；与普通渲染模板不同的是，Vue 的模板块对应的 DOM 与数据模型是关联的，即 Vue 模板块中的动态元素是响应式的，当元素绑定的数据对象发生变化时，其在 HTML 中会被实时体现。

通过在浏览器的 JS 控制台修改数据对象的内容，可以直接观察到 HTML 内容的实时变化。例如，修改为 app.message='Hello Python!'后，浏览器中的内容会实时更新为'Hello Python! '字符串内容。

需要注意的是，HTML 模板块和数据模型之间的绑定是通过固定格式的语法来实现的。例如，Vue 数据模型中的 el 属性值需要与 HTML 模板块的 id 属性值相等；而模板块中引用的变量 {{ message }}需要在数据模型的 data 对象下有对应的成员存在；且针对每一个独立的 HTML 模板块，都需要实例化一个新的 Vue 对象并将其绑定。

5.1.2　模板语法

Vue 使用了基于 HTML 的模板语法，允许开发者声明式地将 DOM 绑定至底层 Vue 实例的数据。Vue 的模板语法主要包括插值和指令两大类，插值语法用于在 HTML 中插入数据模型中变量的值；指令则用于指定特殊功能的声明。

1. 文本插值

Vue 中插入文本是指将 HTML 模板中的文本内容通过插值的方式来实现，即把文本内容与数据模型进行关联，然后在 HTML 中通过"Mustache"语法（双花括号）来进行引用。具体示例如下：

```
<div id="app">
  Hello {{ msg }}
</div>
```

示例中的{{ msg }}就是文本插值的语法，外面的双花括号表示这是一个文本插值的节点，里面的 msg 表示插值对应数据模型中的具体属性成员名。

2. HTML 插值

默认情况下，文本插值只能插入非 HTML 的内容；如果直接赋值为 HTML 内容，那么最终会显示经过 HTML 转义后的内容。想要实现 HTML 代码的插值，则需要通过 v-html 指令来实现：

```
<div id="app">
  Hello <span v-html="rawHtml"></span>
</div>
```

示例中的 span 标签最终会被 rawHtml 的内容所替换，不会作为实际 HTML 的一部分。

3. 属性插值

Vue 除了可以给标签的文本内容插值，还可以给标签的属性插值，这需要使用 v-bind 指令来实现：

```
<div id="app">
  <div v-bind:id="uid"></div>
</div>
```

通过示例可以知道，v-bind 指令使用时需要通过：来与具体的属性名进行连接，而属性值则需要与数据模型中的成员名称一致。v-bind:id 表示会对 id 属性进行插值，插值的内容为数据模型中 uid 成员的内容。

4. JS 表达式插值

前面 3 种插值方式插入的都是固定的成员变量，而 JS 表达式的插值则允许插入一个有效的 JS 表达式内容，并且在该表达式中可以正常访问数据模型中的成员变量。具体示例如下：

```
<div id="app">
  Hello {{ isPython ? 'Python' : 'World' }}
  <div v-bind:id="'list-' + uid"></div>
  <span v-html="'<div>' + raw + '</div>'"></span>
</div>
```

需要注意的是，JS 表达式插值只支持插入合法的 JS 表达式语句，对于即使只有一行代码的赋值、判断等语句都不会生效。

5. 计算属性插值

虽然在 Vue 模板内使用 JS 表达式非常便利，但是对于需要进行复杂计算的处理逻辑并不推荐使用 JS 表达式来实现。使用 JS 表达式会在模板中放入过多的逻辑，导致模板过重且难以维护，为此 Vue 提供了计算属性的 API，任何复杂的逻辑都应当通过计算属性来完成。

计算属性与普通数据属性不同的是，计算属性指向一个负责计算任务的函数，该函数最终会返回一个计算完成后得到的结果。具体示例如下：

```
<!-- 定义 HTML 模板块 -->
<div id="app">
  <p>普通数据："{{ message }}"</p>
  <p>计算属性："{{ reversedMessage }}"</p>
</div>
<!-- 绑定数据和对象 -->
<script type="text/javascript">
  var app = new Vue({
    el: '#app',
    data: {
      message: 'Hello'
    },
    computed: {
      reversedMessage: function () {
        return this.message.split('').reverse().join('')
      }
    }
  })
</script>
```

从示例中可以知道，使用计算属性时指向的是 computed. reversedMessage 函数，由于所有的计算属性函数都必须存放在 computed 对象下，因此可以直接省略该前缀。普通数据则指向 data 对象下的数据成员。

6. 指令参数

Vue 中指令都是以 v-开头的特殊属性。指令的值预期是单个 JavaScript 表达式。指令的职责是当表达式的值改变时，将其产生的连带影响响应式地作用于 DOM。前面插值部分使用到的 v-html、v-bind 就是指令。

指令除了自身声明之外，通常还会接收参数，并且还需要设置指令的值。指令的语法格式如下：

```
v-指令名[:参数]= "指令值"
```

指令的参数并不是必选的，例如 v-show 指令就不需要指定参数。但指令通常都需要赋值。根据指令的类型不同，参数既可以是元素的属性，也可以是事件名称，例如，v-bind 指令参数是元素属性，而 v-on 指令参数是事件名称。具体示例如下：

```
<!-- 参数是 href 属性 -->
<a v-bind:href="url">...</a>
<!-- 参数是 click 事件 -->
<button v-on:click="incr">增加</button>
```

此外，指令还支持动态参数，即可以将方括号括起来的 JavaScript 表达式作为一个指令的参数：

```
<a v-bind:[attributeName]="url"> ... </a>
```

这里的 attributeName 会被作为一个 JavaScript 表达式进行动态求值，求得的值将会作为最终的参数来使用。如果数据模型中的 attributeName 值为 "href"，那么此处的绑定将等价于 v-bind:href。

7. 指令修饰符

修饰符（modifier）是以半角句号.指明的特殊后缀，用于指出一个指令应该以特殊方式绑定。Vue 中指令修饰符分为事件修饰符、按键修饰符和系统修饰符，它们同时都应用于 v-on 指令。

事件修饰符支持对事件绑定执行一些特定处理。例如，.stop 修饰符可以阻止事件冒泡：

```
<a v-on:click.stop="doThis"></a>
```

按键修饰符支持对指定的按键事件进行绑定。例如，.enter 修饰符用于绑定"回车"事件：

```
<input v-on:keyup.enter="submit">
```

系统修饰符可以实现仅在按下相应按键时才触发鼠标或键盘事件的监听器，通常用来绑定组合按键事件：

```
<!-- Alt + c -->
<input v-on:keyup.alt.67="stop">
<!-- Ctrl + Click -->
<div v-on:click.ctrl="doSomething">Do something</div>
<!-- Right Click -->
<div v-on:click.right="rightClick">right Click</div>
```

8. v-if 指令

前面演示的示例中，v-html、v-bind 都是 Vue 的插值指令。此外，Vue 中还有 v-if、v-for 逻辑指令，v-on 事件绑定指令。

v-if 指令用来判断指令表达式是否成立，如果成立则显示当前元素节点，不成立则移除当前元素节点：

```
<p v-if="isShow">Hello Python! </p>
```

示例中 v-if 指令会判断数据模型中 isShow 成员的值，只有该值为逻辑真时才会显示所在的节点。

与 v-if 相关的还有 v-else、v-else-if 指令，它们可以和 v-if 指令组合使用，用于多分支条件的场景：

```
<div v-if="grade >= 85">
  A
```

```
</div>
<div v-else-if="grade >= 70">
  B
</div>
<div v-else-if="grade >= 60">
  C
</div>
<div v-else>
  Not A/B/C
</div>
```

9. v-show 指令

v-show 也是根据条件展示元素的指令，与 v-if 不同的是，当条件表达式不成立时，v-show 不会移除当前元素，而是通过设置 CSS 的 display 属性来隐藏当前元素。不过，v-show 不能与 v-else 等指令组合使用，同时也不支持 <template> 元素：

```
<p v-show="isShow">Hello Python! </p>
```

10. v-for 指令

v-for 指令用来遍历容器成员，并通过成员信息来渲染列表元素内容。v-for 指令需要使用 item in items 形式的特殊语法，其中 items 是源数据容器，item 则是被迭代的容器成员的别名。具体示例如下：

```
<!-- 定义 HTML 模板块 -->
<ul id="app">
  <li v-for="item in msgs" :key="item.message">
    {{ item.message }}
  </li>
</ul>
<!-- 绑定数据和对象 -->
<script type="text/javascript">
  var app = new Vue({
    el: '#app',
    data: {
      msgs: [
        { message: 'Python' },
        { message: 'Java' }
      ]
    }
  })
</script>
```

示例中通过遍历数据模型中的 msgs 数组来渲染多个 <li> 元素，并且每个 <li> 元素的信息都与 msgs 数组成员的属性相对应。上述示例执行后的效果如下：

- Python
- Java

v-for 在遍历数组时还支持可选的第二参数，该参数用于接收当前项的索引值。同时在 v-for 语句块中也可以直接访问数据模型中的全局成员对象：

```
<!-- 定义 HTML 模板块 -->
<ul id="app">
  <li v-for="(item, index) in msgs" :key="item.message">
    {{ prefix }} - {{ index }} - {{ item.message }}
```

```
    </li>
  </ul>
  <!-- 绑定数据和对象 -->
  <script type="text/javascript">
    var app = new Vue({
      el: '#app',
      data: {
        prefix: '*',
        msgs: [
          { message: 'Python' },
          { message: 'Java' }
        ]
      }
    })
  </script>
```

v-for 不仅可以遍历数组，还可以遍历 JS 对象。v-for 默认遍历对象的 value 值，也支持可选的第二参数来获取对应的 key 值，以及可选的第三参数用于获取当前项的索引值。具体示例如下：

```
<!-- 定义 HTML 模板块 -->
<ul id="app">
  <li v-for="(v, k, index) in dict" :key="k">
    {{ prefix }} - {{ index }} - {{ k }} - {{ v }}
  </li>
</ul>
<!-- 绑定数据和对象 -->
<script type="text/javascript">
  var app = new Vue({
    el: '#app',
    data: {
      prefix: '*',
      dict: {
        'Python': 85,
        'Java': 80
      }
    }
  })
</script>
```

在遍历 JS 对象时，Vue 默认按照 Object.keys() 的结果遍历，但是无法保证它的结果在不同的 JavaScript 引擎下都一致。

最后，v-for 还可以接收整数。在这种情况下，它会把模板重复对应的次数。具体示例如下：

```
<!-- 定义 HTML 模板块 -->
<ul id="app">
  <li v-for="i in 5" :key="i">
    {{ prefix }} - {{ i }}
  </li>
</ul>
<!-- 绑定数据和对象 -->
<script type="text/javascript">
  var app = new Vue({
```

```
    el: '#app',
    data: {
      prefix: '*'
    }
  })
</script>
```

11. v-on 指令

v-on 指令用于绑定 DOM 事件，当事件触发时会运行绑定的 JS 代码。具体示例如下：

```
<!-- 定义 HTML 模板块 -->
<div id="app">
  <button v-on:click="counter += 1">增加</button>
  <button v-on:click="counter -= 1">减少</button>
  <p>{{ counter }}</p>
</div>
<!-- 绑定数据和对象 -->
<script type="text/javascript">
  var app = new Vue({
    el: '#app',
    data: {
      counter: 1
    }
  })
</script>
```

示例中通过 v-on:click 绑定了 click 事件，单击不同的按钮会执行绑定事件对应的 JS 代码。例如，单击"增加"按钮会执行'counter += 1'，而单击"减少"按钮会执行'counter -= 1'。

直接把 JS 内容写在 v-on 指令中只适用于简单的代码，对于复杂的事件处理逻辑，更好的方式是封装在一个方法中，然后在 v-on 指令中指定这个方法。具体示例如下：

```
<!-- 定义 HTML 模板块 -->
<div id="app">
  <button v-on:click="incr">增加</button>
  <p>{{ counter }}</p>
</div>
<!-- 绑定数据和对象 -->
<script type="text/javascript">
  var app = new Vue({
    el: '#app',
    data: {
      counter: 1
    },
    // 在 methods 对象中定义方法
    methods: {
      incr: function (event) {
        this.counter += 1
      }
    }
  })
</script>
```

除了绑定方法名，v-on 指令还支持直接调用内联处理器中的方法，即同样的功能还可以通过方法调用的方式来实现。具体示例如下：

```html
<!-- 定义 HTML 模板块 -->
<div id="app">
  <button v-on:click="incr(true, $event)">增加</button>
  <button v-on:click="incr(false, $event)">减少</button>
  <p>{{ counter }}</p>
</div>
<!-- 绑定数据和对象 -->
<script type="text/javascript">
  var app = new Vue({
    el: '#app',
    data: {
      counter: 1
    },
    methods: {
      // event 是原生 DOM 事件对象
      incr: function (flag, event) {
        if (flag) {
          this.counter += 1
        } else {
          this.counter -= 1
        }
      }
    }
  })
</script>
```

通过示例可以知道，调用内联方法可以实现参数传递，在某些场景下对于方法复用会更有帮助。

最后，v-on 指令还支持事件修饰符。在 JS 的事件处理函数中经常会有调用 event.preventDefault() 或 event.stopPropagation() 的需求，尽管可以在方法中轻松实现这点，但更好的方式是通过 v-on 的事件修饰符来实现：

```html
<!-- 与 event.preventDefault()等效 -->
<form v-on:submit.prevent="onSubmit"></form>
<!-- 与 event. stopPropagation ()等效 -->
<a v-on:click.stop="doThis"></a>
```

示例中使用.prevent 和.stop 修饰符同样实现了阻止默认行为和阻止事件冒泡的功能，但是在代码结构上会更加简明和清晰。v-on 指令支持的事件修饰符如下。

❑　.stop——阻止事件冒泡。

❑　.prevent——阻止默认行为。

❑　.capture——使用事件捕获模式监听。

❑　.self——检查当前元素是否是触发元素。

❑　.once——只触发一次事件。

❑　.passive——阻止 event.preventDefault()生效。

12. 指令缩写

v-前缀的形式是指令的标准书写方式。然而，对于一些频繁用到的指令，读者就会感到使用起来很烦琐。为此，Vue 为 v-bind 和 v-on 这两个最常用的指令提供了特定简写。

v-bind 指令的简写方式是把 v-bind 直接去掉。具体示例如下：

```
<!-- 标准语法 -->
<a v-bind:href="url">...</a>
<!-- 简写 -->
<a :href="url">...</a>
<!-- 动态参数的简写 (2.6.0+) -->
<a :[key]="url"> ... </a>
```

v-on 指令的简写方式是把 v-on:替换为@符号。具体示例如下：

```
<!-- 标准语法 -->
<a v-on:click="doSomething">...</a>
<!-- 简写 -->
<a @click="doSomething">...</a>
<!-- 动态参数的简写 (2.6.0+) -->
<a @[event]="doSomething"> ... </a>
```

5.1.3 表单

HTML 中的表单用于收集不同类型的用户输入，而 Vue 则可以与表单中的用户输入元素进行数据的双向绑定，具体来说就是通过 v-model 指令在表单<input>、<textarea> 及 <select>元素上创建数据绑定。

双向数据绑定是指：首先会根据控件类型自动选取正确的方法来更新元素；其次会负责监听用户的输入事件以更新数据，并且对一些极端场景还会进行特殊处理。

v-model 在内部为不同的输入元素使用不同的属性并抛出不同的事件，具体分别如下。

❑ text、textarea——使用 value 属性并监听 input 事件。

❑ checkbox、radio——使用 checked 属性并监听 change 事件。

❑ select——使用 value 属性并监听 change 事件。

1. 文本元素

文本元素是一个 type 为 text 的 input 标签。它主要用来接收用户的单行文本内容的输入。具体使用示例如下：

```
<div id="app">
  <input v-model="message" placeholder="输入内容，查看文本变化">
  <p>文本内容: {{ message }}</p>
</div>
<script type="text/javascript">
  var app = new Vue({
    el: '#app',
    data: {
      message: null
    },
  })
</script>
```

示例中 v-model 指令会忽略 text 元素本身的 value 属性，直接读取数据绑定中的 message 的值；并且当用户通过输入改变元素值时，会同步反向更新 Vue 实例的数据来源。

2. 多行文本元素

多行文本元素可以用来接收用户多行文本内容的输入。具体使用示例如下：

```html
<div id="app">
  <textarea v-model="message" placeholder="输入文本内容"></textarea>
  <p style="white-space: pre-line;">{{ message }}</p>
</div>
<script type="text/javascript">
  var app = new Vue({
    el: '#app',
    data: {
      message: null
    },
  })
</script>
```

示例中多行文本元素使用的是 textarea 标签，v-model 的使用方式与文本元素一致。需要注意的是，多行文本元素不支持普通的文本插值，只能通过表单方式来代替。

3. 复选框元素

复选框元素是 type 为 checkbox 的 input 标签。它主要接收用户选择的输入值。具体示例如下：

```html
<div id="app">
  <input type="checkbox" id="checkbox" v-model="checked">
  <label for="checkbox">{{ checked }}</label>
</div>
<script type="text/javascript">
  var app = new Vue({
    el: '#app',
    data: {
      checked: null
    },
  })
</script>
```

示例中复选框的值默认是 null，用户勾选后为 true，用户取消勾选后为 false。而当多个复选框绑定到同一个数组时，情况就变了。具体示例如下：

```html
<div id="app">
  <input type="checkbox" value="Java"  id="Java" v-model="checked">
  <label for="Java">Java</label>
  <input type="checkbox" value="Python"  id="Python" v-model="checked">
  <label for="Python">Python</label>
  <p>已选择的项: {{ checked }}</p>
</div>
<script type="text/javascript">
  var app = new Vue({
    el: '#app',
    data: {
      checked: []
    },
  })
</script>
```

示例中 v-model 绑定的是一个数组，此时当用户勾选复选框时不再返回布尔值，而是直接返回复选框对应的 value 属性值。这就是 Vue 对特殊场景进行的一些额外处理。

4. 单选按钮元素

单选按钮元素是 type 为 radio 的 input 标签。它也用于接收用户选择的输入值，与复选框不同的是，一组单选按钮同时只能选中其中一个，而复选框则没有这个限制。具体示例如下：

```html
<div id="app">
  <input type="radio" value="Java" id="Java" v-model="checked">
  <label for="Java">Java</label>
  <input type="radio" value="Python" id="Python" v-model="checked">
  <label for="Python">Python</label>
  <p>已选择的项: {{ checked }}</p>
</div>
<script type="text/javascript">
  var app = new Vue({
    el: '#app',
    data: {
      checked: []
    },
  })
</script>
```

示例中多个单选按钮绑定了同一个数组，但只有一个单选按钮的值被选中。

5. 选择框元素

选择框元素是一个 select 标签。它也用于接收用户选择的输入值。选择框元素支持单选和多选两种场景，主要通过 multiple 属性来控制。

```html
<div id="app">
  <select v-model="selected" style="width: 50px;">
    <option>Java</option>
    <option>Python</option>
    <option>Go</option>
  </select>
  <p>已选择的项: {{ selected }}</p>
</div>
<script type="text/javascript">
  var app = new Vue({
    el: '#app',
    data: {
      selected: []
    },
  })
</script>
```

示例中是选择框的单选模式，只能选择一个子项元素。在添加 multiple 属性之后就支持多选了：

```html
<select v-model="selected" multiple style="width: 50px;">
  <option>Java</option>
  <option>Python</option>
  <option>Go</option>
</select>
<p>已选择的项: {{ selected }}</p>
```

6. 表单元素修饰符

前面介绍过事件修饰符、系统修饰符，表单输入元素也有自己的修饰符。具体如下。

□　.lazy——监听输入元素 change 事件而非 input 事件。

□　.number——将用户输入转换为数值类型。

□　.trim——过滤用户输入字符串的首尾空格。

以下是修饰符的使用示例：

```
<input v-model.lazy="msg">
<input v-model.number="age" type="number">
<input v-model.trim="msg">
```

5.1.4　组件

组件是一个带有名字的可复用的 Vue 实例，在实例中可以定义一些通用的 HTML 模板和事件交互。每个组件在使用前必须进行注册，之后将注册过的组件名作为标签来使用组件。

1. 组件定义

Vue 组件的全局注册语法如下：

```
Vue.component(tagName, options)
```

其中，tagName 是组件的注册名称，options 是组件的内容选项。该选项与 Vue 实例选项基本一致。以下是一个组件定义的具体示例：

```
Vue.component('btn', {
  data: function () {
    return {
      count: 0
    }
  },
  template: '<button v-on:click="count++">单击次数：{{ count }}</button>'
})
```

示例中通过 Vue.component 方法定义并注册了一个名为 btn 的新组件，该组件包含 template 和 data 两个重要的成员。template 用于保存组件的基础 HTML 模板，data 则是与 template 对应的数据实例。实际上组件就是一个 Vue 实例，与 Vue 根实例不同的是，组件不支持 el 选项。

2. 组件复用

组件的使用与普通 HTML 标签类似，只要在指定的位置直接加入标签即可。组件的完整示例如下：

```
<div id="app">
  <btn></btn>
</div>
<script type="text/javascript">
  Vue.component('btn', {
    data: function () {
      return {
        count: 0
      }
    },
    template: '<button v-on:click="count++">单击次数：{{ count }}</button>'
  })
  var app = new Vue({
    el: '#app'
  })
</script>
```

组件的最大好处就是可以复用，可以将组件进行任意次数的复用。具体示例如下：

```html
<div id="app">
  <btn></btn>
  <btn></btn>
  <btn></btn>
</div>
```

上述示例复用了 3 次 btn 组件，如果愿意的话还可以复用更多次数，并可以在不同的地方进行复用。组件在复用的时候都是一个独立的 Vue 实例，并且这些实例都是从注册的 Vue 组件实例复制而来。

组件可以说是 Vue 的精华之一。它不仅可以扩展 HTML，还支持对 HTML 和用户操作逻辑的封装。通过组件的方式可以很轻松地构建任意应用的组件树，并且可以快速地复用这些组件。

3. 向组件传递数据

如果把组件比作同样拥有封装功能的函数，那么前面示例中的组件则是一个不带参数，且没有返回值的函数。而如果希望组件能够封装得更加灵活，那么也需要拥有与函数相同的特性。

首先，Vue 组件可以通过组件的属性接收外部数据，并通过组件的 props 选项存储数据，而 props 选项中存储的数据与 data 选项中的数据具有等效的使用方式和作用范围。具体示例如下：

```html
<div id="app">
  <btn name="Python"></btn>
  <btn name="Java"></btn>
</div>
<script type="text/javascript">
  Vue.component('btn', {
    props: ['name'],
    template: '<button>{{ name }}</button>'
  })
  var app = new Vue({
    el: '#app'
  })
</script>
```

示例中 btn 组件通过 name 属性传递了数据，之后会被保存在 props 选项的 name 成员中，最后在 template 中通过插值的方式获取并使用。当然，还可以定义更多的组件属性来传递数据。

此外，还可以绑定传递给组件的数据，具体会用到 v-bind 指令。示例如下：

```html
<div id="app">
  <btn v-bind:name="name"></btn>
</div>
<script type="text/javascript">
  Vue.component('btn', {
    props: ['name'],
    template: '<button>{{ name }}</button>'
  })
  var app = new Vue({
    el: '#app',
    data: {
      name: 'Java'
    }
```

```
  })
</script>
```

示例中 btn 组件的 name 属性绑定了 Vue 根实例的 name 成员。该 name 的值可以通过 JS 操作来动态修改，最终实现动态更新组件的内容。

4. 监听组件事件

Vue 中组件除了可以接收外部传递的数据，还可以向外部返回信息。具体是通过组件自定义事件实现的，即在组件内自定义一个事件并触发，之后在外部捕获该自定义事件。

在组件中触发自定义事件的示例如下：

```
Vue.component('btn', {
    template: '<button v-on:click="$emit('incr')">单击增加</button>'
})
```

示例中通过$emit('incr')触发一个名为 incr 的自定义事件，该事件可以在组件上层代码捕获到，具体的捕获示例如下：

```
<div id="app">
  <btn v-on:incr="count++"></btn>
  <span>计数: {{ count }}</span>
</div>
```

在使用 btn 组件时通过 v-on 指令监听自定义的 incr 事件就可以捕获组件内部的事件。此外，在触发事件的同时还可以抛出一个值，作为触发事件时传递的数据。具体示例如下：

```
<div id="app">
  <btn v-on:incr="count = $event"></btn>
  <span>计数: {{ count }}</span>
</div>
<script type="text/javascript">
  Vue.component('btn', {
    template: '<button v-on:click="$emit('incr', 10)">单击增加</button>'
  })
</script>
```

示例中通过给$emit 方法传递可选的第二个事件对象参数，来实现组件值的向上传递。该参数可以是普通的数值，也可以是 DOM 的原生事件对象。在组件使用时则通过$event 变量获取组件内抛出的值。

5. 组件插槽

插槽是 Vue 组件提供的另一种内容插值的方式。它与普通文本插值有类似的效果，但在使用方式上有所差别。具体示例如下：

```
Vue.component('tips', {
  template: '
    <div class="demo-alert-box">
      <strong>Error!</strong>
      <slot></slot>
    </div>
  '
})
```

示例中注册了一个名为 tips 的组件，该组件的 template 通过 slot 标签来表示插槽的具体占位。当需要对插槽内容进行插值替换时，只需要在使用 tips 组件时输入标签内容即可：

```
<tips>
```

```
        这是插槽内容
    </tips>
```

上述示例中标签的文本内容将会替换掉组件中的 slot 插槽标签。最终渲染后的 HTML 内容
如下：

```
<div class="demo-alert-box">
    <strong>Error!</strong>
    这是插槽内容
</div>
```

Vue 组件使用

5.1.5　路由

Vue 中的路由通常应用于单页面应用的前端页面访问。通过路由可以在不改变 URL 路径的前
提下，访问不同的子页面信息。具体示例如下：

```
<script type="text/javascript">
  const NotFound = { template: '<p>页面未找到</p>' }
  const Home = { template: '<p>主页</p>' }

  const routes = {
   '/': Home
  }

  var app = new Vue({
   el: '#app',
   data: {
     currentRoute: window.location.pathname
   },
   computed: {
     ViewComponent () {
       return routes[this.currentRoute] || NotFound
     }
   },
   render (h) { return h(this.ViewComponent) }
   })
</script>
```

示例中演示了 Vue 官方路由 vue-router 库的使用。其核心逻辑是先定义一个映射关系，把页
面 URL 和对应的模板内容关联上；之后通过 render 回调函数来获取当前页面 URL 的模板内容。
在此示例基础之上，如果要增加其他的页面和路由，只需要添加一个新的模板实例并绑定到 routes
映射关系中即可。

5.1.6　AJAX 请求

Vue 中想要发送 AJAX 请求可以使用 vue-resource 或者 axios。Vue 2.0 开始推荐使用 axios 库，
axios 是一个基于 Promise、可以用在浏览器和 Node.js 中的 HTTP 库。其基本使用示例如下：

```
<!-- 引入 Vue 库 -->
<script src="https://cdn.jsdelivr.net/npm/vue/dist/vue.js"></script>
<!-- 引入 axios 库 -->
<script src="https://cdn.staticfile.org/axios/0.18.0/axios.min.js"></script>
<div id="app">
```

```
<input type="button" @click=sendHTTP value="发送请求" />
<div>响应数据: {{ responseData }}</div>
</div>
<script type="text/javascript">
  var app = new Vue({
    el: '#app',
    data: {
      responseData: null
    },
    methods: {
      sendHTTP () {
        // 发送 HTTP 请求
        axios
        .get('http://httpbin.org/get')
        .then(response => (this.responseData = response))
        .catch(function (error) {
          console.log(error)
        })
      }
    }
  })
</script>
```

　　上面是一个完整的 Vue 中使用 axios 发送 HTTP 请求的示例。具体通过 axios.get 方法来发送 HTTP 的 GET 请求，之后通过 then 方法执行正常响应的回调函数，通过 catch 方法执行异常响应的回调函数。

　　同样，axios 库还可以发送 POST、DELETE、HEAD 等请求。axios 库支持多种形式的 API 来发送各种 HTTP 请求。具体示例如下:

```
# 直接调用
axios(config)
axios(url[, config])
# 别名调用
axios.request(config) # 同 axios(config)
axios.get(url[, config])
axios.delete(url[, config])
axios.head(url[, config])
axios.post(url[, data[, config]])
axios.put(url[, data[, config]])
axios.patch(url[, data[, config]])
```

　　例如，可以通过 4 种 API 方式来发送一个 GET 请求。具体示例如下:

```
axios('http://httpbin.org/get?id=1001')                # 默认为 GET 请求
axios.get('http://httpbin.org/get?id=1001')
axios({url: 'http://httpbin.org/get?id=1001', method: 'get'})
axios.request({url: 'http://httpbin.org/get?id=1001', method: 'get'})
```

　　对于 GET 之外的请求方法，除了上述示例中的第一种不可用，后面 3 种形式都是支持的。例如 POST 的调用示例如下:

```
axios.post('http://httpbin.org/post', {data: {id: 1001}})
axios({
    url: 'http://httpbin.org/post',
```

```
    method: 'post',
    data: {id: 1001}
})
axios.request({
    url: 'http://httpbin.org/post',
    method: 'post',
    data: {id: 1001}
})
```

除了 GET、POST 之外，其他 HTTP 请求方式的调用都与上述示例相似，这里就不再一一介绍。关于 axios 库的更多高级使用，请参考其官方文档：https://github.com/axios/axios。

5.1.7　vue-cli 脚手架

AJAX 请求全局配置

通过前面的介绍，读者已经掌握了 Vue 的基本使用。但正式开发时还需要在本地搭建一个 Vue 的开发调试环境，即 vue-cli。vue-cli 基于 webpack 可以在本地提供一个测试用的 Web 服务器，同时还支持对开发的源码进行编译和打包操作。

1. 安装 vue-cli

由于 vue-cli 运行在 Node.js 环境，所以首先需要安装的是 Node.js。在官网下载对应的安装包，解压并安装后就可以得到相应的可执行文件。Windows 用户可以通过 node 安装包来完成安装，在安装完成后需要把 node 的安装目录配置到系统环境变量。

Node.js 安装并配置完成之后，可以通过如下命令来检查是否成功：

```
> node -v
v10.15.0
> npm -v
6.4.1
```

vue-cli 依赖于 webpack，因此需要提前通过 npm 工具来安装 webpack 库。具体命令如下：

```
npm install webpack webpack-cli -g
```

通过如下命令检查 webpack 是否安装成功：

```
> webpack -v
4.43.0
```

接下来，直接安装 vue-cli 库。具体命令如下：

```
npm install vue-cli -g
```

同样，通过如下命令来检查 vue-cli 是否安装成功：

```
> vue -V
2.9.6
```

2. 构建 Vue 项目

完成 vue-cli 环境的安装之后，就可以通过该工具快速构建 Vue 项目。例如，通过如下命令可以构建一个名为 todo_demo 的 Vue 项目：

```
> vue init webpack todo_demo

? Project name todo_demo
? Project description A Vue.js project
? Author chenxiaowu <chenxiaowu@autohome.com.cn>
? Vue build standalone
? Install vue-router? Yes
? Use ESLint to lint your code? Yes
```

```
? Pick an ESLint preset Standard
? Set up unit tests Yes
? Pick a test runner jest
? Setup e2e tests with Nightwatch? Yes
? Should we run 'npm install' for you after the project has been created? (recommended)no

  vue-cli · Generated "todo_demo".

# Project initialization finished!
# =========================

To get started:

  cd todo_demo
  npm install (or if using yarn: yarn)
  npm run lint -- --fix (or for yarn: yarn run lint --fix)
  npm run dev

Documentation can be found at https://vuejs-templates.github.io/webpack
```

在上述构建过程中会提示用户进行若干选择，根据其具体的提示来选择或者输入新的内容即可。需要注意的是，出于网络原因，建议在最后一个提示中选择 no 选项。

之后，根据其提示进行接下来的构建初始化操作：

```
> cd todo_demo
> npm i --registry=https://registry.npm.taobao.org
```

通过上述命令完成项目构建之后，其目录结构大致如下：

```
|-- todo_demo          # 项目主目录
    |-- build          # 构建脚本目录
    |-- config         # 构建配置目录
    |-- node_modules   # node 依赖库目录
    |-- src            # 源码目录
    |-- static         # 静态文件目录
    |-- test           # 测试脚本目录
    .babelrc
    .editorconfig
    .eslintignore
    .eslintrc.js
    .gitignore
    .postcssrc.js
    index.html         # 项目入口文件
    package.json       # 项目描述文件
    README.md
```

最后，通过如下命令启动本地开发环境服务：

```
> npm run dev
…
DONE  Compiled successfully in 5434ms
 I  Your application is running here: http://localhost:8080
```

根据提示通过浏览器访问 http://localhost:8080/，如果能够成功返回图 5-1 所示的页面，即表示项目构建成功。

图 5-1　Vue 构建初始页

Vue-cli 脚手架搭建

5.2　案例实战：任务列表

本节是对 Vue 框架知识的一个复习与演练，以一个较简单的需求来练习之前学习过的知识点，包括 Python 基础语法及 Vue、Flask、records 等库。通过任务列表这个简单的项目，读者可以更容易地理解 Web 开发中前后端分离的形式，并且能熟悉 Web 开发的基本流程和开发方式。

5.2.1　需求说明及分析

为了把之前介绍的前后端知识完整地结合起来，本小节将以一个简单的示例项目来串联知识点。开发一个任务列表项目，该项目实现的功能主要为任务列表的维护，包括任务的新建、修改、删除、查询等功能。

本项目中一个任务可以代表一个事项，即描述一个准备完成的事情。任务可以是需求评审、用例开发、测试执行、项目上线等。每一个任务都有待执行、进行中、已完成、已废弃 4 种状态。

当用户首次新建任务时，其状态默认为待执行，此阶段用户可以修改任务状态为进行中、已废弃；当任务状态为进行中时，用户可以修改任务状态为已完成、已废弃；任务为已完成、已废弃状态时，表示当前任务已结束，不再支持任务状态的修改。

用户新建任务时，需要填写任务名称、执行时间、任务描述、执行人等信息。任务新建完成后，只有状态为待执行、进行中时，才可以修改任务的具体内容，当任务状态为已完成、已废弃时，不再支持对任务内容进行修改。

创建的任务默认以列表的形式展示，列表的标题字段包括任务 ID、任务名称、执行时间、执行人、创建时间、操作。其中操作字段包括查看、编辑、修改状态 3 个操作。任务列表默认以创建时间倒序排列，且默认只展示 10 条任务记录。

5.2.2　模块及设计

本项目为前后端分离开发模式，前端主要模块为任务列表页面、任务新建/修改页面、任务详情页面；后端主要模块为任务查询接口、任务新建/修改接口、任务详情接口、任务状态修改接口。具体示意如图 5-2 所示。

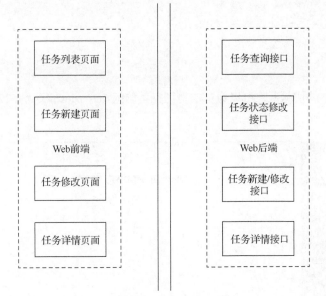

图 5-2　任务列表项目模块设计

5.2.3　数据库设计

本项目主要围绕任务的信息进行增、删、改、查等操作，因此只需要维护一张任务表即可。表中的字段需要包括需求分析中提到的所有字段。这里以 MySQL 数据库作为数据存储库，任务表的名称为 task。具体表结构创建信息如下：

```
CREATE TABLE 'task' (
  'id' int(11) NOT NULL AUTO_INCREMENT,
  'name' varchar(100) NOT NULL COMMENT '任务名称',
  'desc' varchar(255) DEFAULT NULL COMMENT '任务描述',
  'start_time' timestamp NULL DEFAULT NULL COMMENT '执行开始时间',
  'end_time' timestamp NULL DEFAULT NULL COMMENT '执行结束时间',
  'assign' varchar(50) NOT NULL COMMENT '执行人',
  'status' enum('DISCARD','FINISHED','INPROCESS','INIT') NOT NULL DEFAULT 'INIT'
COMMENT '状态',
  'created_time' timestamp NOT NULL DEFAULT CURRENT_TIMESTAMP,
  'is_del' tinyint(1) DEFAULT '0' COMMENT '逻辑删除标识。0：未删除，1：已删除',
  PRIMARY KEY ('id')
) ENGINE=InnoDB DEFAULT CHARSET=utf8;
```

5.2.4　前端开发

为了便于读者理解本书内容，这里将以一个搭建好的 Vue 开源框架为基础来完成本小节内容的 Web 前端开发；后续的 Web 项目都会基于这个模板框架进行开发。该模板框架的本地搭建方式如下：

```
# 复制项目
git clone -b study https://github.com/five3/vue-element-admin.git
# 进入项目目录
cd vue-element-admin
```

```
# 建议不用 cnpm 安装，否则会有各种诡异的 bug
npm install --registry=https://registry.npm.taobao.org
# 本地开发，启动项目
npm run dev
```

在安装过程正常的情况下，可以通过本地浏览器访问 http://localhost:9527/进行页面查看。其默认的效果如图 5-3 所示。

图 5-3　Vue 基础模板界面

 在实际安装过程中可能会提示需要其他环境依赖，如 msbuild.exe、Python 2 版本的解释器等。在完成外部环境依赖后，再次使用 npm install 命令安装前，可能需要清空项目主目录下的 node_modules 子目录。

选择开源框架的好处是减少了很多框架搭建的基础工作，同时可以拥有功能模块丰富的样例代码。此外，平时工作中通常也会选取一个开源框架作为基础模板，之后在开源框架的基础上完成实际的项目开发。因此，直接基于开源框架来学习，可能会更加贴近真实的实践场景。

vue-element-admin 框架使用起来非常简单，并且已经集成了 element-ui①和发送 ajax 的 axios 模块，同时还提供了完整的使用文档，非常适合作为搭建测试平台的项目基础模板。下面将详细介绍如何基于 vue-element-admin 框架来开发任务列表的前端页面。

1. 添加路由

在 vue-element-admin 框架中添加路由的方式非常简单，只需要编辑 src/router/index.js 文件，并在 constantRoutes 列表中追加一个路由子项即可。具体追加的路由内容如下：

```
{
    path: '/todo',
    component: Layout,
    redirect: '/todo/index',
    hidden: false,
    children: [
      {
        path: 'index',
        component: () => import('@/views/todo/index'),
        name: 'Profile',
        meta: { title: '任务列表', icon: 'list', noCache: true }
      }
```

---

① element-ui：开源的、基于 Vue 的 UI 组件框架。通过该框架可以快速地完成常规的 UI 界面搭建工作。

```
    ]
  }
```

上面的路由信息中，只需要关注加粗的内容即可。顶层的 path 指定了当前路由的主路径为/todo，children 列表成员中的 path 指定了该子菜单的路由为 index，而子菜单的全路径则为/todo/index。子菜单中的 component 节点指定了具体要展示的内容页面的路径，后面会为这个路径添加对应的页面。子菜单中的 meta 节点则用于配置子菜单的相关属性，title 用于配置菜单名称，icon 用于配置菜单图标。主菜单中的 redirect 则表示当访问主菜单时，会直接跳转到指定的子菜单页面。

 　　　　上述路由配置是一个常规的配置，在此基础之上还可以继续添加更多的子菜单。如果需要新增其他的主菜单，只需要复制上述内容并修改加粗字体为相应内容即可。

2. 添加页面

前面添加路由时，在子菜单的 component 节点指定要展示的页面路径，接下来就要为该路径添加具体的页面内容。

示例中设置的路径为@/views/todo/index，这是一个相对于 src 主目录的路径，因此该页面路径的具体位置为 src/views/todo/index。为此需要创建一个路径为 src/views/todo 的目录，同时在该目录下创建一个名为 index.vue 的文件，其初始内容如下：

```html
<template>
  <div class="app-container">
    <h1>{{ title }}</h1>
  </div>
</template>

<script>
export default {
  name: 'Todo',
  data() {
    return {
      title: '任务列表'
    }
  }
}
</script>
```

该页面就是任务列表的展示页面，后面将基于该页面添加任务列表的页面元素及元素操作事件。保存好相关修改的文件后，刷新浏览器页面，会发现左侧菜单栏多出一个名为任务列表的菜单，单击该菜单会跳转到上述初始页面。其具体效果如图 5-4 所示。

图 5-4　任务列表初始页面

3. 添加元素

基础页面配置完成后，需要为任务列表设计具体的页面元素。具体而言，需要把任务拆分为当前任务、未完成任务、已完成任务。其中当前任务为当天有效的任务，未完成任务为状态为没有完成的任务，已完成任务为状态为已完成的任务。为此需要替换为如下代码：

```
<div>
    <el-row :gutter="20">
     <el-col :span="24" :xs="24">
       <el-card>
         <el-tabs v-model="activeTab" @tab-click="handleClick">
          <el-tab-pane label="当前任务" name="current">
          </el-tab-pane>
          <el-tab-pane label="未完成" name="unfinish">
          </el-tab-pane>
          <el-tab-pane label="已完成" name="finished">
          </el-tab-pane>
         </el-tabs>
       </el-card>
     </el-col>
    </el-row>
</div>
<script>
export default {
  name: 'Todo',
  data() {
    return {
      activeTab: 'current'
    }
  }
}
</script>
```

示例中的<el-row>、<el-col>、<el-card>、<el-tabs>等都是 element-ui 组件库中提供的标准组件，使用这些组件可以快速地搭建所需的页面元素。关于如何获取不同组件的代码样例和使用说明，请自行查阅 element-ui 的官方中文文档。

此处示例中通过<el-row>和<el-col>来进行格局布置，具体就是创建一个单行单列的布局格式；在这个布局格式中通过<el-tabs>组件创建任务分类，其下的<el-tab-pane>子元素则是用于对任务进行分类展示的具体标签页。具体的代码效果如图 5-5 所示。

图 5-5　任务列表主页面 1

　　接下来，需要添加创建任务的按钮，通过单击该按钮来弹出一个任务信息输入弹层；在弹层中输入新建任务的内容，单击"提交"按钮后保存数据到后台的数据库中，以完成新建任务的功能。添加"创建"按钮的界面代码见加粗字体：

```
<el-card>
<el-button type="primary" @click="createTask">创建任务</el-button>
<el-tabs v-model="activeTab">
…
```

　　之后，还需要给页面添加一个任务列表，该任务列表在不同的任务 Tab 下会展示不同的任务内容。任务列表的界面代码如下：

```
<el-table
    :data="tableData"
    border
    style="width: 100%;">
    <el-table-column
      fixed
      prop="name"
      label="任务名称"
      width="100">
    </el-table-column>
    <el-table-column
      prop="desc"
      label="任务描述"
      width="300">
    </el-table-column>
    <el-table-column
      prop="start_time"
      label="开始时间"
      width="150">
    </el-table-column>
    <el-table-column
      prop="end_time"
      label="结束时间"
      width="150">
    </el-table-column>
    <el-table-column
      prop="assign"
      label="执行人"
      width="120">
    </el-table-column>
    <el-table-column
      prop="status"
      label="任务状态"
      width="120">
    </el-table-column>
    <el-table-column
      fixed="right"
      label="操作"
      width="100">
      <template slot-scope="scope">
          <el-button type="text" size="small" @click="editTask(scope.row)">编 辑
```

```
</el-button>
          </template>
        </el-table-column>
    a</el-table>
…
<script>
export default {
  name: 'Todo',
  data() {
    return {
      activeTab: 'current',
      tableData: [{
        'name': '测试任务',
        'desc': '任务描述',
        'start_time': '2020-06-21',
        'end_time': '2020-07-01',
        'assign': '张三',
        'status': '进行中'
      }]
    }
  }
}
</script>
```

最终，任务列表页面的内容展示如图 5-6 所示。

图 5-6　任务列表主页面 2

4．添加事件处理

完成页面展示代码之后，为了能够正常地处理用户的单击操作，还需要为各事件元素添加相应的事件处理函数。例如，创建任务的 click 事件注册了名为 createTask 的处理函数，编辑任务的 click 事件注册了名为 editTask 的处理函数。

为此，除了在页面代码中通过@click 属性来绑定事件处理函数，还需要在 methods 对象中定义对应的处理函数对象。具体示例代码如下：

```
export default {
  name: 'Todo',
  data() {
    …
  },
  methods: {
    createTask () {
      console.log('createTask');
    },
```

```
      editTask (row) {
        console.log(row);
      }
    }
  }
</script>
```

完成上述代码的修改之后，单击界面上的"创建任务"按钮会在浏览器的控制台输出"createTask"字符；同样，如果单击任务列表中的"编辑"按钮，则会在浏览器的控制台输出当前行任务的具体信息内容。

在上述代码测试通过之后，就需要把事件处理函数的内容替换为真正的业务逻辑代码。即 createTask 函数会弹出一个新建任务弹层，editTask 任务会弹出一个编辑任务的弹层。为此，还需要添加额外的弹层界面代码，其内容如下：

```
<el-row :gutter="20">
<el-col :span="24" :xs="24">
  <el-drawer
  title=""
  :visible.sync="drawer"
  :with-header="false">
  <div style="padding: 10px;">
      <h3>{{ title }}</h3>
      <el-form ref="form" :model="form" label-width="80px">
        <el-form-item label="任务名称">
            <el-input v-model="form.name"></el-input>
        </el-form-item>
        <el-form-item label="任务描述">
            <el-input v-model="form.desc"></el-input>
        </el-form-item>
        <el-form-item label="开始时间">
            <el-input v-model="form.start_time"></el-input>
        </el-form-item>
        <el-form-item label="结束时间">
            <el-input v-model="form.end_time"></el-input>
        </el-form-item>
        <el-form-item label="执行人">
            <el-input v-model="form.assign"></el-input>
        </el-form-item>
        <el-form-item label="任务状态">
            <el-select v-model="form.status" placeholder="请选择任务状态">
              <el-option label="待执行" value="INIT"></el-option>
              <el-option label="进行中" value="INPROCESS"></el-option>
              <el-option label="已完成" value="FINISHED"></el-option>
              <el-option label="已废弃" value="DISCARD"></el-option>
            </el-select>
        </el-form-item>
        <el-form-item>
            <el-button type="primary" @click="onSubmit">保存</el-button>
            <el-button @click="drawer = false">取消</el-button>
        </el-form-item>
```

```
        </el-form>
      </div>
  </el-drawer>
</el-col>
</el-row>
…
<script>
export default {
  name: 'Todo',
  data() {
    return {
      ...
      form: {
        'name': '',
        'desc': '',
        'start_time': '',
        'end_time': '',
        'assign': '',
        'status': ''
      }
    }
  },
  methods: {
    createTask () {
      this.title = '创建任务';
      this.drawer = true;
      this.form = {};
    },
    editTask (row) {
      this.title = '编辑任务';
      this.drawer = true;
      this.form = row;
    },
    onSubmit() {
      console.log('submit!');
    }
  }
}
</script>
```

添加上述代码之后，再次单击"创建任务"按钮，会弹出一个新建任务的弹层，效果如图 5-7 所示。

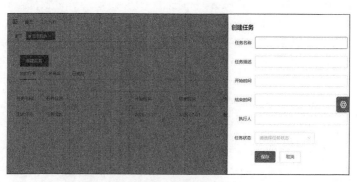

图 5-7　任务列表新建任务

同样，如果单击"编辑"按钮，会弹出一个编辑任务的弹层，其效果如图 5-8 所示。

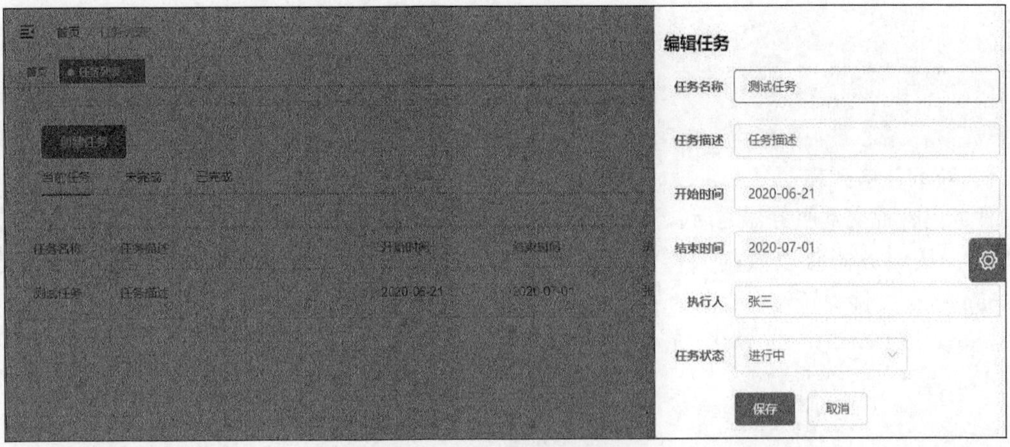

图 5-8　任务列表编辑任务

单击"保存"按钮则会在浏览器的控制台输出"submit!"字符串，而单击"取消"按钮则会自动关闭弹层。

5．提交表单数据

在之前的内容中已经完成了页面的设计和交互，这里需要做的是把表单的内容提交到服务器端。Vue 中发送 ajax 请求到服务器端推荐使用 axios 组件，而 vue-element-admin 框架已经集成并封装了该组件。

首先，在 src/api 目录下新建一个 todo.js 的文件，其内容如下：

```
import request from '@/utils/request'

export function submit (data) {
  return request({
    url: '/api/todo',
    method: 'post',
    headers: {
      'Content-Type': 'application/json'
    },
    data
  })
}
```

这里定义了一个发送 ajax 请求的 submit 函数，该函数实际上调用了封装好 axios 组件的 request 函数，并将请求相关的 url、method、headers、data 数据传递给该底层函数。

之后，在 src/views/todo/index.vue 页面中引入定义好的 submit 函数，并将 onSubmit 处理函数中的内容进行替换。具体更新的代码内容如下：

```
<script>
import {submit} from '@/api/todo'
…
  onSubmit () {
    submit(this.form).then((response)=>{
      if (response.code === 0) {
        this.$message({
          showClose: true,
```

```
        message: '保存成功! ',
        type: 'success'
      });
    }
  })
  }
</script>
```

6. 获取任务列表

任务内容提交到服务器之后，还需要再次从服务器拉取下来以便于查看。与提交数据到服务器类似，从服务器获取数据同样需要通过 ajax 方式来发送 HTTP 请求。具体要做的是在 src/api/todo.js 文件中新建一个名为 pullData 的函数。具体内容如下：

```
export function pullData (par) {
  return request({
    url: '/api/todo',
    method: 'get',
    params: par
  })
}
```

然后，在 src/views/todo/index.vue 文件中引入该函数：

```
import {submit, pullData} from '@/api/todo'
```

同时定义一个调用该函数的新函数 getTaskData。其代码内容如下：

```
getTaskList (tab) {
  pullData({tab: tab}).then((response)=>{
    if (response.code === 0) {
      this.tableData = response.data;
    }
  })
}
```

最后，在需要获取任务列表的场景中调用该函数，如初始化页面、单击 tab 标签、提交数据成功之后刷新页面内容等场景。

说明　　任务列表项目的前端完整代码已提交至 GitHub 中，获取完整代码的分支路径为：https://github.com/five3/vue-element-admin/tree/todo。

5.2.5　后端开发

前端内容开发完成之后，需要为对应的请求开发后端接口。这里的后端服务选用的是 Python 的 Flask 框架，并结合 RESTful 的组件来开发 RESTful 风格的接口。需要开发的后端接口情况如表 5-1 所示。

表 5-1　　　　　　　　　　　　　　　任务列表后端接口说明

接口路径	接口方法	接口说明
/api/todo	POST	保存任务接口
/api/todo/list	GET	获取任务列表接口

后端内容的开发将基于 4.3.2 小节的基础项目结构进行，可以提前下载好相应的项目代码到本

地环境，尝试运行启动命令检查开发环境是否正常。

由于后端开发使用到 MySQL 数据库，因此需要额外安装 MySQL 的驱动库，这里推荐使用
4.2.1 小节介绍的 records 库，同样也需要提前安装好相关库。

1. 保存任务接口

保存任务接口的功能是接收前端发送的 POST 请求，然后根据请求数据的情况来确定是新增
还是更新任务。具体而言，如果用户请求中带有任务 ID，说明该任务之前已经保存过，则会更新
该任务；而如果用户请求中没有带任务 ID，说明之前没有保存过该任务，则会新增一条任务数据。

首先，在 controller 目录下新建一个名为 todo.py 的文件，其初始内容如下：

```python
from flask import jsonify


def todo():
    return jsonify({
        "code": 0,
        "msg": ''
    })
```

示例中的 jsonify 是 Flask 库自带的一个 JSON 序列化的函数，可以把标准的 Python 数据结构
序列化为 JSON 格式数据再返回给前端程序。

之后，在 app.py 文件中引入 controller/todo.py 中的 todo 函数，并为其绑定路由为/api/todo，
支持的请求方式为 POST。具体代码如下：

```python
from controller.todo import todo
…
def create_app():
    ...
    app.route('/api/todo', methods=['POST'])(todo)
…
```

至此，保存任务接口的路由配置已经完成。接下来，完成 todo 函数的具体处理代码，即获取
用户请求数据，并根据是否包含 ID 字段来进行新增或者更新操作。具体代码如下：

```python
from flask import jsonify, request
from model.todo import update_todo, create_todo


def todo():
    data = request.json

    if data.get('id'):  # 更新任务
        ret = update_todo(data)
    else:  # 新增任务
        ret = create_todo(data)

    code = 0 if ret else -1

    return jsonify({
        "code": code,
        "msg": '',
        "data": ret
    })
```

示例中具体进行数据操作的函数引用自 model/todo.py 模块，因此需要在 model 目录中新建一
个名为 todo.py 的文件，并在文件中实现 update_todo、create_todo 函数。具体文件内容如下：

```
import logging
from . import get_db

def update_todo(data):
    sql = '''update todo set name=:name, 'desc'=:desc, start_time=:start_time,
end_time=:end_time, assign=:assign, status=:status where id=:id'''

    try:
        get_db().query(sql, **data)
        return True
    except Exception as e:
        logging.exception(e)
        return False

def create_todo(data):
    sql = '''insert into todo (name, 'desc', start_time, end_time, assign, status) values
(:name, :desc, :start_time, :end_time, :assign, :status)'''

    try:
        get_db().query(sql, **data)
        return True
    except Exception as e:
        logging.exception(e)
        return False
```

示例中通过 get_db 函数获取 DB 的操作对象, 之后执行组装好的 SQL 语句完成数据的更新和插入操作。get_db 函数在 model/__init__.py 文件中实现, 其具体代码如下:

```
import records

def get_db():
    conn = 'mysql+pymysql://{user}:{passwd}@{ip}:3306/${dbname}'
    return records.Database()
```

在正式测试程序之前, 记得修改示例中的占位符号, 把相应信息替换成正确的用户名、密码、ip 和数据库的名称。

2. 任务列表接口

任务列表接口的功能为获取符合当前查询要求的全部任务列表。目前任务的查询条件主要分为 3 类: 当前任务、未完成任务、已完成任务。其中当前任务为待执行、进行中且当天有效的任务; 未完成任务为所有待执行、进行中的任务; 已完成任务为所有已完成、已废弃的任务。

按照惯例, 首先需要配置好相应的路由及处理函数。在 app.py 文件中添加路由配置代码如下:

```
...
from controller.todo import todo, get_todo_list

def create_app():
    ...
    app.route('/api/todo', methods=['POST'])(todo)
    app.route('/api/todo/list')(get_todo_list)
```

之后, 在 controller.py 文件中实现具体的 get_todo_list 处理函数。其代码如下:

```
def get_todo_list():
    tab = request.args.get('tab')
```

```
    if tab == 'current':
        ret = get_current_todo()
    elif tab == 'unfinish':
        ret = get_unfinish_todo()
    elif tab == 'finished':
        ret = get_finished_todo()
    else:
        ret = []

    return jsonify({
        "code": 0,
        "msg": '',
        "data": ret
    })
```

示例中根据传递的不同参数值内容，分别调用了不同的查询函数。各查询函数分别对应查询当前任务、未完成任务、已完成任务。这些查询函数都在 model/todo.py 文件中实现。具体代码如下：

```
def get_current_todo():
    sql = '''select * from todo where status in ('INIT', 'INPROCESS') and start_time
< :today and :today < end_time'''
    today = time.strftime("%Y-%m-%d", time.localtime())

    try:
        rows = get_db().query(sql, today=today).all(as_dict=True)
        return rows
    except Exception as e:
        logging.exception(e)
        return []


def get_unfinish_todo():
    sql = '''select * from todo where status in ('INIT', 'INPROCESS')'''

    try:
        rows = get_db().query(sql).all(as_dict=True)
        return rows
    except Exception as e:
        logging.exception(e)
        return []


def get_finished_todo():
    sql = '''select * from todo where status in ('FINISHED', 'DISCARD')'''

    try:
        rows = get_db().query(sql).all(as_dict=True)
        return rows
    except Exception as e:
        logging.exception(e)
        return []
```

至此，任务列表项目的后台代码已经开发完成。完整的代码已经上传到公共代码仓库的

https://github.com/five3/python-sdet/tree/todo 分支。

5.2.6　前后端配置

由于目前是基于前后端分离的模式进行开发的，前端和后端都是基于自身的服务，如果想要在本地进行前后端的联调，那么就需要进行前端的联调配置。即通过一个 nginx 代理服务来把前后端统一到一个前端入口，之后通过请求 URL 来分发给对应的前后端服务。具体的 nginx 配置代码如下：

```
location / {      # 转发前端服务
    proxy_set_header Host $host;
    proxy_set_header X-Real-IP $remote_addr;
    proxy_set_header X-Forwarded-For $proxy_add_x_forwarded_for;
    proxy_pass http://127.0.0.1:9527;
}

location /api/ { # 转发后端服务
    proxy_set_header Host $host;
    proxy_set_header X-Real-IP $remote_addr;
    proxy_set_header X-Forwarded-For $proxy_add_x_forwarded_for;
    proxy_pass http://127.0.0.1:9528;
}
```

示例中把以/api/开头的请求全部转发到后端服务，而其他请求则转发给前端服务，这样就可以把前后端绑定在一个请求入口，从而实现本地前后端服务的联调环境。完成 nginx 配置并生效之后，直接访问 http://localhost/即可访问完整的联调服务。

任务列表项目说明

第6章
测试开发实践

作为一名测试开发人员，通常要做的工作就是解决可测性问题和提供自动测试技术。可测试性方面的问题通常通过代理或者 Mock 的方式来解决；而自动测试技术通常需要一个通用的测试框架来作为基础。

本章后续的项目实践开发，主要也是围绕上述最常见的测试开发内容，包括一个代理服务、一个 Mock 服务、一个数据查询服务及基于关键字的自动化测试框架。通过这些项目的实践，读者基本上就可以达到测试开发的入门要求了。

6.1 测试代理服务开发（HProxy）

HProxy 是一种通过设置系统 HOST 就可以实现 HTTP 代理转发配置的 Web 服务。它可以为本身不支持 HTTP 代理配置的程序提供一种通用的 HTTP 代理功能，从而解决测试场景中的一些可测性问题。

6.1.1 需求说明及分析

日常的测试工作中经常会使用到 HTTP 的代理服务，最常见的方式就是通过浏览器的代理插件来配置代理服务信息；另一种方式就是通过指定代理参数来运行程序，从而完成代理配置，如 curl 工具。这两种方式的代理都基于程序本身支持 HTTP 代理配置，而大多数情况下提测程序本身不支持这样的代理配置功能。

为了让提测程序在无代码侵入的情况下支持 HTTP 代理，就需要一种更加通用的 HTTP 代理服务来为提测程序提供代理支持，这就是本章要介绍的基于 HOST 的 HTTP 代理服务——HProxy。

通常测试时使用 HTTP 代理服务的目的是抓取目标请求，然后进行相应的处理来完成测试目的。因此开发的 HTTP 代理服务需要支持 HOOK 功能，即可以提供对 HTTP 请求、HTTP 响应进行处理的钩子函数的注册。

为了让用户更加方便地管理和配置钩子函数的内容，需要为用户提供一个界面化的入口，让用户可以直接通过页面来配置钩子函数。因此也需要同步开发一个 Web 页面，使用户在配置完钩子函数之后可以实时生效。

6.1.2 模块及设计

针对上述分析的需求内容，整个服务可以大致分为前端模块和后端模块。前端模块主要提供 HTTP 代理服务的钩子函数配置功能；后端模块主要提供 HTTP 的代理功能及钩子函数支持。

为了给普通提测程序提供通用的 HTTP 代理功能，我们选择的具体技术方案为通过 HOST 配置来转发请求给代理服务；代理服务接收到请求之后，会把相同的请求数据发送给目标服务器；当代理服务接收到目标服务器返回的内容时，同样会把相同的内容返回给请求客户端，并且在代理转发过程中支持通过钩子函数的方式对请求体、响应体进行读取和修改。基于 HOST 的 HTTP 代理服务的整体设计结构如图 6-1 所示。

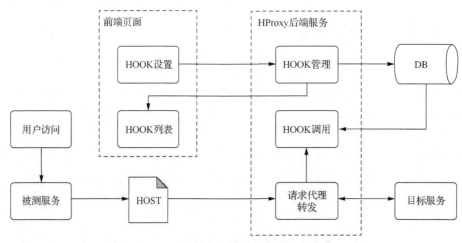

图 6-1　HProxy 代理服务整体设计结构图

6.1.3　数据库设计

代理服务本身不需要进行数据存储，但是代理服务的 HOOK 功能需要进行数据存储。当用户在 Web 页面设置完一个代理 HOOK 的钩子函数之后，一方面会实时通知代理服务使其生效；另一方面还会存储一份备份数据到数据库。这样当代理服务重启时就可以直接加载已经配置过的钩子函数。

代理服务的钩子函数主要分为两种：一种是请求钩子函数；另一种是响应钩子函数。请求钩子函数是在获取到用户请求之后，在发送到目标服务之前执行的函数；响应钩子函数是在获取到目标服务响应之后，在返回给请求用户之前执行的函数。

此外，由于代理服务是一个公共的 Web 服务，可能有多个用户同时使用的情况。为了尽量避免用户之间的脚本相互影响，在设计上给每个 HOOK 添加了请求源 IP 和请求目标 HOST 的设置。针对钩子函数设计的表结构如下：

```
CREATE TABLE 'hook' (
    'id' int(11) NOT NULL AUTO_INCREMENT,
    'name' varchar(255) NOT NULL COMMENT 'HOOK 名称',
    'type' enum('RESPONSE','REQUEST') NOT NULL COMMENT 'HOOK 类型',
    'source' varchar(30) NOT NULL COMMENT '请求 IP 过滤设置',
    'target' varchar(30) NOT NULL COMMENT '目标 HOST 过滤设置',
    'content' text NOT NULL COMMENT 'HOOK 内容',
    'created_time' timestamp NOT NULL DEFAULT CURRENT_TIMESTAMP ON UPDATE
CURRENT_TIMESTAMP,
    PRIMARY KEY ('id'),
    UNIQUE KEY 'name_type_uniq_idx' ('name','type') USING BTREE
) ENGINE=InnoDB DEFAULT CHARSET=utf8;
```

示例中的 hook 表主要有 5 个字段：name、type、source、target、content，分别用于存储钩子函数的名称、类型、请求 IP、目标 HOST、脚本内容。需要注意的是，钩子函数的 name 与 type 是唯一索引，即同一种类型的钩子函数不能存在同名的情况。

6.1.4　前端开发

1. 添加路由

编辑 src/router/index.js 文件，在 constantRoutes 列表追加如下路由内容：

```
{
  path: '/hproxy',
  component: Layout,
  redirect: '/hproxy/index',
  hidden: false,
  children: [
    {
      path: 'index',
      component: () => import('@/views/hproxy/index'),
      name: 'hproxy',
      meta: { title: 'HProxy 设置', icon: 'list', noCache: true }
    }
  ]
}
```

2. 添加页面

创建一个路径为 src/views/hproxy 的目录，同时在该目录下创建一个名为 index.vue 的文件，其初始内容如下：

```
<template>
  <div class="app-container">
    <h1>{{ title }}</h1>
  </div>
</template>

<script>
export default {
  name: 'HProxy',
  data() {
    return {
      title: 'HProxy 设置'
    }
  }
}
</script>
```

完成此步后通过浏览器访问 http://localhost:8080/#/hproxy/index，如果能正常访问页面内容，则表示基础页面配置成功，可以继续执行下面的步骤。

3. 添加元素

HProxy 的页面与任务列表的页面很相似，主要包括一个已有的钩子函数列表、一个用于创建和修改钩子函数的表单。其页面元素的代码如下：

```
<template>
  <div class="app-container">
```

```
<div>
  <el-row :gutter="20">
    <el-col :span="24" :xs="24">
      <el-card>
        <el-button type="primary" @click="createHook">添加 HOOK</el-button>
      </el-card>
    </el-col>
  </el-row>
  <el-row :gutter="20">
    <el-col :span="24" :xs="24">
      <el-table
        :data="tableData"
        border
        style="width: 100%;">
        <el-table-column
          fixed
          prop="name"
          label="HOOK 名称"
          width="200">
        </el-table-column>
        <el-table-column
          prop="type"
          label="HOOK 类型"
          width="100">
        </el-table-column>
        <el-table-column
          prop="type"
          label="源 IP"
          width="100">
        </el-table-column>
        <el-table-column
          prop="type"
          label="目标 HOST"
          width="100">
        </el-table-column>
        <el-table-column
          prop="content_preview"
          label="HOOK 内容">
        </el-table-column>
        <el-table-column
          prop="created_time"
          label="创建时间"
          width="150">
        </el-table-column>
        <el-table-column
          fixed="right"
          label="操作"
          width="60">
          <template slot-scope="scope">
            <el-button type="text" size="small" @click="editHook(scope.row)">编辑
</el-button>
```

```
            </template>
          </el-table-column>
        </el-table>
        <div style="text-align: right; margin: 5px;">
          <el-pagination
            background
            layout="prev, pager, next"
            @current-change="handleCurrentChange"
            :page-size="query.pageSize"
            :total="query.total">
          </el-pagination>
        </div>
      </el-col>
    </el-row>
    <el-row :gutter="20">
      <el-col :span="24" :xs="24">
        <el-drawer
          title=""
          :visible.sync="drawer"
          :with-header="false"
          size="50%"
        >
          <div style="padding: 10px;">
          <h3>{{ title }}</h3>
          <el-divider content-position="left"></el-divider>
          <el-form ref="form" :model="form" label-width="80px">
            <el-form-item label="名称">
              <el-input v-model="form.name" placeholder="请输入 HOOK 名称" />
            </el-form-item>
            <el-form-item label="类型">
              <el-select v-model="form.type" placeholder="请选择 HOOK 类型">
                <el-option label="请求 HOOK" value="REQUEST" />
                <el-option label="响应 HOOK" value="RESPONSE" />
              </el-select>
            </el-form-item>
            <el-form-item label="源 IP">
              <el-input v-model="form.source" placeholder="请输入需要处理的请求 IP" />
            </el-form-item>
            <el-form-item label="目标 HOST">
              <el-input v-model="form.target" placeholder="请输入需要处理的请求 HOST"
/>
            </el-form-item>
            <el-form-item label="脚本内容">
              <el-input type="textarea" :autosize="{ minRows: 8, maxRows: 12}"
v-model="form.content" placeholder="请输入 HOOK 脚本内容" />
            </el-form-item>
            <el-form-item>
              <el-button type="primary" @click="onSubmit">保存</el-button>
              <el-button @click="drawer = false">取消</el-button>
            </el-form-item>
          </el-form>
```

```
                </div>
              </el-drawer>
            </el-col>
          </el-row>
        </div>
      </div>
</template>
<script>
import { submit, pullData } from '@/api/hproxy'
export default {
  name: 'HProxy',
  data() {
    return {
      title: '',
      drawer: false,
      tableData: [],
      form: {
        'name': '',
        'type': '',
        'source': '',
        'target': '',
        'content': ''
      },
      query: {
        page: 1,
        pageSize: 10,
        total: 0
      }
    }
  },
  mounted() {
    this.fetchData()
  },
  methods: {
    ...
  }
}
</script>
```

与任务列表页面相比，HProxy 页面新增了一个翻页组件<el-pagination>，该组件用于列表的翻页展示，其数据配置节点为 data 下的 query 节点。其他组件与任务列表基本相同，这里就不再一一叙述。最终 HProxy 的页面效果如图 6-2 所示。

图 6-2　代理服务页面效果图

4. 添加事件处理

HProxy 页面有 5 个事件需要处理:页面加载完成事件、单击新增 HOOK 事件、单击编辑 HOOK 事件、单击提交表单事件、翻页事件。它们的处理函数分别为 fetchData、createHook、editHook、onSubmit、handleCurrentChange。

fetchData 函数用于获取已有的代理 HOOK 列表,它会请求服务器把获取到的列表数据赋给列表的数据字段。其内容如下:

```
import { submit, pullData } from '@/api/hproxy'
export default {
...
    methods: {
        ...
            fetchData() {
              pullData(this.query).then((response) => {
                     if (response.code === 0) {
                       this.tableData = response.data.list
                       this.query.total = response.data.page.total
                     }
              })
            }
    }
}
```

createHook、editHook 函数用来打开 HOOK 的编辑表单,内容如下:

```
export default {
...
    methods: {
            createHook() {
              this.title = '添加 HOOK'
              this.drawer = true
              this.form = {}
            },
            editHook(row) {
              this.title = '编辑 HOOK'
              this.drawer = true
              this.form = row
            }
            ...
    }
}
```

onSubmit 函数用于提交表单数据到服务器端,并在提交成功后刷新当前页面。其内容如下:

```
import { submit, pullData } from '@/api/hproxy'
export default {
...
    methods: {
            ...
            onSubmit() {
              submit(this.form).then((response) => {
                     if (response.code === 0) {
                        this.drawer = false
                        this.query.pageNum = 1
                        this.fetchData()
```

```
                                    this.$message({
                                        showClose: true,
                                        message: '保存成功! ',
                                        type: 'success'
                                    })
                                }
                            })
                        }
                    }
                }
```

翻页事件的响应处理函数是 handleCurrentChange，其内容如下：

```
<script>
import { submit, pullData } from '@/api/hproxy'
export default {
  data() {
    ...
  },
  methods: {
    handleCurrentChange(val) {
      this.query.pageNum = val
      this.fetchData()
    }
  }
}
</script>
```

为实现上述示例中引入的 submit、pullData 函数，需要新建一个名为 src/api/hproxy.js 的文件并写入如下内容：

```
import request from '@/utils/request'

export function submit(data) {
  return request({
    url: '/api/hproxy/_plugs_settings_',
    method: 'post',
    headers: {
      'Content-Type': 'application/json'
    },
    data
  })
}

export function pullData(params) {
  return request({
    url: '/api/hproxy/_plugs_settings_',
    method: 'get',
    params
  })
}
```

至此，HProxy 页面的前端代码开发已经完成，获取完整的前端代码请直接访问公共代码仓库 https://github.com/five3/vue-element-admin/tree/hproxy。

6.1.5　后端开发

HProxy 的后端主要做两件事：一是处理前端发来的管理代理 HOOK 的请求；二是实现核心

的 HTTP 代理功能。需要注意的是，由于代理服务会接收到各种请求 HOST 和请求 URL，所以代理服务需要单独部署在一台服务器上，以避免与正常的 Web 后台服务有请求处理的冲突。

1. 添加路由

与前端一样，开发后端程序的第一件事也是添加路由。根据前面的需求描述，这里需要分别为后端服务的两个核心功能添加对应的路由。在项目的 app.py 文件中的具体路由如下：

```
from controller import proxy
...
def create_app():
    app = Flask(__name__, static_url_path='/do_not_use_this_path__')
    app.route('/api/_plugs_settings_', methods=['GET', 'POST'])(proxy.hproxy_data)
    app.route('/',    methods=['GET',    'POST',    'PUT',    'DELETE',    'HEAD',
'OPTIONS'])(proxy.hproxy)
    app.route('/<path:path>', methods=['GET', 'POST', 'PUT', 'DELETE', 'HEAD',
'OPTIONS'])(proxy.hproxy_match)

    return app
...
```

示例中主要注册了以下 3 个路由。

❑ /api/_plugs_settings_——接收前端的 HOOK 管理请求。

❑ /——接收默认路径的代理请求。

❑ /<path:path>——接收其他路径的代理请求。

注册的第一个路由用来处理前端获取 HOOK 列表和修改 HOOK 的请求，它需要和前端的请求路径保持一致。后面注册的两个路由用于处理真正的代理请求，之所以需要注册两个，是因为 Flask 中无法用一个注册路径来完成匹配所有路径的功能。

2. 处理函数

前面在注册路由的时候添加了 3 个请求处理函数，这里就要实现这 3 个函数的具体内容。首先需要新建一个 controller/proxy.py 文件，并在其中创建 3 个空的处理函数。具体代码如下：

```
def hproxy_data():
    pass


def hproxy():
    pass


def hproxy_match(path):
    pass
```

这 3 个函数分别对应路由注册中的 3 个函数。hproxy_data 函数用来处理前端发来的与 HOOK 管理相关的请求，该处理函数可以同时处理 GET、POST 请求。其完整的代码实现具体如下：

```
from flask import request, jsonify
from . import warp_date_field
from model.proxy import get_proxy_plugins, save_proxy_plugin, get_all_plugins

def hproxy_data():
    if request.method == 'GET':
        ret = get_proxy_plugins(request.args)
        warp_date_field(ret['list'])
        return jsonify({
            "code": 0,
```

```
            "data": ret,
            "msg": None
        })
    else:
        save_proxy_plugin(request.json)
        reload_plugins()
        return jsonify({
            "code": 0,
            "data": [],
            "msg": None
        })
```

示例中当前端发送的是 GET 请求时，会调用 get_proxy_plugins 函数来获取代理的 HOOK 列表；否则默认为 POST 请求，默认情况下会调用 save_proxy_plugin 函数来保存代理 HOOK 的相关信息，并且在保存完成之后调用 reload_plugins 函数来重新加载代理 HOOK。

剩下的两个处理函数功能相同，仅仅在匹配路由的规则上有区别。它们的代码内容如下：

```
def hproxy():
    return get_proxy_response(request)


def hproxy_match(path):
    return get_proxy_response(request)
```

示例中这两个函数的功能都被封装在 get_proxy_response 函数中，具体的代码将在后面的内容中详细介绍。

3. 数据访问

前面处理函数中调用的 get_proxy_plugins、save_proxy_plugin 函数都是用来进行数据访问的，它们都被实现在单独的模块中。为此需要新建一个 model/proxy.py 文件，其内容如下：

```
from import get_db

conn = get_db()

def get_all_plugins():
    sql = '''select * from hook'''
    return conn.query(sql).all(as_dict=True)

def get_proxy_plugins(params):
    page_num = int(params.get('pageNum', 1))
    page_size = int(params.get('pageSize', 10))

    start = (page_num - 1) * page_size
    sql = '''select * from hook limit :start,:step'''
    rows = conn.query(sql, start=start, step=page_size).all(as_dict=True)

    sql = '''select count(id) as total from hook'''
    row = conn.query(sql).first()

    return {
        "list": rows,
        "page": {
            "pageNum": page_num,
            "pageSize": page_size,
            "total": row.total
```

```
        }
    }

    def save_proxy_plugin(data):
        id = data.get('id')
        if id:
            sql  =  '''update  hook  set  name=:name,  `type`=:type,  source=:source,
target=:target, content=:content
                where id=:id'''
        else:
            sql = '''insert into hook (name, `type`, source, target, content) values
(:name, :type, :source, :target, :content)'''

        conn.query(sql, **data)
```

示例中的 get_proxy_plugins 函数首先根据前端传递的翻页参数查询相应的 HOOK 记录，然后统计所有的 HOOK 数量，最后把查询到的 HOOK 列表和 HOOK 总数返回给前端。

而 save_proxy_plugin 函数则会根据用户请求数据中是否存在有效的 id 字段来判定本次请求是新增 HOOK 数据还是更新 HOOK 数据。当 id 字段存在时，会以 id 为条件更新 HOOK 数据，否则会直接插入一条新的 HOOK 数据。

4. 代理实现

代理功能是 HProxy 的核心功能，它会接收并处理全部的用户代理请求。具体而言，它会解析用户发来的代理请求，并把用户的请求数据发送给真实的目标服务器；之后会把目标服务器返回的响应信息完整地发送给请求用户。具体代码在 controller/proxy.py 文件的 get_proxy_response 函数中实现：

```
import requests
import logging
from flask import request

DEFAULT_HEADERS = {}

def get_proxy_response(req):
    logging.info("starting proxy")
    method = req.method
    url = req.url
    headers = dict(req.headers)
    req_instance = getattr(requests, method.lower())

    if method in ['GET', 'HEAD', 'OPTIONS']:
        rep = req_instance(url, headers=headers)
    elif method in ['PUT', 'POST', 'DELETE']:
        data = req.data or req.form
        files = req.files
        if files:
            header_str = ['Content-Type', 'content-type']
            for h in header_str:
                if h in headers:
                    headers.pop(h)
        rep = req_instance(url, data=data, files=files, headers=headers)
    else:
        return '', 200, DEFAULT_HEADERS
```

```
        header_str = ['Connection', 'connection', 'Transfer-Encoding', 'transfer-
encoding', 'Content-Encoding', 'content-encoding']
        for h in header_str:
            if h in rep.headers:
                rep.headers.pop(h)

        rep_headers = dict(rep.headers)
        return rep.content, rep.status_code, {**rep_headers, **DEFAULT_HEADERS}
```

示例中首先根据请求方法来获取相应的 HTTP 请求函数，之后根据客户端请求方法的不同给服务器端的请求函数传递不同的请求参数。对于 GET、HEAD、OPTIONS 等简单请求，只要附加上原始的请求头信息即可；对于 PUT、POST、DELETE 等相对复杂的请求，则需要获取请求的 body 数据，同时还需要判断是否上传了文件内容，最后把请求数据、文件和原始的请求头信息同时附加上。

在获取到目标服务器的响应信息之后，还需要对响应头信息进行过滤处理。这是因为原生的 Web 服务器通常都会支持一些高级特性，如 keep-alive、gzip、chunked 等。而这些特性是 HProxy 没有实现的功能，因此需要在返回数据给用户之前去除掉支持这些特性的标识。

当然，如果希望在返回给用户的所有响应头中添加特定标识，那么可以在设置默认响应头的 DEFAULT_HEADERS 变量中进行设置。

5. 插件支持

插件可以说是 HProxy 服务的灵魂。因为如果不能支持插件，那么 HProxy 对测试而言就没有任何价值。而一旦支持了插件功能，就可以通过插件来获取、修改、拦截请求的相应信息，从而为测试提供一些可测性的支持能力。

就具体实现而言，插件在设计上需要支持注册、触发两个功能。当用户在前端新增或更新插件信息时，需要对插件进行注册和更新；当用户有请求发送过来时，需要对请求和插件进行匹配，如果插件的触发条件被匹配成功，则会触发该插件并执行相应的处理代码。为此，需要新建一个单独的插件模块 controller/plugins.py 文件。其具体内容如下：

```
import logging

class Plugins:
    def fire(self, context):
        for p in self.events:
            if (p['source'] == '*' or p['source'] == context['source']) and (p['target']
== '*' or p['target'] == context['target']):
                logging.info(f"匹配成功：{p}")
                exec(p['content'])

    def register(self, p):
        self.events.append(p)

    def clear(self):
        self.events = []

class PRE_PROXY(Plugins):
    def __init__(self):
        self.events = []
```

```
class POST_PROXY(Plugins):
    def __init__(self):
        self.events = []

pre_proxy = PRE_PROXY()
post_proxy = POST_PROXY()
```

示例中实现了两类插件：一类是请求插件 PRE_PROXY；另一类是响应插件 POST_PROXY。它们分别在请求发送之前、响应返回之后被触发。这两类插件都继承自 Plugins 插件类，该类实现了 register、fire、clear 3 个方法，它们分别用于注册、触发和清空插件。

上述插件分别需要在用户新增和更新 HOOK 时注册，以及在执行请求代理时进行触发。它们的具体调用代码如下：

```
from .plugins import pre_proxy, post_proxy
def reload_plugins():
    pre_proxy.clear()
    post_proxy.clear()

    plugins = get_all_plugins()
    for p in plugins:
        if p['type'] == 'REQUEST':
            pre_proxy.register(p)
        else:
            post_proxy.register(p)

reload_plugins()
```

示例中的 reload_plugins 函数在前文的 hproxy_data 处理函数中被调用。而插件的触发则需要在前文的 get_proxy_response 函数中增加代码，具体实现如下：

```
def get_proxy_response(req):
    ...
    context = {'request': req, 'source': req.headers.get('X-Real-IP'), 'target':
req.headers.get('Host')}
    pre_proxy.fire(context)

    if method in ['GET', 'HEAD', 'OPTIONS']:
        rep = req_instance(url, headers=headers)
    elif method in ['PUT', 'POST', 'DELETE']:
        ...
      else:
            return '', 200, DEFAULT_HEADERS

    context['response'] = rep
    post_proxy.fire(context)
    ...
```

至此，基于 HOST 的 HTTP 代理服务的开发内容已经完成。

6. 部署与使用

由于 HProxy 代理服务是基于 HOST 来实现的，因此在开发和测试时用户的访问端与代理服务不能在同一台机器上，即需要两台独立的机器才能完成测试，一台是运行实际 HProxy 服务的开发机；另一台则是配置 HOST 指向开发机的测试机，同时需要在测试机上进行用户请求访问。具体示意如图 6-3 所示。

图 6-3　HProxy 测试环境部署示意图

在部署正式环境时，则需要把 HProxy 服务与本章其他服务独立部署，以避免 URL 冲突。具体示意如图 6-4 所示。

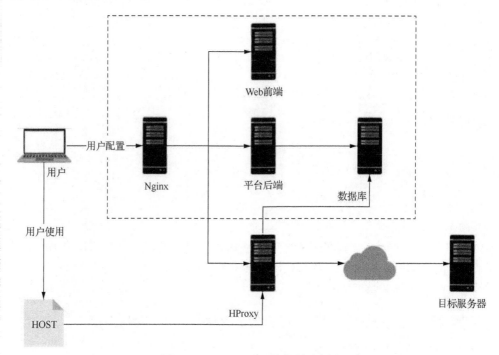

图 6-4　HProxy 正式环境部署示意图

示意图中 HProxy 必须独立部署，而 Nginx、Web 前端、平台后端、数据库等服务既可以独立也可以混合部署。这里为了简单起见，以所有服务部署在两台机器为例，介绍如何部署 HProxy 服务。

首先，在 IP 为 10.168.1.100 的机器上安装 Nginx 服务并进行如下配置：

```
server {
    listen      80;
    server_name  10.168.1.100;
    charset utf-8;
    root /data/web;        # Web 前端编译后的静态文件目录路径

    location / {
        index index.html index.htm;
    }
    # 本地启动的 Web 后台服务
    location /api/ {
        proxy_set_header Host $host;
```

```
                proxy_set_header X-Real-IP $remote_addr;
                proxy_set_header X-Forwarded-For $proxy_add_x_forwarded_for;
                proxy_pass http://127.0.0.1:9528;
        }
        # 独立部署的 HProxy 服务
        location /api/hproxy/ {
                proxy_set_header Host $host;
                proxy_set_header X-Real-IP $remote_addr;
                proxy_set_header X-Forwarded-For $proxy_add_x_forwarded_for;
                proxy_pass http://10.168.1.101/api/;
        }
}
```

接着，在 IP 为 10.168.1.100 的机器上下载 Web 前端代码，并在编译完成后把代码部署在 /data/web 目录下：

```
> git clone -b hproxy https://github.com/five3/vue-element-admin.git
> cd vue-element-admin
> npm i
> npm run build
> cp -R dist/* /data/web/
```

同时把 Web 后端的基础服务代码下载到 IP 为 10.168.1.100 的机器并启动服务监控 9528 端口，这里的 Web 后台代码包括登录在内的其他可以混合部署的测试中台服务：

```
> git clone -b todo https://github.com/five3/python-sdet.git
> cd python-sdet
> python app.py
```

之后在 IP 为 10.168.1.101 的机器上下载 HProxy 服务代码，并启动服务监控 80 端口：

```
> git clone -b hproxy https://github.com/five3/python-sdet.git
> cd python-sdet
> python app.py
```

至此，正式环境的 HProxy 服务的搭建工作已经完成。用户可以通过 http://10.168.1.100 访问测试平台，在 HProxy 配置页面添加代理 HOOK 之后，通过修改本地 HOST 并配置特定域名指向 10.168.1.101 完成代理配置。当用户访问该特定域名的请求时，代理 HOOK 将会自动匹配条件并开始生效。

例如，在 HProxy 配置页面添加图 6-5 所示的代理 HOOK。

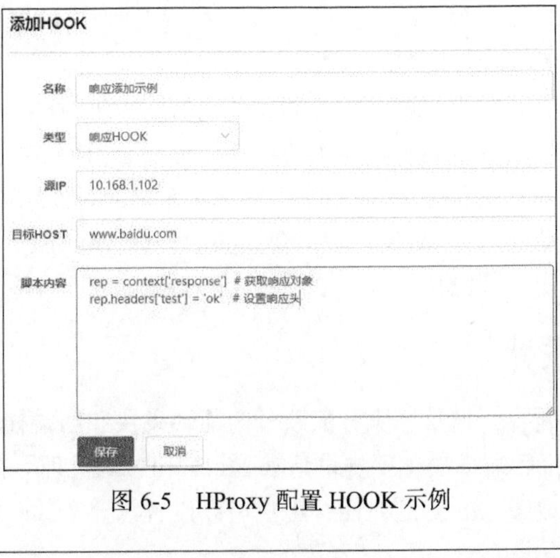

图 6-5　HProxy 配置 HOOK 示例

该示例中设置源 IP 为 10.168.1.102，目标 HOST 为 www.baidu.com，表示该 HOOK 仅对请求 IP 为 10.168.1.102，且请求 HOST 为 www.baidu.com 的用户请求生效，并且该 HOOK 的具体作用是在响应头中添加一个名为 test、值为 ok 的子项。

通过上述配置后，当用户在 IP 为 10.168.1.102 的机器上把 HOST 文件中的 www.baidu.com 指向 10.168.1.101，之后再通过 10.168.1.102 访问 www.baidu.com 网站时，代理 HOOK 将会生效。

HProxy 项目说明

6.2 Mock 服务开发（iMock）

iMock 是一个支持 HTTP 请求 Mock 配置的 Web 服务。该服务也是基于系统 HOST 来转发请求的，并且支持对未配置请求进行透明代理的功能。其 Mock 的内容可以模拟真实的外部服务响应，从而解决测试场景中的可测性问题。

6.2.1 需求说明及分析

除了测试代理工具之外，另一个常用的测试辅助工具则是 Mock 工具。通过 Mock 工具可以模拟真实接口的返回数据，以完成模块间的联调测试。针对不同的场景可以使用有针对性的 Mock 工具，对 Web 服务而言则是 Web 接口的 Mock。

通过 Web 接口的 Mock 服务，可以模拟未实现接口的返回数据，提前进行模块的联调自测；还可以模拟第三方接口的返回数据，完成线下与第三方服务的联调测试；此外，还可以模拟一些异常的返回数据，完成异常场景的模拟测试。接下来介绍实现上述功能的 Mock 服务——iMock。

为了满足各种场景的 Mock 需求，一个 Web 的 Mock 服务通常需要包含以下几项功能。

- ❑ 支持对指定域名的匹配。
- ❑ 支持对指定方法的匹配。
- ❑ 支持对指定路径的匹配。
- ❑ 支持对响应码的 Mock。
- ❑ 支持对响应头的 Mock。
- ❑ 支持对响应内容的静态 Mock。
- ❑ 支持对响应内容的动态 Mock。
- ❑ 支持对未匹配请求的透明代理。

具体而言，就是需要支持对指定域名、方法、路径的请求进行 Mock 设置，并且可以 Mock 响应码、响应头、响应体等内容，同时响应体还需要支持动态内容的配置。

此外，对于未配置 Mock 的请求支持透明代理，即当 Mock 服务接收到一个并未进行 Mock 配置的请求时，它需要自动地进行 Web 代理，向真实的目标 Web 服务器发起请求并把响应返回给请求客户端，以实现透明代理的功能。

6.2.2 模块及设计

针对上述分析的需求内容，把整个服务大致分为前端模块和后端模块。前端模块主要提供针对特定请求的 Mock 配置；后端模块主要提供请求 Mock 和透明代理等核心功能。

前端需要提供给用户设置 Mock 的界面，用户可以设置需要 Mock 的请求规则，包括请求域名、请求方法、请求路径，以及需要返回的 Mock 内容，包括响应码、响应头、响应体。后端则需要根据用户的 Mock 配置，对接收到的请求进行规则匹配，一旦匹配到特定的 Mock 规则，就会返回该 Mock 规则设置的 Mock 内容；而如果没有匹配上任何 Mock 规则，就会进行透明代理。基于 Web 的 Mock 服务的整体设计结构如图 6-6 所示。

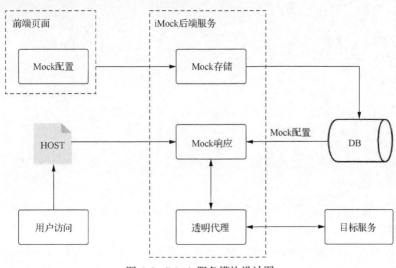

图 6-6　iMock 服务模块设计图

6.2.3　数据库设计

iMock 服务需要对用户配置的请求进行 Mock 响应，因此就需要提前把用户的 Mock 配置保存到数据库中。根据前面提到的 Mock 需求，针对 iMock 服务设计的表结构如下：

```
CREATE TABLE 'http_mock' (
  'id' int(11) NOT NULL AUTO_INCREMENT,
  'key' varchar(255) DEFAULT NULL COMMENT 'Mock 匹配规则唯一键',
  'code' int(11) DEFAULT NULL COMMENT 'Mock 响应码',
  'headers' varchar(1000) DEFAULT NULL COMMENT 'Mock 响应头',
  'data' longtext COMMENT 'Mock 响应体',
  'no_pattern_response' varchar(25) DEFAULT NULL COMMENT '无匹配内容时响应模式。empty:
返回空, proxy: 透明代理',
  'type' varchar(25) NOT NULL DEFAULT '' COMMENT '响应体类型。text: 纯文本, dynamic: 参
数化, express: Python 表达式',
  'created_time' timestamp NOT NULL DEFAULT CURRENT_TIMESTAMP,
  PRIMARY KEY ('id'),
  UNIQUE KEY 'key' ('key') USING BTREE
) ENGINE=InnoDB AUTO_INCREMENT=1 DEFAULT CHARSET=utf8;
```

示例中的 key 字段用来保存唯一识别 Mock 的规则，即用户设置的 Mock 信息会被按照特定的规则生成一个唯一 key，该字段是 Mock 请求匹配的关键字段。code、headers、data 字段分别存储 Mock 的响应码、响应头、响应体的内容。no_pattern_response 字段用于存储当响应体为空时 Mock 的响应方式，当该字段为 empty 时直接返回空响应，当该字段为 proxy 时则执行动态代理机制。type 字段则用于存储响应体生成方式，当该字段为 text 时则返回静态内容，当为 dynamic 时返回内容支持参数化配置，当为 express 时则返回内容支持 Python 表达式。

6.2.4　前端开发

1.　添加路由

编辑 src/router/index.js 文件，在 constantRoutes 列表追加如下路由内容：

```
{
    path: '/imock',
    component: Layout,
    redirect: '/imock/index',
    hidden: false,
    children: [
      {
        path: 'index',
        component: () => import('@/views/imock/index'),
        name: 'imock',
        meta: { title: 'iMock 设置', icon: 'list', noCache: true }
      }
    ]
}
```

2.　添加页面

创建一个路径为 src/views/imock 的目录，同时在该目录下创建一个名为 index.vue 的文件，其初始内容如下：

```
<template>
  <div class="app-container">
    <h1>{{ title }}</h1>
  </div>
</template>

<script>
export default {
  name: 'iMock',
  data() {
    return {
      title: 'iMock 设置'
    }
  }
}
</script>
```

完成此步后通过浏览器访问 http://localhost:8080/#/imock/index，如果能正常访问页面内容，则表示基础页面配置成功，可以继续执行下面的步骤。

3.　添加元素

iMock 页面默认是一个 Mock 规则的设置页面，其直接向用户展示 Mock 设置需要填写的相关字段输入元素。其页面元素的代码如下：

```
<template>
  <div class="app-container">
    <el-form ref="form" :model="formData" label-width="90px">
    <el-form-item label="请求地址">
      <el-input v-model="reqURL" :disabled="true"></el-input>
    </el-form-item>
```

```
      <el-form-item label="匹配域名">
        <el-input
        v-model="formData.host"              placeholder="Mock 匹 配 的 请 求 域 名, 比 如:
www.baidu.com。匹配任意域名可使用*"></el-input>
      </el-form-item>
      <el-form-item label="匹配路径">
        <el-input
        v-model="formData.path"
        placeholder="Mock 匹配的请求路径, 比如: /"></el-input>
      </el-form-item>
      <el-form-item label="匹配方法">
        <el-input
        v-model="formData.method"
        placeholder="Mock 匹配的请求方法, 比如: GET。匹配全部请求方法可使用*"></el-input>
      </el-form-item>
      <el-form-item label="Mock 响应码">
        <el-input
          placeholder="请输入 Mock 响应码。比如: 200"
          v-model.number="formData.code">
        </el-input>
      </el-form-item>
      <el-form-item label="Mock 响应头">
        <el-input
          type="textarea"
          :rows="4"
          placeholder='请输入 Mock 响应头, 以 JSON 字典的形式描述。比如: {"Content-Type":
"application/json"}'
          v-model="formData.headers">
        </el-input>
      </el-form-item>
      <el-form-item label="Mock 类型">
        <el-select v-model="formData.type" placeholder="请选择一种 Mock 类型">
          <el-option
            v-for="item in options"
            :key="item.value"
            :label="item.label"
            :value="item.value">
          </el-option>
        </el-select>
      </el-form-item>
      <el-form-item label="Mock 响应体">
        <el-input
          type="textarea"
          :rows="4"
          placeholder="请输入 Mock 响应体内容, 需要与 Mock 头信息指定的格式一致"
          v-model="formData.content">
        </el-input>
      </el-form-item>
      <el-form-item label="未匹配处理">
        <el-radio v-model="formData.noMatch" label="empty">空字符</el-radio>
```

```
              <el-radio v-model="formData.noMatch" label="proxy">代理模式</el-radio>
        </el-form-item>
        <el-form-item>
          <el-button type="primary" @click="onSubmit">设置</el-button>
          <el-button type="primary" @click="onView">查看</el-button>
        </el-form-item>
      </el-form>

      <el-drawer
title="" :visible.sync="drawer" :direction="direction" :with-header="true" size="300">
        <div style="padding: 0px 15px; height: 100%;">
          <el-card    style="overflow:    auto;    height:    700px;    margin-bottom:    20px;"
type="card" better-scroll>
            <div>
              <pre v-highlightjs="JSON.stringify(mockData, null, 2)"><code class="json"
/></pre>
            </div>
          </el-card>
        </div>
      </el-drawer>
    </div>
  </template>
  <script>
  import { getTestMock, setTestMock } from '@/api/imock'
  export default {
    data() {
      return {
        title: 'iMock 设置',
        drawer: false,
        direction: 'rtl',
        formData: {
          host: null,
          path: null,
          method: null,
          code: null,
          noMatch: 'empty'
        },
        mockData: {},
        options: [
          {
            'label': '纯文本',
            'value': 'text'
          },
          {
            'label': '参数化',
            'value': 'dynamic'
          },
          {
            'label': 'Python 表达式',
            'value': 'express'
          }
        ]
```

```
    }
  },
  computed: {
    reqURL: {
     get() {
       if (this.formData.host) {
    const path = this.formData.path || '/'
        return 'http://${this.formData.host}${path}'
      } else {
        return ''
      }
     }
    }
  },
  methods: {
    ...
  }
}
</script>
```

该示例中包含的都是最基本的文本输入框、下拉选择框、radio 选择框、抽屉等组件及其数据配置。唯一不同的是这里使用了 Vue 的 computed 属性来动态计算请求地址输入框的值，即当用户输入匹配域名、匹配路径的值之后，请求地址字段的值会被动态生成并显示出来。该页面的最终效果如图 6-7 所示。

图 6-7 Mock 服务效果图

4. 添加事件处理

iMock 页面有两个事件需要处理：提交设置事件、查看设置事件。它们的处理函数分别为 onSubmit、onView。

onSubmit 函数用于处理用户提交 Mock 信息的事件。其内容如下：

```
<script>
import { getTestMock, setTestMock } from '@/api/imock'
export default {
  data() {
    ...
  },
  methods: {
    warpData() {
      const data = {}
      data.host = this.formData.host || '*'
      data.url = this.formData.path || '/'
      data.method = this.formData.method || '*'
      data.no_pattern_response = this.formData.noMatch
      data.code = this.formData.code || 200
      data.headers = this.formData.headers || '{}'
      data.data = this.formData.content || ''
      data.type = this.formData.type
      data.headers = JSON.parse(data.headers)
      return data
    },
    onSubmit() {
      const data = this.warpData()
      setTestMock(data).then(res => {
        this.$message({
          message: '设置Mock成功!',
          type: 'success'
        })
      }).catch(err => {
        this.$log.danger(err)
      })
    }
  }
  ...
}
</script>
```

示例中 onSubmit 函数内首先调用 this.warpData 函数对用户输入的数据进行处理，之后调用 setTestMock 函数向后端服务发送 Mock 设置数据，并在设置成功之后弹出用户提示。

onView 函数用来处理用户查看 Mock 数据的事件，其内容如下：

```
<script>
import { getTestMock, setTestMock } from '@/api/imock'
export default {
  data() {
    ...
  },
  methods: {
    onView() {
      getTestMock().then(res => {
        this.mockData = res
        this.drawer = true
        this.$message({
```

```
                message: '获取 Mock 成功! ',
                type: 'success'
            })
        }).catch(err => {
            this.$log.danger(err)
        })
    }
  }
  ...
}
</script>
```

示例中 onView 函数直接调用 getTestMock 函数向后端服务发起获取 Mock 数据的请求，并在请求成功后设置给 this.mockData 变量，同时打开抽屉组件用于展示 Mock 内容。

为实现示例中引入的 getTestMock、setTestMock 函数，需要新建一个名为 src/api/imock.js 的文件并写入如下内容：

```
import request from '@/utils/request'

export function getTestMock (params) {
  return request({
    url: '/api/imock/_mock_settings_',
    method: 'get',
    params
  })
}

export function setTestMock (data) {
  return request({
    url: '/api/imock/_mock_settings_',
    method: 'post',
    data
  })
}
```

至此，iMock 页面的前端代码开发已经完成。

6.2.5 后端开发

iMock 的后端同样要做两件事：一是处理前端发来的管理 Mock 的请求；二是实现透明代理的功能。同 HProxy 代理服务一样，iMock 也需要单独部署在一台服务器上，以避免与正常的 Web 后台服务有请求处理冲突。

1. 添加路由

首先，需要根据前端项目配置请求的路径来配置后端服务的路由信息。在项目的 app.py 文件中具体路由如下：

```
from controller.mock import imock_data, imock, imock_match
...
def create_app():
    app = Flask(__name__, static_url_path='/do_not_use_this_path__')
    app.config.from_object(conf)

    app.route('/api/_mock_settings_', methods=['GET', 'POST', 'DELETE'])(imock_data)
```

```
        app.route('/', methods=['GET', 'HEAD', 'POST', 'PUT', 'DELETE', 'OPTIONS'])(imock)
        app.route('/<path:path>', methods=['GET', 'HEAD', 'POST', 'PUT', 'DELETE',
'OPTIONS'])(imock_match)
```

```
    return app
```

示例中注册了以下 3 个路由。

❑ /api/_mock_settings_——接收前端的 Mock 管理请求。

❑ /——接收默认路径的 Mock 请求。

❑ /<path:path>——接收其他路径的 Mock 请求。

注册的第一个路由用来处理前端设置和获取 Mock 数据的请求，它需要和前端的请求路径保持一致。后面注册的两个路由则用于处理真正的 Mock 请求。

2. 处理函数

同样，需要对路由注册中配置的处理函数进行定义。新建一个 controller/mock.py 文件，并在其中创建 3 个空的处理函数。具体代码如下：

```
def imock_data():
    pass

def imock():
    pass

def imock_match(path):
    pass
```

示例中的函数 imock_data 用来处理 Mock 数据配置，imock、imock_match 用来处理 Mock 请求。其中 imock_data 用来处理 Mock 数据的设置、查看和删除请求，其全部代码如下：

```
from flask import request, current_app as app, jsonify

def imock_data():
    if request.method == 'DELETE':
        data = request.json
        storage.remove(storage.make_key(data))

        return jsonify({'code': 0, 'data': storage.to_dict()})
    elif request.method == 'POST':
        data = request.json
        key = storage.make_key(data)
        storage.set(key, data)

        return jsonify({'code': 0, 'data': storage.to_dict()})
    else:
        return jsonify({'code': 0, 'data': storage.to_dict()})
```

示例中处理函数会根据请求方法的不同来进行相应的 Mock 数据的设置处理。当请求方法为 DELETE 时会删除对应的 Mock 数据；当请求方法为 POST 时会保存对应的 Mock 数据；当请求数据为 GET 时会获取全部的 Mock 数据。其中，storage 是 Mock 数据存储的类实例，可以通过配置来确定 Mock 数据的存储方式。

imock 和 imock_match 都是用来处理真实 Mock 请求的函数。它们的功能一样，只是绑定在不同的路由上。具体代码如下：

```
    def imock():
```

```
        url = '/'
        return make_response(url, request, conf, storage)

    def imock_match(path):
        url = '/' + path
    return make_response(url, request, conf, storage)
```

可以看到这两个处理函数都调用 make_response 函数来处理 Mock 请求，只是传递的 url 有所不同。make_response 会根据具体的配置信息来返回相应的请求数据。

3. 数据访问

前面提到过 Mock 数据是通过 Storage 类来实现存储的，所以 Storage 类就是专门用于数据访问的类。根据不同的需求可以把 Mock 数据存储在不同的数据存储库中，如内存、MySQL、Redis、MongoDB 等。这里为了演示，实现了支持内存和 MySQL 两种类型的 Storage 类。

首先，需要新建一个 lib/storage.py 文件，并在其中输入如下内容：

```
import abc
import json
import records

class BaseStorage(metaclass=abc.ABCMeta):
    @staticmethod
    def make_key(data):
        return f"{data.pop('host', '*')}:{data.pop('url', '/')}:{data.pop('method',
'*').upper()}"

    @abc.abstractmethod
    def get(self, k, d=None):
        pass

    @abc.abstractmethod
    def set(self, k, v):
        pass

    @abc.abstractmethod
    def remove(self, k):
        pass

    @abc.abstractmethod
    def __str__(self):
        pass

    @abc.abstractmethod
    def __contains__(self, k):
        pass

class MemoryStorage(BaseStorage):
    def __init__(self, conf):
        super().__init__()
        self.mem = {}

    def get(self, k, d=None):
        return self.mem.get(k, d)
```

```python
    def set(self, k, v):
        self.mem[k] = v

    def remove(self, k):
        del self.mem[k]

    def to_dict(self):
        return self.mem

    def __str__(self):
        return json.dumps(self.mem)

    def __contains__(self, k):
        return k in self.mem

class MysqlStorage(BaseStorage):
    def __init__(self, conf):
        super().__init__()
        self.mysql_conn = conf.mysql_conn
        self.db = self.db_conn()

    def db_conn(self):
        return records.Database(self.mysql_conn, pool_recycle=600)

    def get(self, k, d=None):
        sql = '''select code, headers, 'data', no_pattern_response, 'type' from
http_mock where `key`=:key'''
        row = self.db.query(sql, key=k).one(d, True)
        if row:
            row['headers'] = json.loads(row['headers'])

        return row

    def set(self, k, v):
        sql = '''insert into http_mock ('key', code, headers, 'data', no_
pattern_response, 'type')
                values (:key, :code, :headers, :data, :no_pattern_response, :type)
                ON DUPLICATE KEY UPDATE code=:code, headers=:headers, 'data'=:data,
                no_pattern_response=:no_pattern_response, 'type'=:type'''
        self.db.query(sql,          key=k,          code=v.get('code',          ''),
headers=json.dumps(v.get('headers', {})))
                  ,          data=v.get('data',          ''),          no_pattern_response=v.get
('no_pattern_response', ''),
                  type=v.get('type', ''))

    def remove(self, k):
        sql = '''delete from http_mock where 'key'=:key'''
        self.db.query(sql, key=k)

    def to_dict(self):
        sql = '''select 'key', code, headers, 'data', no_pattern_response, 'type' from
http_mock'''
        return self.db.query(sql).all(as_dict=True)
```

```
    def __str__(self):
        sql = '''select 'key', code, headers, 'data', no_pattern_response, 'type' from
http_mock'''
        return json.dumps(self.db.query(sql).all(as_dict=True))

    def __contains__(self, k):
        sql = '''select count(id) as 'total' from http_mock where 'key'=:key'''
        total = self.db.query(sql, key=k).one().total

        return True if total > 0 else False

Storage = {
    'memoryStorage': MemoryStorage,
    'mysqlStorage': MysqlStorage,
    'default': MemoryStorage
}
```

该示例中分别定义了 BaseStorage、MemoryStorage、MysqlStorage 3 个存储类。其中，BaseStorage 是一个抽象类，它定义了所有 Storage 类的接口形式。MemoryStorage 继承自 BaseStorage 类并实现了父类的接口，把 Mock 数据都存储在内存中。MysqlStorage 同样继承自 BaseStorage 类，并把 Mock 数据存储在 MySQL 数据库中。

BaseStorage 类中的 make_key 静态方法会根据用户配置生成一个唯一的 key，这个 key 由请求的域名、路径和方法生成，会在 Mock 请求时用于规则匹配。

如果希望通过配置来确定使用哪种存储方式，则需要在项目的配置文件 config.py 中配置好 storage 字段并设置好具体的存储类型，然后在 app.py 中通过如下代码来动态加载相应的存储类：

```
conf = Config.get(os.environ.get('FLASK_ENV', 'default'))
storage = Storage.get(conf.storage)(conf)
```

4. Mock 实现

通过前面的内容已经知道，Mock 请求被转移给 make_response 函数来处理，该函数负责根据用户的请求信息来生成 Mock 响应数据。具体而言，make_response 会先对用户请求进行 Mock 匹配以确定是否配置了对应的 Mock 记录。如果匹配成功，则会返回预先配置好的 Mock 数据；如果匹配失败，则会根据匹配失败的情况进行处理。通常匹配失败后会有两种处理方式：执行透明代理、返回空数据。make_response 函数的具体代码如下：

```
def make_response(url, request, conf, storage):
    default_rep = '', 200, DEFAULT_HEADERS
    mock = match_mock(url, request, storage)  # 匹配 Mock
    no_pattern_response = None

    if mock:        # 有 Mock 记录存在
        app.logger.info('match mock mode')
        data = mock.get('data', '')
        if data:
            headers = mock.get('headers', {})
            # 根据 Mock 数据的类型（纯文本、参数化、表达式）包装 Mock 数据
            data = merge_data(mock, request)
            # 返回 Mock 数据
            return data, mock.get('code', 200), {**headers, **DEFAULT_HEADERS}

        no_pattern_response = mock.get('no_pattern_response')
```

```
    app.logger.info('no mock set')
no_pattern_response = no_pattern_response or conf.no_pattern_response
if no_pattern_response == NO_PATTERN_RESPONSE.PROXY:  # 执行透明代理
    app.logger.info('match proxy mode')
    if request.host in conf.proxy_exclude:  # 透明代理除外的域名
        app.logger.info('proxy exclude: %s' % conf.proxy_exclude)
        return default_rep
    return get_proxy_response(request) # 获取透明代理内容

return default_rep # 默认返回空内容
```

上述示例中匹配 Mock 的主要功能分别在 match_mock 和 merge_data 函数中实现。其中 match_mock 用于获取用户请求的 Mock 元信息，其代码内容如下：

```
def match_mock(url, request, storage):
    key_default = f"{request.host}:{url}:{request.method}" # 精准匹配
    key_without_host = f"*:{url}:{request.method}"     # host 模糊匹配
    key_without_method = f"{request.host}:{url}:*"    # method 模糊匹配
    key_without_host_method = f"*:{url}:*"   # host、method 均模糊匹配

    return storage.get(key_default) or \
storage.get(key_without_host) or \
storage.get(key_without_method) or \
storage.get(key_without_host_method)
```

示例中根据用户请求的 url、host、method 等信息生成不同形式的匹配 key，之后使用生成的匹配 key 依次尝试从 storage 存储中获取 Mock 信息。这里 key 的匹配策略是从精准依次到模糊，一旦任何一个 key 匹配成功，就会直接返回 Mock 数据，不再继续向下匹配。

获取到 Mock 的元信息之后，还需要根据 Mock 的数据类型来处理需要返回的内容。如果 Mock 数据是纯文本类型则直接返回，如果是参数化或者表达式类型则需要先进行处理再返回。merge_data 函数的代码内容如下：

```
def merge_data(mock, req):
    # 动态参数化类型，返回格式化后的结果作为 Mock 内容
    if mock.get('type') == 'dynamic':
        if req.method in ['POST', 'PUT', 'DELETE']:
            if 'application/json' in req.headers.get('Content-Type', ''):
                kw = req.json()
            else:
                kw = req.form
        else:
            kw = req.args
        data = mock.get('data').format(**kw)
    # Python 表达式类型，返回表达式执行的结果作为 Mock 内容
    elif mock.get('type') == 'express':
        data = eval(mock.get('data'))
    # 默认为纯文本
    else:
        data = mock.get('data')

return data
```

5.　透明代理

如果 Mock 配置时设置为无 Mock 匹配时执行透明代理,那么当用户请求在进行 Mock 匹配失败后就会执行透明代理流程,即 Mock 服务会继续向真实的服务器端发送用户请求,并把真实服务器端返回的内容作为 Mock 数据返回给用户。透明代理的实现代码如下:

```
def get_proxy_response(req):
    app.logger.info("starting proxy")
    method = req.method
    url = req.url
    headers = dict(req.headers)
    req_instance = getattr(requests, method.lower())

    if method in ['GET', 'HEAD', 'OPTIONS']:
        rep = req_instance(url, headers=headers)
    elif method in ['PUT', 'POST', 'DELETE']:
        data = req.data or req.form
        files = req.files
        if files:
            header_str = ['Content-Type', 'content-type']
            for h in header_str:
                if h in headers:
                    headers.pop(h)
        rep = req_instance(url, data=data, files=files, headers=headers)
    else:
        return '', 200, DEFAULT_HEADERS

    header_str = ['Connection', 'connection', 'Transfer-Encoding', 'transfer-
encoding', 'Content-Encoding', 'content-encoding']
    for h in header_str:    # 删除 Mock 服务不支持的 HTTP 头信息
        if h in rep.headers:
            rep.headers.pop(h)

    rep_headers = dict(rep.headers)
    return rep.content, rep.status_code, {**rep_headers, **DEFAULT_HEADERS}
```

示例中的代码主要实现了用户请求代理转发的功能。首先获取用户请求的类型,之后依据不同的请求类型做相应处理后向真实服务器端发送请求,并在获取到真实服务器端的响应后,对响应头信息进行处理后把响应信息返回给请求用户。

由于 Mock 服务只提供了基础的 HTTP 服务功能,对于高阶的 HTTP 特性并不支持,所以 Mock 服务在执行透明代理时,需要把真实服务器端支持的高阶 HTTP 特性标识过滤掉,否则会造成 Mock 服务不可用的情况。

6.　部署与使用

iMock 服务与 HProxy 代理服务类似,需要对泛域名的请求提供支持,因此也需要部署在一台独立的机器上。同时由于 iMock 服务支持透明代理功能,在开发和测试该功能时用户的访问端与代理服务不能在同一台机器上,即也需要两台独立的机器才能完成测试,一台是运行实际 iMock 服务的开发机,另一台则是配置 HOST 指向 iMock 服务的测试机,同时需要在测试机上发送 Mock 请求。具体示意如图 6-8 所示。

图 6-8　iMock 测试环境部署示意图

在部署正式环境时，则需要把 iMock 服务与其他的测试平台服务独立部署，以避免 URL 冲突。具体示意如图 6-9 所示。

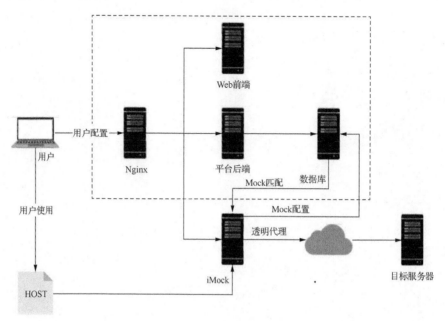

图 6-9　iMock 正式环境部署示意图

示意图中 iMock 服务必须独立部署，而 Nginx、Web 前端、平台后端、数据库等服务既可以独立也可以混合部署。下面同样以所有服务均部署在两台机器上为例，介绍如何部署 iMock 服务。

首先，在 IP 为 10.168.1.100 的机器上安装 Nginx 服务并进行如下配置：

```
server {
    listen      80;
    server_name 10.168.1.100;
    charset utf-8;
    root /data/web; # Web 前端编译后的静态文件目录路径

    location / {
            index index.html index.htm;
    }
    # 本地启动的 Web 后端服务
    location /api/ {
            proxy_set_header Host $host;
            proxy_set_header X-Real-IP $remote_addr;
            proxy_set_header X-Forwarded-For $proxy_add_x_forwarded_for;
            proxy_pass http://127.0.0.1:9528;
    }
```

```
# 独立部署的 iMock 服务
location /api/imock/ {
        proxy_set_header Host $host;
        proxy_set_header X-Real-IP $remote_addr;
        proxy_set_header X-Forwarded-For $proxy_add_x_forwarded_for;
        proxy_pass http://10.168.1.101/api/;
    }
}
```

接着，在 IP 为 10.168.1.100 的机器上下载 Web 前端代码，并在编译完成后把代码部署在/data/web 目录下：

```
> git clone -b imock https://github.com/five3/vue-element-admin.git
> cd vue-element-admin
> npm i
> npm run build
> cp -R dist/* /data/web/
```

同时把 Web 后端的基础服务代码下载到 IP 为 10.168.1.100 的机器上并启动服务监控 9528 端口，这里的 Web 后端代码是包括登录在内的其他可以混合部署的测试中台服务。具体代码如下：

```
> git clone -b todo https://github.com/five3/python-sdet.git
> cd python-sdet
> python app.py
```

之后在 IP 为 10.168.1.101 的机器上下载 iMock 服务代码，并启动服务监控 80 端口。具体代码如下：

```
> git clone -b imock https://github.com/five3/python-sdet.git
> cd python-sdet
> python app.py
```

至此，正式环境的 iMock 服务的搭建工作已经完成。用户可以通过 http://10.168.1.100 来访问测试平台，在 iMock 配置页面添加 Mock 配置，之后通过修改本地 HOST 并配置特定域名指向 10.168.1.101 来完成 Mock 使用配置。当用户访问该特定域名的请求时，请求将会被 Mock 服务接收并进行相应的处理。

例如，在 iMock 配置页面添加图 6-10 所示的配置。

图 6-10　iMock 配置 Mock 示例

该示例中针对域名为 www.baidu.com、请求路径为/、请求方法为 GET 的所有请求进行 Mock 配置，并设定对应的 Mock 响应码为 200，响应内容为"hello baidu"。

iMock 项目说明

用户可在其他机器上把本地 HOST 中的 www.baidu.com 指向 10.168.1.101 来完成 Mock 环境配置，之后通过 GET 方法访问 http://www.baidu.com/即可获取到设置的 Mock 响应内容。

6.3　数据查询服务开发（iData）

iData 是一个数据代理查询的 Web 服务。它主要提供跨网段的数据代理查询功能，可以解决一些测试场景中的网络访问受限问题，从而解决可测性问题。

6.3.1　需求说明及分析

在测试工作中不可避免地需要对应用背后的数据源进行访问，以验证应用的数据存储、读取等逻辑的正确性。通常情况下我们会使用开源或商业的数据访问工具，它们一般都集成了丰富的数据查询功能，能满足各种数据访问需求。

但在某些特定的场景下现有的工具无法满足数据访问需求。例如，数据源的访问端口不在数据访问工具的可访问网段，此时数据访问工具无法直接与数据源进行连接，进而无法提供正常的数据访问功能。

为此需要开发一个数据查询的代理服务 iData，该代理服务既可以与数据源直接连通，又可以接收用户查询数据的命令并进行数据查询操作，最后把查询到的数据返回给用户。该代理服务在启动后需要监听一个外部网络环境可访问的端口，以实现外部网络访问服务的需求。

说明

测试工作中涉及的数据源比较多，不同数据源的访问方式和数据格式都不一样，本章介绍的 iData 服务将以最常见的 MySQL 数据源为例，介绍如何实现一个数据查询代理服务。

6.3.2　模块及设计

针对上述分析的需求内容，整个服务大致分为前端模块和后端模块。前端模块提供一个用户填写被访问数据源信息的表单页面；后端模块则用于接收前端发来的数据查询请求，根据被访问数据源的信息建立连接通道，并执行数据查询工作。

前端需要给用户提供填写数据源信息和查询内容的表单，以 MySQL 为例，需要提供的表单字段有域名/IP、端口、用户名、密码、数据库、查询语句等。后端则需要提供数据源动态连接、数据内容查询等功能。基于 MySQL 的数据查询代理服务整体设计结构如图 6-11 所示。

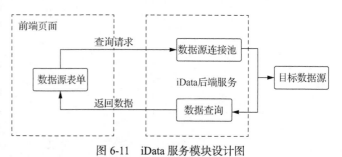

图 6-11　iData 服务模块设计图

说明

由于 iData 数据查询服务实时接收用户查询请求，并把查询到的数据直接返回给用户，因此该服务的实现不需要数据存储的功能，也就没有数据库设计的需求。当然，如果基于该基础服务进行权限控制、查询日志等功能的扩展，则可能需要进行数据库设计。

6.3.3 前端开发

1. 添加路由

编辑 src/router/index.js 文件，在 constantRoutes 列表追加如下路由内容：

```
{
    path: '/idata',
    component: Layout,
    redirect: '/idata/index',
    hidden: false,
    children: [
      {
        path: 'index',
        component: () => import('@/views/idata/index'),
        name: 'idata',
        meta: { title: 'iData 设置', icon: 'list', noCache: true }
      }
    ]
}
```

2. 添加页面

创建一个路径为 src/views/idata 的目录，同时在该目录下创建一个名为 index.vue 的文件，其初始内容如下：

```
<template>
  <div class="app-container">
    <h1>{{ title }}</h1>
  </div>
</template>

<script>
export default {
  name: 'iData',
  data() {
    return {
      title: 'iData 设置'
    }
  }
}
</script>
```

完成此步后通过浏览器访问 http://localhost:8080/#/idata/index，如果能正常访问页面内容，则表示基础页面配置成功，可以继续执行下面的步骤。

3. 添加元素

iData 页面是一个数据源访问的信息填写表单页，其直接向用户展示数据源访问需要的相关字段输入元素。其页面元素的代码如下：

```
<template>
```

```html
    <div class="app-container">
      <el-card class="box-card">
        <el-form :inline="true" ref="formData" :rules="rules" :model="formData"
label-width="70px">
          <el-form-item label="域名" prop="db_host">
            <el-input v-model="formData.db_host" style="width: 150px;"></el-input>
          </el-form-item>
          <el-form-item label="端口" prop="db_port">
            <el-input v-model="formData.db_port" style="width: 80px;"></el-input>
          </el-form-item>
          <el-form-item label="用户名" prop="db_user">
            <el-input v-model="formData.db_user" style="width: 130px;"></el-input>
          </el-form-item>
          <el-form-item label="密码" prop="db_passwd">
            <el-input v-model="formData.db_passwd" type="password" style="width:
130px;"></el-input>
          </el-form-item>
          <el-form-item label="数据库" prop="db_name">
            <el-input v-model="formData.db_name" style="width: 130px;"></el-input>
          </el-form-item>
        </el-form>
        <el-input
          type="textarea"
          :rows="5"
          placeholder="请输入 SQL 语句"
          v-model="formData.sql">
        </el-input>
        <div style="margin: 10px 10px 0 0; text-align: right;">
          <span style="float: left;">执行耗时: {{time}}s</span>
          <el-button type="primary" @click="onExec('formData')">执行 SQL</el-button>
        </div>
      </el-card>
      <el-card class="box-card">
        <el-table
        :data="tableData"
        v-loading="loading"
        style="width: 100%">
          <el-table-column v-for="h in tableHead" :key="h"
            :prop="h" :label="h">
          </el-table-column>
        </el-table>
      </el-card>
    </div>
</template>
<script>
import { execDB } from '@/api/idata'
export default {
  name: 'idata',
  data () {
    return {
      rules: {
        db_host: [
```

```
        { required: true, message: '请输入域名', trigger: 'blur' }
      ],
      db_port: [
        { required: true, message: '请输入端口', trigger: 'blur' }
      ],
      db_user: [
        { required: true, message: '请输入用户名', trigger: 'blur' }
      ],
      db_passwd: [
        { required: true, message: '请输入密码', trigger: 'blur' }
      ],
      db_name: [
        { required: true, message: '请输入数据库', trigger: 'blur' }
      ]
    },
    formData: {
      db_charset: 'utf8',
      db_host: null,
      db_port: null,
      db_user: null,
      db_passwd: null,
      db_name: null,
      sql: null,
      param: {},
      key: 'all'
    },
    tableData: [
    ],
    tableHead: [],
    time: 0,
    maxCount: 20,
    loading: false
  }
},
methods: {
  ...
}
}
</script>
```

该示例中包含一个表单、一个表格。表单中主要包括访问数据源需要的域名、端口、用户名、密码、数据库等必要字段及查询数据的 SQL 语句字段。需要注意的是，这里为表单的必填字典添加了必填规则的设置，这样在界面上就会为必填字段自动添加上红色的*标记，同时在用户触发必填事件及提交查询动作时，可以对必填的字段进行验证。

实现必填字段的配置内容在上述示例中已经以粗体标识出来，其主要包括如下几步。

（1）为 el-form 表单组件添加 ref 属性并自定义属性值。

（2）为 el-form 表单组件添加 rules 属性并绑定 rules 规则数据对象。

（3）为 el-form-item 组件添加 prop 属性并绑定规则数据字段。

（4）为 rules 属性、prop 属性定制规则数据。

另外，示例中的表格与其他页面的表格也有所不同，这里的表格支持动态显示不同字段名称的功能，原因是用户查询的数据结果中会有各种不同的字段名，而该表格可以根据用户查询的结果字段来自适应地显示相应的字段名。该页面的最终效果如图 6-12 所示。

图 6-12　iData 服务页面的最终效果

4. 添加事件处理

iData 页面只有一个用户查询事件需要处理，当用户单击页面上的"执行 SQL"按钮时触发，其对应的处理函数是 onExec。具体实现内容如下：

```
<script>
import { execDB } from '@/api/idata'
export default {
  name: 'idata',
  data () {
    ...
  },
  methods: {
    onExec (formName) {
      this.$refs[formName].validate((valid) => {  # 验证必填字段成功
        if (valid) {
          if (!this.formData.sql) {
            this.$message({
              message: 'SQL 语句不能为空。',
              type: 'warning'
            })
            return
          }
          this.loading = true
          execDB({                      # 发送数据查询请求
            ...this.formData,           # 解包 this.formData 对象内容
            maxCount: this.MaxCount
          }).then(res => {
            if (res.data.length > 0) {  # 数据查询有记录
              this.tableHead = []
              for (let i in res.data[0]) {
                this.tableHead.push(i)
              }
              this.tableData = res.data  # 设置表格数据内容
              this.time = res.time_cost
            } else {                     # 数据查询无记录时清空表格内容
              this.tableHead = []
              this.tableData = []
            }
```

```
        this.loading = false
        this.$message({
          message: '查询成功',
          type: 'success'
        })
      }).catch(err => {          # 数据查询请求异常
        this.loading = false
        console.log(err)
        this.$message({
          message: '查询内容为空，请确认信息正确',
          type: 'error'
        })
      })
    } else {                    # 验证必填字段失败
      console.log('error submit!!')
      return false
    }
   })
  }
 }
}
</script>
```

示例中 onExec 函数接收一个 form 表单引用名称作为参数，该引用名称即之前给 form 表单添加的 ref 属性值。在正式提交查询请求之前会根据 form 表单的引用名来验证必填字段是否已经填写，如果有不符合验证的字段则提示错误，并且不会提交数据查询请求。

在必填字段验证通过的情况下，则会通过 execDB 函数来发送数据查询的请求。当查询请求返回响应后，会动态地把查询结果的字段名填充为页面表格的字段名，具体代码已经在示例中标识为粗体。

为实现上述示例中引入的 execDB 函数，需要新建一个名为 src/api/idata.js 的文件并写入如下内容：

```
import request from '@/utils/request'

export function execDB (data) {
  return request({
    url: '/api/idata',
    method: 'post',
    headers: {
      "Content-Type": "application/json"
    },
    data
  })
}
```

至此，iData 页面的前端代码开发已经完成。

6.3.4　后端开发

iData 服务的后端需要处理前端发来的数据查询请求，然后根据请求数据的具体内容来连接数据源、执行数据查询操作，最后把数据查询的结果返回给前端。

1. 添加路由

首先，需要根据前端项目配置请求的路径来配置后端服务的路由信息。在项目的 app.py 文件中具体路由如下：

```
from controller.data import idata
…
def create_app():
    app = Flask(__name__, static_url_path='/do_not_use_this_path__')
    app.config.from_object(conf)

    app.route('/api/idata', methods=['POST'])(idata)

return app
```

示例中只添加了一个 POST 类型的路由配置，其访问 URL 为/api/idata，对应的处理函数为 idata。具体的数据查询逻辑将在 idata 函数中进行。

2. 处理函数

为了添加 idata 处理函数，需要新建一个 controller/data.py 文件。其完整内容如下：

```
import json
from flask import request, current_app as app, jsonify

def idata():
    return jsonify(query(request.json))
```

3. 数据查询

前面 idata 处理函数调用的 query 函数即具体的数据查询函数，它会根据前端发来的数据查询请求进行数据结果查询。其具体内容如下：

```
from flask import request, current_app as app, jsonify
from constant import SQLTYPE, DBKEYTYPE
from lib.dbpool import DBPool

def query(data):
    """
    根据 DB 和 SQL 信息执行远程查询并返回结果
    """
    ret = {
        "success": False,
        "code": -1,
        "data": [],
        "type": None,
        "msg": None
    }

    if not data:                              # 无查询请求信息
        return ret

    conn_info = warp_db_conn_info(data)       # 数据源连接信息预处理
    db_conn = DBPool.get_conn(**conn_info)    # 获取数据源连接
    if not db_conn:
        ret['msg'] = '连接目标 DB 失败，请检查连接信息是否正确'
        return ret
```

```
sql = data.get('sql')                    # 获取数据查询 SQL
if not sql:
    ret['msg'] = '查询语句不能为空'
    return ret

rows = db_conn.query(sql, **data.get('param'))    # 执行数据查询
results = []

# 识别数据操作类型
upper_sql = sql.upper().strip()
if upper_sql.startswith(SQLTYPE.INSERT):    # INSERT 操作
    sql_type = SQLTYPE.INSERT
elif upper_sql.startswith(SQLTYPE.UPDATE):    # UPDATE 操作
    sql_type = SQLTYPE.UPDATE
elif upper_sql.startswith(SQLTYPE.DELETE):    # DELETE 操作
    sql_type = SQLTYPE.DELETE
elif upper_sql.startswith(SQLTYPE.SELECT):    # SELECT 操作
    sql_type = SQLTYPE.SELECT
    key = data.get('key', DBKEYTYPE.FIRST)
    if key == DBKEYTYPE.ALL:                  # 获取全部记录
        results = rows.as_dict()
    else:
        first = rows.first(as_dict=True)      # 获取第一条记录
        results = [first] if first else []
else:                                         # 未知数据操作类型
    sql_type = SQLTYPE.UNKNOWN

ret.update(                                   # 更新数据查询结果
    {
        "success": True,
        "code": 0,
        "data": results,
        "type": sql_type,
        "msg": ''
    }
)

return ret
```

　　示例中通过 DBPool 数据连接池的 get_conn 方法获取 DB 连接对象，之后通过该连接对象进行数据查询操作，最后把查询到的数据结果和查询类型同时返回给前端用户。

4. 数据连接池

　　前面内容中使用到了 DBPool 数据连接池，它的作用是统一管理数据源的连接。当用户通过 get_conn 方法获取 DB 连接对象时，DBPool 连接池会先判断申请的数据连接对象是否已经存在：如果申请的连接对象已经存在，则直接返回该连接对象；否则将会自动地创建一个连接对象返回给用户，同时也会记录新创建的连接对象，并且在用户下一次请求时可以直接复用。DBPool 数据连接池的具体内容如下：

```
import records
from urllib import parse

class DBPool:
    db_pool = {}

    @staticmethod
    def get_conn(db_host=None, db_name=None, db_port=3306, db_user='root',
db_passwd='password', db_charset='utf8'):
        if db_host is None or db_name is None:
            raise ValueError("host and db_name can't be null.")

        key = DBPool.make_uniq_key(db_host, db_port, db_name)
        if key not in DBPool.db_pool:
            sql_str = DBPool.make_conn_str(db_host, db_name, db_port, db_user,
db_passwd, db_charset)
            DBPool.db_pool[key] = records.Database(sql_str, pool_pre_ping=True)

        try:
            db = DBPool.db_pool[key]
            db.query('''select 1''')
        except:
            db = None
            del DBPool.db_pool[key]

        return db

    @staticmethod
    def make_uniq_key(db_host, db_name, db_port):
        return f'{db_host}:{db_port}:{db_name}'

    @staticmethod
    def make_conn_str(db_host, db_name, db_port, db_user, db_passwd, db_charset):
        return f'mysql+pymysql://{db_user}:{parse.quote_plus(db_passwd)}@{db_host}:
{db_port}/{db_name}?charset={db_charset}'
```

示例中通过字典对象来实现对重复连接对象的排重，排重使用的 key 由 db_host、db_port、db_name 共同组成。当用户获取的数据连接对象对应的 key 存在于数据连接池的字典中时，就会直接从字典中获取连接对象返回给用户；否则会创建一个数据连接对象存放在数据连接池的字典中，同时返回该连接对象。

示例中的数据连接池是一个简单的实现方式，它可以满足连接对象复用的需求。但是示例中并没有对并发请求的场景进行特殊处理，所以该数据连接池并不能支持并发的场景。如果希望该数据连接池支持并发场景，则需要进行加锁控制。

5. 部署与使用

与 iMock、HProxy 服务不同，iData 服务可以跟测试平台的其他服务集成在一起部署。因此，只需要一台机器就可以完成测试和开发工作。

在部署正式环境时，iData 服务与其他的平台服务也是集成部署，具体示意如图 6-13 所示。

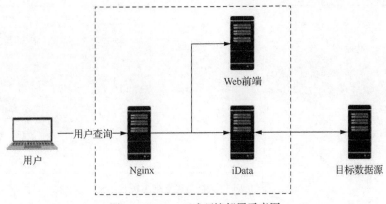

图 6-13 iData 正式环境部署示意图

示意图中 iData 服务可以与 Nginx、Web 前端等服务混合部署在同一台机器上。下面将介绍如何在一台 IP 为 10.168.1.100 的机器上部署 iData 服务。首先，对 Nginx 服务进行如下配置：

```
server {
    listen      80;
    server_name 10.168.1.100;
    charset utf-8;
    root /data/web; # Web 前端编译后的静态文件目录路径

    location / {
            index index.html index.htm;
    }
    # 本地启动的 Web 后端服务
    location /api/ {
            proxy_set_header Host $host;
            proxy_set_header X-Real-IP $remote_addr;
            proxy_set_header X-Forwarded-For $proxy_add_x_forwarded_for;
            proxy_pass http://127.0.0.1:9528;
    }
}
```

接着，在 IP 为 10.168.1.100 的机器上下载 Web 前端代码，并在编译完成后把代码部署在/data/web 目录下：

```
> git clone -b idata https://github.com/five3/vue-element-admin.git
> cd vue-element-admin
> npm i
> npm run build
> cp -R dist/* /data/web/
```

同时把 iData 服务的后端代码下载到 IP 为 10.168.1.100 的机器上并启动服务监控 9528 端口：

```
> git clone -b idata https://github.com/five3/python-sdet.git
> cd python-sdet
> python app.py
```

至此，正式环境的 iData 服务的搭建工作已经完成。用户可以通过 http://10.168.1.100 来访问测试平台，在 iData 配置页面填写数据查询信息并执行 SQL 查询操作。

例如，在 iData 配置页面填写图 6-14 所示的数据查询请求。

图 6-14 iData 数据查询示例

该示例中需要对域名为 www.testqa.cn、端口为 3306、数据库为 test 的数据源进行数据查询，查询的具体 SQL 为：

```
select Name form test limit 1
```

在查询语句下面的 Name 字段列表则是具体查询返回的数据结果内容。

iData 项目说明

6.4 API 测试平台开发（iAPI）

iAPI 是一个基于 Web 的 API 测试工具。它支持单接口测试用例的调试与保存，并且可以进行批量的统一执行。通过 iAPI 测试工具，不同的测试人员可以共同维护 API 测试用例。

6.4.1 需求说明及分析

测试开发工作一方面需要解决可测性问题，开发一些代理、Mock 等工具；另一方面则需要解决自动化测试的问题，开发一些自动化测试的工具。按照测试类型可以分为功能、性能、安全等测试工具；按照测试阶段可以分为单元、接口、UI 自动化工具。本章要介绍的则是开发一个基于 HTTP 的接口自动化测试工具——iAPI。

该接口自动化工具主要包括两个页面：用例开发、用例列表。其中，用例开发页面支持接口测试用例的录入、调试、保存等功能；用例列表页面可以查看、编辑、运行用例，同时支持查看用例最后一次的执行日志。

接口工具在功能方面需要支持常规的请求方法，如 GET、POST、PUT、DELETE 等；在请求内容上既需要支持普通的表单格式，也需要支持文件类型和 JSON 格式类型，同时还需要支持请求头的定制功能。

6.4.2 模块及设计

针对上述分析的需求内容,把整个服务大致分为前端模块和后端模块。前端模块主要提供 API 用例数据的录入、查看、运行调用等页面；后端模块主要提供 API 用例保存、更新、查询、运行、日志记录等功能。

前端主要开发两个页面，分别为用例开发、用例列表页面。在用例开发页面，用户可以创建新用例、更新现有用例、调试用例。在用例列表页面，用户可以查询用例、批量运行用例、查看用例日志。后端服务主要为前端提供用例数据的增、删、改、查及用例运行等接口。iAPI 服务的整体设计结构如图 6-15 所示。

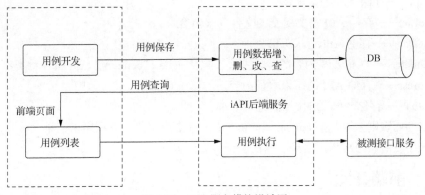

图 6-15　iAPI 服务模块设计图

6.4.3　数据库设计

iAPI 服务需要保存 API 用例数据及用例执行日志，因此需要设计两张表来分别存储用例数据和执行日志数据。针对 iAPI 服务设计的表结构如下：

```
CREATE TABLE 'http_api' (
  'id' int(11) NOT NULL AUTO_INCREMENT,
  'name' varchar(100) NOT NULL,
  'url' varchar(1024) NOT NULL,
  'method' varchar(10) NOT NULL,
  'body' longtext,
  'fileList' text,
  'headers' varchar(2048) DEFAULT NULL,
  'validate' enum('express','contain','equal') NOT NULL COMMENT '检查关键字',
  'express' longtext COMMENT '检查规则内容',
  'status' tinyint(1) NOT NULL DEFAULT '0' COMMENT '0：未执行，1：通过，2：失败，3：异
常',
  'created_time' timestamp NOT NULL DEFAULT CURRENT_TIMESTAMP ON UPDATE
CURRENT_TIMESTAMP,
  PRIMARY KEY ('id')
) ENGINE=InnoDB DEFAULT CHARSET=utf8;

CREATE TABLE 'http_api_log' (
  'id' int(11) NOT NULL AUTO_INCREMENT,
  'api_id' int(11) NOT NULL COMMENT '用例id',
  'status' tinyint(1) NOT NULL DEFAULT '0' COMMENT '运行结果，1：通过，2：失败，3：异常',
  'content' longtext COMMENT '日志内容',
  'created_time' timestamp NULL DEFAULT CURRENT_TIMESTAMP,
  PRIMARY KEY ('id')
) ENGINE=InnoDB DEFAULT CHARSET=utf8;
```

示例中创建了两张表，其中 http_api 表用来存储 API 用例数据，http_api_log 表用来存储用例执行日志数据。http_api 表各字段用于存储的内容说明如下。

❑　name——存储 API 用例名称。

❑　url——存储 API 的 URL 地址。

- ❏ method——存储 API 的请求方法。
- ❏ body——存储 API 的请求体。
- ❏ fileList——存储 API 需要提交的文件列表内容。
- ❏ headers——存储 API 请求头信息。
- ❏ validate——存储 API 内容的验证方式，包括 equal、contain、express 3 种类型。
- ❏ express——存储 API 的结果验证内容。
- ❏ status——存储 API 的测试结果。

http_api_log 表则主要包括 api_id、status、content 3 个字段，分别用来记录 http_api 表对应测试用例的 id 字段值、当次测试结果、当次测试日志内容。

6.4.4 前端开发

1. 添加路由

编辑 src/router/index.js 文件，在 constantRoutes 列表分别为用例开发、用例列表页添加路由。具体内容如下：

```
{
    path: '/http',
    component: Layout,
    redirect: '/http/list',
    meta: { title: 'HTTP API', icon: 'list', noCache: false },
    hidden: false,
    children: [
      {
        path: 'api',
        component: () => import('@/views/http/api/index'),
        name: 'http-api',
        meta: { title: 'HTTP API 用例', icon: 'list', noCache: false }
      },
      {
        path: 'list',
        component: () => import('@/views/http/list/index'),
        name: 'http-list',
        meta: { title: 'HTTP API 列表', icon: 'list', noCache: false }
      }
    ]
}
```

示例中添加了一个名称为 HTTP API 的主菜单，并且在主菜单下添加了 HTTP API 用例和 HTTP API 列表两个子菜单。

2. 添加页面

在 src/views 目录下创建 http/api、http/list 两个子目录，并在这两个目录下分别创建一个名为 index.vue 的文件，其初始内容均如下：

```
<template>
  <div class="app-container">
    <h1>{{ title }}</h1>
  </div>
</template>
```

```
    <script>
    export default {
      name: 'iAPI ',
      data() {
        return {
          title: 'HTTP API'
        }
      }
    }
    </script>
```

完成此步后通过浏览器访问 http://localhost:8080/#/http/list，如果能正常访问页面内容，则表示基础页面配置成功，可以继续执行下面的步骤。

3. 添加元素

iAPI 工具有两个页面：API 用例开发页面、API 用例列表页面。其中，API 用例开发页面的元素代码如下：

```
<template>
  <div class="app-container">
      <el-form ref="form" :model="form" :rules="rules" label-width="80px">
      <el-form-item label="用例名称" prop="name">
        <el-input v-model="form.name" placeholder="请输入一个唯一的用例名称"></el-input>
      </el-form-item>
      <el-form-item label="请求 URL" prop="url">
        <el-input v-model="form.url" placeholder="请输入请求 URL"></el-input>
      </el-form-item>
      <el-form-item label="请求方法">
        <el-checkbox-group v-model="form.method">
          <el-radio  v-model="form.method"  label="GET"   @change="radioClicked">GET
</el-radio>
          <el-radio  v-model="form.method"  label="POST"  @change="radioClicked">POST
</el-radio>
          <el-radio  v-model="form.method"  label="PUT"   @change="radioClicked">PUT
</el-radio>
          <el-radio  v-model="form.method"  label="DELETE"  @change="radioClicked">
DELETE</el-radio>
          <el-radio  v-model="form.method"  label="HEAD"  @change="radioClicked">HEAD
</el-radio>
          <el-radio  v-model="form.method"  label="OPTIONS"  @change="radioClicked">
OPTIONS</el-radio>
        </el-checkbox-group>
      </el-form-item>
      <el-form-item label="请求参数" v-show="showBody">
        <el-input type="textarea" v-model="form.body" :rows="5" placeholder="请输入原
生请求字符串，如：name=api&action=test。如果同时需要上传请求文件，则字段形式为 JSON 格式，如：
{&quot;name&quot;: &quot;api&quot;, &quot;action&quot;: &quot;test&quot;}"></el-input>
      </el-form-item>
      <el-form-item label="请求文件" v-show="showBody">
        <el-upload
          class="upload-demo"
          action="/api/http/file"
          :on-preview="handlePreview"
          :on-remove="handleRemove"
```

```
              :before-remove="beforeRemove"
              :before-upload="beforeUpload"
              multiple
              :limit="10"
              :on-exceed="handleExceed"
              :file-list="fileList"
              :on-success="handleSuccess"
              :on-error="handleError"
              :show-file-list="false"
              style="display: inline-block; width: 350px; margin: 0 10px;">
              <el-button size="small" type="primary">单击上传</el-button>
              <span style="margin: 0 10px;" slot="tip" class="el-upload__tip">最多上传 10
个文件，单文件大小不超过 5MB</span>
            </el-upload>
            <div v-for="item in fileList" :key="item.name">
              <el-input v-model="item.key" placeholder="文件字段名" style="display:
inline-block; width: 150px;"></el-input> 
              <el-input v-model="item.name" disabled style="display: inline-block; width:
150px;"></el-input>  
              <i class="el-icon-delete" style="color: red; cursor: pointer;"
@click="removeFile(item)"></i>
            </div>
          </el-form-item>
          <el-form-item label="请求头">
            <el-input type="textarea" v-model="form.headers" :rows="5" placeholder="请输
入 JSON 格式头信息。如:{&quot;Content-Type&quot;: &quot;application/json&quot;}"></el-input>
          </el-form-item>
          <el-form-item label="验证方式" prop="validate">
            <el-select v-model="form.validate" placeholder="请选择一种验证方式" @change=
"changeOption">
              <el-option
                v-for="item in options"
                :key="item.value"
                :label="item.label"
                :value="item.value">
              </el-option>
            </el-select>
            <el-input type="textarea" v-show="show.express" v-model="form.express" :rows="5"
style="margin-top: 20px;" placeholder="请输入验证内容。"></el-input>
          </el-form-item>
          <el-form-item>
            <el-button type="primary" @click="onDebug">调试用例</el-button>
            <el-button type="primary" @click="onSubmit">保存用例</el-button>
          </el-form-item>
          <el-form-item label="调试结果" v-show="show.log">
            {{ result }}
          </el-form-item>
          <el-form-item label="调试日志" v-show="show.log">
            <el-input type="textarea" v-model="log" :rows="15" disabled></el-input>
          </el-form-item>
        </el-form>
```

```
    </div>
  </template>

  <script>
  import { sendData, getData, debugData, deleteFile } from '@/api/httpapi'
  export default {
    data () {
      return {
        filename: __filename,
        showBody: false,
        form: {
          id: null,
          name: '',
          url: '',
          method: 'GET',
          body: '',
          headers: '',
          fileList: [],
          validate: null,
          express: null
        },
        rules: {
          name: [
            { required: true, message: '请输入用例名称', trigger: 'blur' }
          ],
          url: [
            { required: true, message: '请输入请求 URL', trigger: 'blur' }
          ],
          validate: [
            { required: true, message: '请选择一种验证方式', trigger: 'blur' }
          ]
        },
        fileList: [],
        options: [
          {
            'label': '等于',
            'value': 'equal'
          },
          {
            'label': '包含',
            'value': 'contain'
          },
          {
            'label': 'python 表达式',
            'value': 'express'
          }
        ],
        show: {
          express: false,
          log: false
        },
        log: '',
```

```
      result: ''
    }
  },
  methods: {
    ...
  }
}
</script>
```

示例中的页面包含 API 测试需要的全部信息字段，包括用例名称、请求 URL、请求方法、请求头等。这些字段的类型包括文本输入框、radio 选择框、多行文本框、下拉选择框等；同样，这个页面也为用例名称、请求 URL、验证方式添加了必填字段的设置。该页面的初始界面如图 6-16 所示。

图 6-16　iAPI 用例开发页效果图

API 用例列表页面则主要包括一个显示用例的表格组件，同时还支持表格内容的检索功能。其页面元素的代码如下：

```
<template>
  <div class="app-container">
    <el-card class="box-card card">
      <el-form  :inline="true"  label-width="80px" :model="form"  class="demo-
form-inline" style="text-align: left; margin-bottom: -20px;">
        <el-form-item label="用例名称">
          <el-input v-model="form.name" placeholder="请输入用例名称"></el-input>
        </el-form-item>
        <el-form-item label="请求方法">
          <el-select v-model="form.method">
            <el-option
              v-for="item in methodList"
              :key="item"
              :label="item"
              :value="item">
            </el-option>
          </el-select>
        </el-form-item>
        <el-form-item label="请求 URL">
```

```
            <el-input v-model="form.url" placeholder="请输入请求 URL"></el-input>
        </el-form-item>
        <el-form-item>
            <el-button type="primary" @click="onSubmit" size="small">查询</el-button>
            <el-button type="primary" @click="runSelected" size="small">运 行 所 选
</el-button>
        </el-form-item>
    </el-form>
  </el-card>
  <el-card>
    <el-table
    ref="multipleTable"
    v-loading="loading"
    :data="tableData"
    min-height="300"
    border
    style="width: 100%"
    @selection-change="handleSelectionChange">
        <el-table-column
            type="selection"
            width="50">
        </el-table-column>
        <el-table-column
            prop="name"
            label="用例名称"
            width="160"
            :show-overflow-tooltip="true">
        </el-table-column>
        <el-table-column
            prop="url"
            label="请求 URL"
            :show-overflow-tooltip="true">
        </el-table-column>
        <el-table-column
            prop="method"
            label="请求方法"
            width="80">
        </el-table-column>
        <el-table-column
            prop="status"
            label="上次执行状态"
            width="120">
            <template slot-scope="scope">
                <div slot="reference" class="name-wrapper">
                    <el-tag size="medium" :type="scope.row.statusFlag">{{ scope.row.
statusText }}</el-tag>
                </div>
            </template>
        </el-table-column>
        <el-table-column
            prop="created_time"
            label="创建时间"
```

```
          width="160">
        </el-table-column>
        <el-table-column
          fixed="right"
          label="操作"
          width="130">
          <template slot-scope="scope">
            <el-button @click="onView(scope.row)" type="text" size="small">编辑</el-
button>
            <el-button @click="onRun(scope.row)" type="text" size="small">运行</el
-button>
            <el-button @click="onLog(scope.row)" type="text" size="small">日志</el-
button>
          </template>
        </el-table-column>
      </el-table>
      <el-pagination
        background
        :page-size="this.page.pageSize"
        layout="prev, pager, next"
        @current-change="handleCurrentChange"
        :total="this.page.total">
      </el-pagination>
    </el-card>
    <el-drawer
      title=""
      :visible.sync="show.log"
      :with-header="false">
      <el-input
        disabled
        type="textarea"
        autosize
        placeholder="请输入内容"
        v-model="log">
      </el-input>
    </el-drawer>
  </div>
</template>

<script>
import { getList, runAPI, viewLog } from '@/api/httpapi'
export default {
  data () {
    return {
      filename: __filename,
      tableData: [],
      form: {
        name: null,
        url: null,
        method: null
      },
      page: {
        pageSize: 10,
```

```
      pageNum: 1,
      total: 0
    },
    methodList: ['GET', 'POST', 'PUT', 'DELETE', 'HEAD', 'OPTIONS'],
    multipleSelection: [],
    log: '',
    show: {
      log: false
    },
    loading: false
  }
},
methods: {
  ...
}
}
</script>
```

该示例页面中的表格与 todo 页面的表格不同的是，这里为表格添加了勾选字段，可勾选用例前面的复选框，再配合单击"运行所选"按钮来实现批量运行用例的功能。该页面的初始效果图如图 6-17 所示。

图 6-17　iAPI 用例列表页效果图

4. 添加事件处理

iAPI 用例开发页面分前端交互和后端交互事件。前端交互事件包括请求方法变更事件、验证方式变更事件。当用户切换请求方法时，会触发请求方法变更事件函数 radioClicked，该事件会依据当前选择的请求方法的值来确定是否显示请求体、请求文件输入组件。其具体的代码如下：

```
radioClicked (v) {
  if (['GET', 'HEAD', 'OPTIONS'].includes(v)) {
    this.showBody = false          # 隐藏请求体等组件
  } else {
    this.showBody = true           # 显示请求体等组件
  }
}
```

该示例中判断当前选择的请求方法是否是 GET、HEAD、OPTIONS，如果是则隐藏请求体、请求文件输入组件；否则将显示请求体、请求文件输入组件。当请求方法为 POST、PUT、DELETE 时，其页面显示效果如图 6-18 所示。

当用户切换验证方式时，会触发验证方式变更事件 changeOption，该事件实现的唯一功能就是显示验证内容输入框。其代码如下：

```
changeOption (v) {
```

```
    this.show.express = true # 显示验证内容输入框
}
```

图 6-18　iAPI 用例开发页

　　iAPI 用例开发页的后端交互事件包括调试用例、保存用例、上传文件、删除文件等与后端服务交互的处理事件。当用户单击页面上的"调试用例"按钮时，会触发调试用例事件函数 onDebug，其代码内容如下：

```
onDebug () {
  this.$refs['form'].validate((valid) => {
      if (valid) {
        this.warpFileList()
        debugData(this.form).then(res => {
                this.$message.success('成功调试用例')
                if (res.data.result === 1) {
                  this.result = '通过'
                } else if (res.data.result === 2) {
                  this.result = '失败'
                } else {
                  this.result = '异常'
                }

                this.log = res.data.log.join('\r\n')
                this.show.log = true
        }).catch(err => {
                console.log(err)
        })
      } else {
        console.log('error submit!!')
        return false
      }
  })
}
```

　　从示例中可以看出，onDebug 事件处理函数中首先对必填字段进行了验证，在验证通过的前提下调用后端服务的 API 用例调试接口进行用例调试；用例调试成功后，根据调试结果显示不同的调试状态信息，同时设置调试日志的内容并显示调试日志组件。

　　当用户单击"保存用例"按钮时，会触发保存用例事件函数 onSubmit，其具体代码内容如下：

```
onSubmit () {
  this.$refs['form'].validate((valid) => {
      if (valid) {
        this.warpFileList()
        sendData(this.form).then(res => {
              this.$message.success('保存用例成功')
        }).catch(err => {
              console.log(err)
        })
        } else {
        console.log('error submit!!')
        return false
      }
  })
}
```

　　该示例中同样先对必填字段进行验证，在验证通过后调用后端服务的保存用例接口；在用例保存成功后，弹出用例保存成功的提示信息。

　　当用户选择 POST、PUT、DELETE 等请求方法时，界面会显示文件上传组件；当测试的 API 需要提交文件字段时，则需要通过文件上传组件提前上传文件，上传文件时会触发文件上传相关的事件处理函数。其完整的代码内容如下：

```
handleExceed (files, fileList) {    # 超出文件个数限制时回调
  this.$message.warning('当前限制选择 10 个文件，本次选择了 ${files.length} 个文件，共选择
了 ${files.length + fileList.length} 个文件')
},
beforeUpload (file) {              # 上传文件之前回调
  let isLt5M = file.size / 1024 / 1024 <= 5
  if (!isLt5M) {              # 判断文件是否大于 5M
    this.$message.error('上传头像图片大小不能超过 5MB!')
    file.reason = '文件大小限制'
    return false
  }
    # 过滤出重名文件
  let exist = this.fileList.filter(item => {
    return item.name === file.name
  })
  if (exist.length > 0) {          # 判断是否有重名文件
    this.$message.error('上传的文件不能重名!')
    file.reason = '重名'
    return false
  }
},
handleSuccess (response, file, fileList) { # 上传文件成功后回调
  # 回显上传的文件信息
```

```
    file.url = response.data[0].url
    file.id = response.data[0].id
    file.fn = response.data[0].fn
    file.name = response.data[0].name
    file.type = response.data[0].type

    this.fileList = fileList
}
```

示例中有 3 个事件处理函数，分别用来处理文件上传过程中的不同情况。当用户上传的文件数量大于配置的文件限制数量时，会触发 handleExceed 事件函数；当用户选择一个文件后，在真正向后端服务上传文件之前，会触发 beforeUpload 事件函数；当用户选择的文件上传成功之后，会触发 handleSuccess 事件函数。用户完成文件上传之后，回显的界面效果如图 6-19 所示。

图 6-19 iAPI 文件上传

当用户上传完文件之后需要删除文件时，则可以通过单击已上传文件后面的"删除"按钮来删除，删除操作会触发 removeFile 事件函数。其具体的代码如下：

```
removeFile (item) {
    this.$confirm('确定移除 ${item.name}? ', '提示', {
        confirmButtonText: '确定',
        cancelButtonText: '取消',
        type: 'warning'
    }).then(() => {
        for (let i = 0; i < this.fileList.length; i++) {
            if (this.fileList[i].id === item.id) {
                deleteFile({
                    url: item.url
                }).then(res => {
                    this.fileList.splice(i, 1)
                    this.$message.success('删除文件成功')
                }).catch(err => {
```

```
                console.log(err)
              })
          }
        }
    }).catch(() => {})
  }
```

iAPI 服务的用例列表页面除了包括用例列表查询、翻页等表格内容处理事件外，还包括用例编辑、用例运行、日志查看等处理事件。iAPI 用例列表页查询的效果如图 6-20 所示。

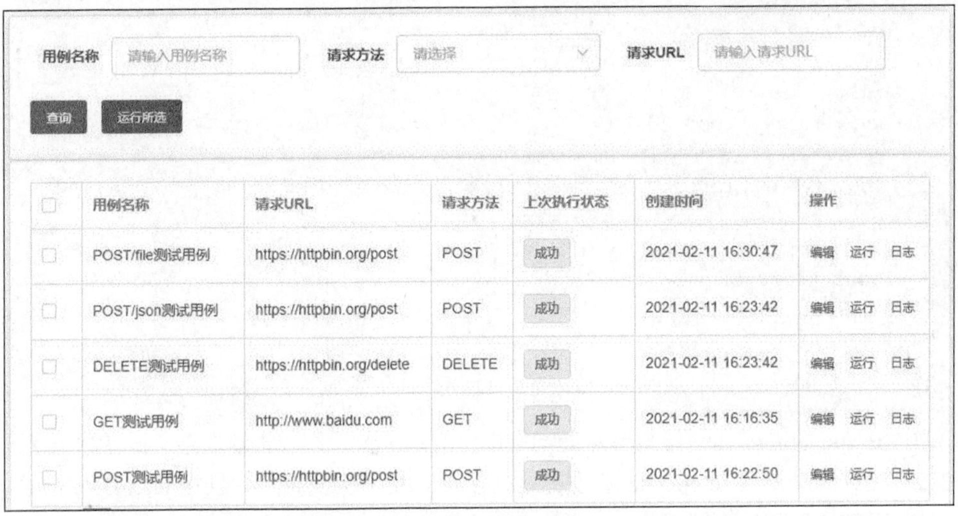
用例名称
请输入用例名称
请求方法
请选择
请求URL
请输入请求URL
查询
运行所选
用例名称
请求URL
请求方法
上次执行状态
创建时间
操作
POST/file测试用例
https://httpbin.org/post
POST
成功
2021-02-11 16:30:47
编辑 运行 日志
POST/json测试用例
https://httpbin.org/post
POST
成功
2021-02-11 16:23:42
编辑 运行 日志
DELETE测试用例
https://httpbin.org/delete
DELETE
成功
2021-02-11 16:23:42
编辑 运行 日志
GET测试用例
http://www.baidu.com
GET
成功
2021-02-11 16:16:35
编辑 运行 日志
POST测试用例
https://httpbin.org/post
POST
成功
2021-02-11 16:22:50
编辑 运行 日志

图 6-20　iAPI 用例列表页查询的效果

当用户单击对应用例后面的“编辑”按钮时，会触发用例编辑事件函数 onView，其内容如下：

```
onView (row) {
  this.$router.push({ name: 'http-api', query: { id: row.id } })
}
```

示例中的代码将会为对应的用例打开一个新的编辑页面，该页面的前端路径为 http-api，同时会把当前用例的 id 作为参数传递给用例编辑页面。这里的用例编辑页面与用例开发页面共用一个框架，当用户访问页面时不带 id 参数则表示新建用例；当用户访问页面时带有 id 参数则表示编辑用例，此时页面需要添加自适应加载用例信息的代码，具体内容如下：

```
  mounted () {              # 页面 mounted 挂载节点回调函数
    this.init()
  },
  methods: {
    init () {
      let params = this.getParams()
      if (params.id) {
        this.fetchData(params.id)
      }
    },
    getParams () {
      var url = window.location.href
      if (url.indexOf('?') < 0) return {}

      var cs = url.split('?')[1]
```

```
    var csArr = cs.split('&')
    var d = {}
    for (var i = 0; i < csArr.length; i++) {
     var par = csArr[i].split('=')
     d[par[0]] = par[1]
    }

    return d
  },
  fetchData (id) {
    getData({
      id
    }).then(res => {
     this.form = res.data
     this.fileList = this.form.fileList ? this.form.fileList : []
     this.form.fileList = []
     this.radioClicked(this.form.method)
     this.changeOption(this.form.validate)
    }).catch(err => {
     console.log(err)
    })
  }
}
```

示例中在 Vue 的 mounted 挂载节点调用 init 初始化函数，而 init 函数会尝试获取 id 参数，如果 id 参数有效，则会调用 fetchData 函数获取对应的 API 用例信息，并且在 fetchData 函数中把获取到的 API 用例信息回显到页面中。

当用户单击对应用例后面的运行链接时，会触发用例运行事件函数 onRun，其内容如下：

```
onRun (row) {
  this.loading = true
  runAPI(row.id).then(res => {
     row.status = res.result
     this.warpStatus(row)
     this.$forceUpdate()
     this.$message.success('成功运行用例')
     this.loading = false
  }).catch(err => {
     console.log(err)
     this.loading = false
  })
}
```

示例中事件处理函数主要负责调用后端服务的 API 运行接口，并在用例运行调用成功后更新用例运行状态。在用户执行过用例之后，可以通过单击用例后面的日志链接来查看最后一次的运行日志，查看日志操作会触发 onLog 事件函数，其内容如下：

```
onLog (row) {
  viewLog(row.id).then(res => {
     this.log = JSON.parse(res.data).join('\r\n')
     this.show.log = true
  }).catch(err => {
     console.log(err)
  })
}
```

示例中的事件处理函数调用后端服务的 API 日志接口，并在获取到最新日志内容后赋给日志组件的数据绑定字段，同时设置日志组件为显示状态。

当用户希望批量运行 API 用例时，则可以通过勾选对应用例前面的复选框，同时单击"运行勾选"按钮实现批量执行 API 用例的功能。勾选用例时会触发事件函数 handleSelectionChange，其内容如下：

```
handleSelectionChange (val) {
  this.multipleSelection = val
}
```

示例中将已勾选的全部用例 id 列表赋给 multipleSelection 数据字段。当单击"运行勾选"按钮时会触发事件函数 runSelected，其内容如下：

```
runSelected () {
  let len = this.multipleSelection.length
  this.loading = true
  for (let i = 0; i < len; i++) {
      runAPI(this.multipleSelection[i].id).then(res => {
        this.multipleSelection[i].status = res.result
        this.warpStatus(this.multipleSelection[i])
        this.multipleSelection[i].method = this.multipleSelection[i].method.trim()
        if (i + 1 === len) {
            this.$forceUpdate()
            this.$message.success('成功运行用例')
            this.loading = false
        }
      }).catch(err => {
      console.log(err)
      if (i + 1 === len) {
            this.loading = false
      }
      })
  }
}
```

示例中的代码对 multipleSelection 数据字段中的用例 id 进行遍历，每遍历一次都会调用后端服务的执行 API，并在接收到执行结果后更新用例的执行状态；通过判断当前已执行的 API 用例数量来确定是否已经批量执行结束，当批量执行全部结束后提示运行成功。

为实现上述示例中引入的函数，需要新建一个名为 src/api/httpapi.js 的文件并写入如下内容：

```
import request from '@/utils/request'

export function sendData(data) {
  return request({
    url: '/api/http/',
    method: 'post',
    data
  })
}

export function debugData(data) {
  return request({
    url: '/api/http/debug',
    method: 'post',
```

```
      data
    })
  }

  export function deleteFile(data) {
    return request({
      url: '/api/http/file',
      method: 'delete',
      data
    })
  }

  export function getData(params) {
    return request({
      url: '/api/http/',
      method: 'get',
      params
    })
  }

  export function getList(params) {
    return request({
      url: '/api/http/list',
      method: 'get',
      params
    })
  }

  export function runAPI(id) {
    return request({
      url: '/api/http/run/' + id,
      method: 'get'
    })
  }

  export function viewLog(id) {
    return request({
      url: '/api/http/api/log/' + id,
      method: 'get'
    })
  }

  export function getLogList(params) {
    return request({
      url: '/api/http/log/list',
      method: 'get',
      params
    })
  }

  export function viewLogById(id) {
    return request({
      url: '/api/http/log/' + id,
      method: 'get'
```

```
    })
}
```

至此，iAPI 页面的前端代码开发已经完成。

6.4.5　后端开发

iAPI 后端服务需要为 API 用例开发页和 API 用例列表页提供接口支持。针对 API 用例开发页，需要提供 API 用例保存、查看、运行、调试、文件上传、文件删除等接口；针对 API 用例列表页，需要提供 API 用例列表查询、运行、日志查询等接口。

1.　添加路由

首先，需要根据前端项目配置请求的路径来配置后端服务的路由信息。在项目的 app.py 文件中具体路由如下：

```
from controller import http
…
def create_app():
    app = Flask(__name__, static_url_path='/do_not_use_this_path__')
    app.config.from_object(conf)

    # http API 用例
    app.route('/api/http/', methods=['POST', 'GET'])(http.http_save)
    app.route('/api/http/file', methods=['POST', 'DELETE'])(http.http_file)
    app.route('/api/http/debug', methods=['POST'])(http.http_debug)
    # http API 列表
    app.route('/api/http/list', methods=['GET'])(http.http_list)
    app.route('/api/http/run/<int:aid>', methods=['GET'])(http.http_run)
    app.route('/api/http/api/log/<int:aid>', methods=['GET'])(http.http_api_log)

    return app
```

示例中分别为 API 用例开发页、API 用例列表页添加了路由配置。其中 API 用例开发页面的路由分别如下：

- ❏　/api/http/——处理 API 用例保存、用例信息获取的接口。
- ❏　/api/http/file——处理用例文件上传、删除的接口。
- ❏　/api/http/debug——处理 API 用例调试的接口。

API 用例列表页面的路由分别如下。

- ❏　/api/http/list——处理用例列表查询的接口。
- ❏　/api/http/run/<int:aid>——处理 API 用例执行的接口。
- ❏　/api/http/api/log/<int:aid>——处理 API 用例执行日志查询的接口。

2.　处理函数

新建一个 controller/http.py 文件，并为配置的路由添加对应的处理函数，具体内容如下：

```
from flask import jsonify
from model.http import *
from lib.http import HTTPRequest

def http_save():
    """
    用例保存、用例信息获取处理函数
```

```
    """
    if request.method == 'GET':          # 获取用例信息
        ret = get_api(request.args.get('id', 0))
    else:
        ret = save_api(request.json)      # 保存用例信息

    return jsonify({
        "code": 0,
        "success": True,
        "data": ret,
        "msg": None
    })

def http_file():
    """
    用例文件保存、删除处理函数
    """
    if request.method == 'POST':      # 用例文件保存
        ret = save_file(request.files)
    else:                             # 用例文件删除
        ret = delete_file(request.json)

    if ret:
        return jsonify({"code": 0, "data": ret, "msg": ""})
    else:
        return '操作文件失败', 500, {}

def http_debug():
    """用例调试处理函数"""
    hr = HTTPRequest(request.json)
    hr.do_request()
    hr.validate()

    return jsonify({
        "code": 0,
        "data": {
            "result": hr.result,
            "log": hr.log
        },
        "msg": ""
    })

def http_run(aid):
    """
    用例运行处理函数
    """
    row = get_api(aid)
    hr = HTTPRequest(row)
    hr.do_request()
    hr.validate()
    api_log(aid, hr.result, hr.log)
```

```
        return jsonify({
            "code": 0,
            "data": {
                "result": hr.result,
                "log": hr.log
            },
            "msg": ""
        })

def http_api_log(aid):
    """
    用例日志查询处理函数
    """
    ret = get_log_by_api_id(aid)
    return jsonify({"code": 0, "data": ret, "msg": ""})

def http_list():
    """
    用例列表查询处理函数
    """
    return {
        "code": 0,
        "success": True,
        "data": get_api_list(request.args),
        "msg": None
    }
```

示例中的 http_save 函数实现用例信息保存和获取的功能，当用户以 GET 方法请求时会调用获取用例信息的数据访问函数，而当用户以 POST 方法提交用例信息时，则会保存或更新用例信息。

http_file 函数实现用例文件保存和删除的功能，当用户以 POST 方法提交文件内容时会保存用例文件，而当用户以 DELETE 方法访问时，则会删除对应的用例文件。

http_debug 函数实现用例调试的功能，http_run 函数实现用例执行的功能，它们都是通过 HTTPRequest 类来实现接口测试的功能。

http_list 函数实现用例查询的功能，它可以根据用户的查询条件来返回相应的用例列表，具体可以支持用例名称、请求 URL、请求方法等条件。

http_api_log 函数实现查询用例执行日志的功能，它会返回指定用例最新的一次执行日志和结果。

3. 数据访问

前面处理函数中调用很多的数据访问函数，这些数据访问函数用来保存、查询数据库中的用例信息。它们被存放在一个名为 model/http.py 的文件中，该文件的内容如下：

```
import os
import time
import json
import logging
from . import get_db, query_with_pagination

def save_api(data):
    if data.get('id'):
```

```
        sql = '''update http_api set name=:name, url=:url, method=:method, body=:body,
headers=:headers,   fileList=:fileList,   validate=:validate,   express=:express   where
id=:id'''
        else:
            sql = '''insert into http_api (name, url, method, body, headers, fileList,
validate,                               express)                               values
(:name, :url, :method, :body, :headers, :fileList, :validate, :express)'''

        data['fileList'] = json.dumps(data['fileList'])
        get_db().query(sql, **data)

    def get_api(aid):
        sql = '''select * from http_api where id=:id'''
        row = get_db().query(sql, id=aid).first(as_dict=True)
        row['fileList'] = json.loads(row['fileList']) if row['fileList'] else []

        return row

    def warp_query(data):
        cond = ''
        if data.get('name'):
            cond += ' and name=:name'
        if data.get('url'):
            cond += ' and url=:url'
        if data.get('method'):
            cond += ' and method=:method'

        return cond

    def get_api_list(data):
        page = int(data.get('pageNum', 1))
        size = int(data.get('pageSize', 10))
        cond = warp_query(data)
        sql = f'''select * from http_api where 1=1 {cond} order by id desc'''
        conn = get_db()
        rows, total = query_with_pagination(conn, sql, param=data, page=page, size=size)

        return {
            "list": rows,
            "page": {
                "total": total,
                "pageNum": page,
                "pageSize": size
            }
        }

    def api_log(aid, result, info):
        sql = '''insert into http_api_log (api_id, status, content) values
(:id, :status, :content)'''
        get_db().query(sql, id=aid, status=result, content=json.dumps(info))
        sql = '''update http_api set status=:status where id=:id'''
        get_db().query(sql, id=aid, status=result)

    def get_log_by_api_id(aid):
```

```
        sql = '''select content from http_api_log where api_id=:id order by id desc limit
1'''
        row = get_db().query(sql, id=aid).first(as_dict=True)

        return row['content'] if row else '["没有查找到用例日志"]'
```

该示例中 save_api 函数用于保存用例信息，当用例数据中包含 id 参数时会根据该 id 进行用例数据更新，而当数据中不包含 id 参数时则会保存一条新的用例信息记录。

get_api 函数可以根据用例 id 获取用例信息；get_api_list 函数可以获取 API 用例列表，并且支持条件查询和分页功能；api_log 函数用于记录用例执行日志；get_log_by_api_id 函数则根据用例 id 获取最新的用例执行日志。

4. 文件保存

前面的用例文件处理函数中，通过调用 save_file、delete_file 函数来实现用例文件的上传保存和删除。它们的代码内容如下：

```python
import os
import time
import logging

def save_file(files):
    if not files:
        return None

    l = []
    for k, v in files.items():
        ext = v.filename.rsplit('.', 1)[1]
        uid = int(time.time())
        fn = f'{uid}.{ext}'
        fp = os.path.join(os.getcwd(), 'files', fn)
        v.save(fp)
        l.append({'name': v.filename, 'fn': fn, 'url': f'/files/{fn}', 'id': uid, 'type':
v.content_type})

    return l


def delete_file(data):
    try:
        fp = os.path.join(os.getcwd(), data['url'][1:])
        os.remove(fp)

        return True
    except Exception as e:
        logging.exception(e)
        return False
```

示例中 save_file 函数会把上传的文件保存在指定的目录下，然后返回文件名、文件类型、文件 URL 访问路径等信息。delete_file 函数则会根据文件的访问路径来删除用例文件。

5. 接口验证

接口验证是 iAPI 测试平台最重要的功能，它会根据给定的 API 信息来访问目标 API，并且在获取目标 API 返回的响应后，根据预先配置好的检查规则验证响应内容。API 的访问和响应验证功能被封装在 lib/http.py 文件的 HTTPRequest 类中，其实现代码内容如下：

```
    import os
    import json
    import requests

    class HTTPRequest(object):
        def __init__(self, data):
            self.data = data
            self.response = None
            self.log = []
            self.result = None

        def warp_request(self):
            d = {}
            method = self.data['method']
            d['headers'] = json.loads(self.data['headers']) if self.data['headers'] else
None
            if method in ('POST', 'PUT', 'DELETE'):
                if self.data['fileList']:
                    d['data'] = json.loads(self.data['body'])
                else:
                    d['data'] = self.data['body']
                for f in self.data['fileList']:
                    fp = os.path.join(os.getcwd(), 'files', f['fn'])
                    d.setdefault('files', []).append((f['key'], (f['name'], open(fp, 'rb'),
f['type'])))

            return d

        def do_request(self):
            try:
                req = getattr(requests, self.data['method'].lower())
                self.log.append('method: %s' % self.data['method'])
                kw = self.warp_request()
                self.log.append('url: %s' % self.data['url'])
                for k, v in kw.items():
                    self.log.append(f'{k}: {v}')
                self.response = req(self.data['url'], **kw)
                self.log.append('response : \r\n%s' % self.response.content. decode
('utf-8'))
            except Exception as e:
                self.log.append('exception: \r\n%s' % e)
                self.result = 3

        def validate(self):
            validate = self.data['validate']
            express = self.data['express']
            text = self.response.content.decode('utf-8') if self.response else None
            response = self.response

            self.log.append('validate: \r\n%s' % validate)
            self.log.append('express: \r\n%s' % express)
            try:
```

```
        if validate == 'contain':
            self.result = 1 if express in text else 2
        elif validate == 'express':
            self.result = 1 if eval(express) is True else 2
        else:
            self.result = 1 if express == text else 2
    except Exception as e:
        self.log.append('exception: \r\n%s' % e)
        self.result = 3
```

示例的 do_request 方法中使用 requests 库对目标 API 进行访问，在访问之前通过 warp_request 方法对请求数据进行封装；目标 API 请求结束之后，可以通过调用 validate 方法对响应内容进行验证，示例代码中仅实现 contain、express、equal 3 种期望结果验证方式。

6. 部署与使用

iAPI 可以与测试平台的其他服务集成在一起部署，只需要一台机器就可以完成测试和开发工作。在部署正式环境时，iAPI 与其他的平台服务也是集成部署，具体示意如图 6-21 所示。

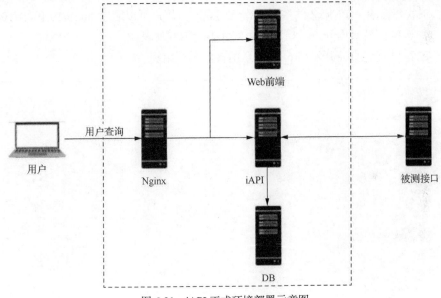

图 6-21　iAPI 正式环境部署示意图

示意图中 iAPI 服务可以与 Nginx、Web 前端等服务混合部署在同一台机器上。下面将介绍如何在一台 IP 为 10.168.1.100 的机器上部署 iAPI 服务。首先，对 Nginx 服务进行如下配置：

```
server {
    listen      80;
    server_name 10.168.1.100;
    charset utf-8;
    root /data/web; # Web 前端编译后的静态文件目录路径

    location / {
            index index.html index.htm;
    }
    # 本地启动的 Web 后端服务
    location /api/ {
```

281

```
                proxy_set_header Host $host;
                proxy_set_header X-Real-IP $remote_addr;
                proxy_set_header X-Forwarded-For $proxy_add_x_forwarded_for;
                proxy_pass http://127.0.0.1:9528;
        }
    }
```

接着，在 IP 为 10.168.1.100 的机器上下载 Web 前端代码，并在编译完成后把代码部署在 /data/web 目录下：

```
> git clone -b api https://github.com/five3/vue-element-admin.git
> cd vue-element-admin
> npm i
> npm run build
> cp -R dist/* /data/web/
```

同时把 iAPI 服务的后端代码下载到 IP 为 10.168.1.100 的机器上并启动服务监控 9528 端口：

```
> git clone -b api https://github.com/five3/python-sdet.git
> cd python-sdet
> python app.py
```

至此，正式环境的 iAPI 服务的搭建工作已经完成。用户可以通过 http://10.168.1.100 来访问测试平台，在 iAPI 配置页面开发接口测试用例并查看用例列表。

例如，在 iAPI 配置页面开发图 6-22 所示的接口测试用例。

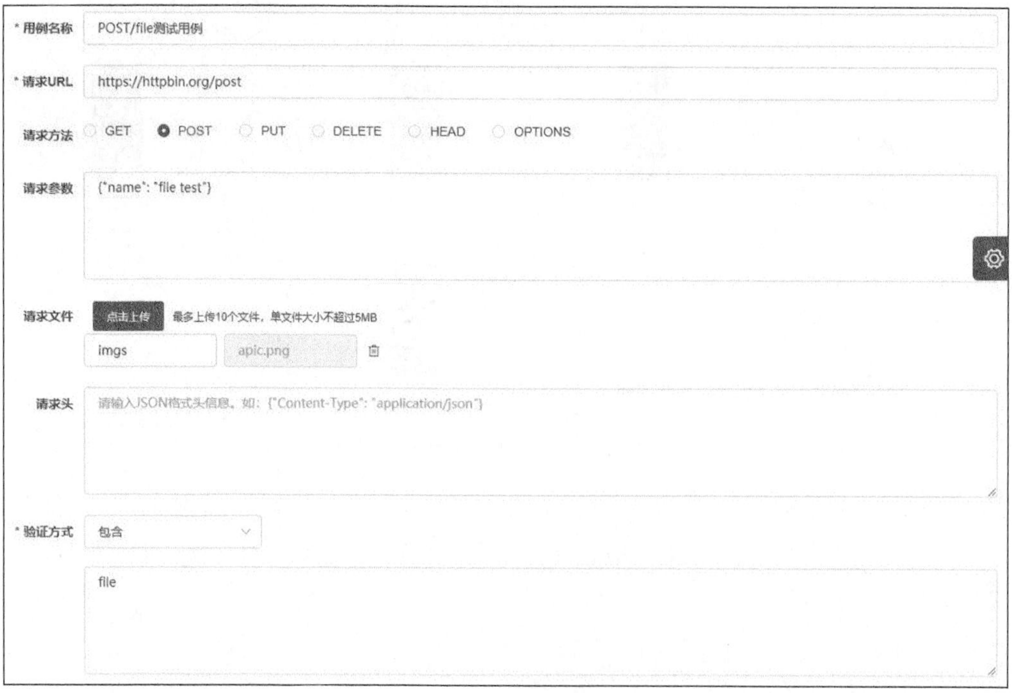

图 6-22　iAPI 用例开发示例

该示例中创建了一个支持文件上传接口的测试用例。文件字段名为 imgs，同时提交的还有一个名为 name 的普通文本字段数据；测试用例的验证方式为"包含"，验证包含的内容为"file"，即当接口返回的响应内容中包含"file"文本时测试用例会验证通过。

用例在调试和保存完成之后，可以通过用例列表页查询。其效果如图 6-23 所示。

图 6-23　iAPI 用例列表示例

iAPI 项目说明

附录 1　数据库结构文件

　　本附录的数据库结构文件是全书项目实战中所用到的全部表结构的汇总，通过本附录可以统一创建书中的数据库表结构。在创建数据库表结构之前需要创建一个名为 sdet 的数据库，并在该数据库下创建表结构。具体代码如下：

```
/*
Navicat MySQL Data Transfer

Source Database       : sdet

Target Server Type    : MySQL
Target Server Version : 50725
File Encoding         : 65001

Date: 2021-02-23 21:08:33
*/

SET FOREIGN_KEY_CHECKS=0;

-- ---------------------------
-- Table structure for hook
-- ---------------------------
DROP TABLE IF EXISTS 'hook';
CREATE TABLE 'hook' (
  'id' int(11) NOT NULL AUTO_INCREMENT,
  'name' varchar(255) NOT NULL,
  'type' enum('RESPONSE','REQUEST') NOT NULL,
  'source' varchar(30) NOT NULL,
  'target' varchar(30) NOT NULL,
  'content' text NOT NULL,
  'created_time'  timestamp  NOT  NULL  DEFAULT  CURRENT_TIMESTAMP  ON  UPDATE
CURRENT_TIMESTAMP,
  PRIMARY KEY ('id'),
  UNIQUE KEY 'name_type_uniq_idx' ('name', 'type') USING BTREE
) ENGINE=InnoDB DEFAULT CHARSET=utf8;


-- ---------------------------
-- Table structure for http_api
-- ---------------------------
```

```
DROP TABLE IF EXISTS 'http_api';
CREATE TABLE 'http_api' (
  'id' int(11) NOT NULL AUTO_INCREMENT,
  'name' varchar(100) NOT NULL,
  'url' varchar(1024) NOT NULL,
  'method' varchar(10) NOT NULL,
  'body' longtext,
  'fileList' text,
  'headers' varchar(2048) DEFAULT NULL,
  'validate' enum('express','contain','equal') NOT NULL COMMENT '检查关键字',
  'express' longtext COMMENT '检查规则内容',
  `'status' tinyint(1) NOT NULL DEFAULT '0' COMMENT '0: 未执行, 1: 通过, 2: 失败, 3: 异常',
  'created_time' timestamp NOT NULL DEFAULT CURRENT_TIMESTAMP ON UPDATE
CURRENT_TIMESTAMP,
  PRIMARY KEY ('id')
) ENGINE=InnoDB DEFAULT CHARSET=utf8;


-- ----------------------------
-- Table structure for http_api_log
-- ----------------------------
DROP TABLE IF EXISTS 'http_api_log';
CREATE TABLE 'http_api_log' (
  'id' int(11) NOT NULL AUTO_INCREMENT,
  'api_id' int(11) NOT NULL COMMENT '用例id',
  'status' tinyint(1) NOT NULL DEFAULT '0' COMMENT '运行结果, 1: 通过, 2: 失败, 3: 异常',
  'content' longtext COMMENT '日志内容',
  'created_time' timestamp NULL DEFAULT CURRENT_TIMESTAMP,
  PRIMARY KEY ('id')
) ENGINE=InnoDB DEFAULT CHARSET=utf8;


-- ----------------------------
-- Table structure for http_mock
-- ----------------------------
DROP TABLE IF EXISTS 'http_mock';
CREATE TABLE 'http_mock' (
  'id' int(11) NOT NULL AUTO_INCREMENT,
  'key' varchar(255) DEFAULT NULL COMMENT 'Mock 配置唯一键',
  'code' int(11) DEFAULT NULL COMMENT 'Mock 响应码',
  'headers' varchar(1000) DEFAULT NULL COMMENT 'Mock 响应头',
  'data' longtext COMMENT 'Mock 响应体',
  'no_pattern_response' varchar(255) DEFAULT NULL COMMENT '无匹配内容时响应模式',
  'type' varchar(25) NOT NULL DEFAULT '' COMMENT '响应体类型。text: 纯文本, dynamic: 参
数化, express: Python 表达式',
  'created_time' timestamp NOT NULL DEFAULT CURRENT_TIMESTAMP,
  PRIMARY KEY ('id'),
  UNIQUE KEY 'key' ('key') USING BTREE
) ENGINE=InnoDB DEFAULT CHARSET=utf8;


-- ----------------------------
-- Table structure for todo
-- ----------------------------
```

```
DROP TABLE IF EXISTS 'todo';
CREATE TABLE 'todo' (
  'id' int(11) NOT NULL AUTO_INCREMENT,
  'name' varchar(100) NOT NULL COMMENT '任务名称',
  'desc' varchar(255) DEFAULT NULL COMMENT '任务描述',
  'start_time' date DEFAULT NULL COMMENT '执行开始时间',
  'end_time' date DEFAULT NULL COMMENT '执行结束时间',
  'assign' varchar(50) NOT NULL COMMENT '执行人',
  'status' enum('DISCARD','FINISHED','INPROCESS','INIT') NOT NULL DEFAULT 'INIT'
COMMENT '状态',
  'created_time' timestamp NOT NULL DEFAULT CURRENT_TIMESTAMP,
  'is_del' tinyint(1) DEFAULT '0' COMMENT '逻辑删除标识。0：未删除，1：已删除',
  PRIMARY KEY (`id`)
) ENGINE=InnoDB DEFAULT CHARSET=utf8;
```

附录 2　整体部署架构

　　本附录是全书项目实战各服务的整体部署架构图，全部服务同时部署至少需要 3 台机器。其中 Nginx 作为整个系统的统一入口，之后再根据不同的请求路径路由到对应的服务上。由于 HProxy、iMock 服务都需要占用泛化的请求路径，因此需要部署在独立服务器上，以避免影响其他服务；其他服务在不考虑性能的情况下，均可部署在一台服务器上。测试服务部署全景示意图如附图 2-1 所示。

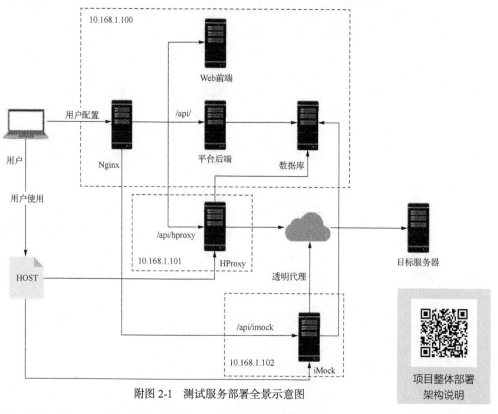

附图 2-1　测试服务部署全景示意图

附录 3　Nginx 完整配置样例

本附录是附录 2 中 Nginx 服务的完整配置样例，该配置把对静态文件、后台 API 服务、HProxy 服务、iMock 服务的请求分别路由到不同的后端服务上。注意样例中的机器 IP 与附录 2 中的 IP 是有对应关系的，实际部署时也需要根据服务的部署 IP 进行替换。具体代码如下：

```
user  nobody;
worker_processes 1;

events {
    worker_connections 1024;
}

http {
    include       mime.types;
    default_type  application/octet-stream;
    sendfile        on;
    keepalive_timeout 65;
    gzip on;

    server {
        listen       80;
        server_name  10.168.1.100;
        charset utf-8;
        access_log  logs/host.access.log  main;

        root /data/web;        # Web 前端编译后的静态文件目录路径
        location / {
                index index.html index.htm;
        }

        location /api/ {       # 用户登录、todo、iAPI、iData 等服务
          proxy_set_header Host $host;
           proxy_set_header X-Real-IP $remote_addr;
           proxy_set_header X-Forwarded-For $proxy_add_x_forwarded_for;
           proxy_pass http://127.0.0.1:9528;
        }

        location /api/hproxy/ { # 转发到 HProxy 服务
          proxy_set_header Host $host;
           proxy_set_header X-Real-IP $remote_addr;
           proxy_set_header X-Forwarded-For $proxy_add_x_forwarded_for;
           proxy_pass http://10.168.1.101:80/api/;
         }

        location /api/imock/ {    # 转发到 iMock 服务
          proxy_set_header Host $host;
           proxy_set_header X-Real-IP $remote_addr;
           proxy_set_header X-Forwarded-For $proxy_add_x_forwarded_for;
```

```
        proxy_pass http://10.168.1.102:80/api/;
    }

    error_page  500 502 503 504  /50x.html;
    location = /50x.html {
        root   html;
    }
  }
}
```

附录 4　前后端代码仓库汇总

本附录是全书实战项目源码仓库地址的汇总，方便大家统一查找，如附表 4-1 所示。

附表 4-1　　　　　　　　　　　　全书实战项目源码仓库地址

分类	项目名	GitHub 项目地址
前端	todo	https://github.com/five3/vue-element-admin/tree/todo
	HProxy	https://github.com/five3/vue-element-admin/tree/hproxy
	iMock	https://github.com/five3/vue-element-admin/tree/imock
	iData	https://github.com/five3/vue-element-admin/tree/idata
	iAPI	https://github.com/five3/vue-element-admin/tree/api
后端	todo	https://github.com/five3/python-sdet/tree/todo
	HProxy	https://github.com/five3/python-sdet/tree/hproxy
	iMock	https://github.com/five3/python-sdet/tree/imock
	iData	https://github.com/five3/python-sdet/tree/idata
	iAPI	https://github.com/five3/python-sdet/tree/api